统计学与数据科学系列教材

大学数学 1

刘桂芳　邵志超　编

对外经济贸易大学出版社
中国·北京

图书在版编目（CIP）数据

大学数学.1 / 刘桂芳，邵志超编. —北京：对外经济贸易大学出版社，2023.8

统计学与数据科学系列教材

ISBN 978-7-5663-2519-8

Ⅰ. ①大… Ⅱ. ①刘…②邵… Ⅲ. ①高等数学–高等学校–教材 Ⅳ. ①O13

中国国家版本馆 CIP 数据核字（2023）第 123092 号

大学数学 1

DAXUE SHUXUE

刘桂芳　邵志超　编

责任编辑： 汪　洋

出版发行：对外经济贸易大学出版社

社　　址：北京市朝阳区惠新东街 10 号

网　　址：www.uibep.com

资源网址：www.uibepresources.com

邮政编码：100029

邮购电话：010 – 64492338

发行部电话：010 – 64492342

E-mail：uibep@126.com

成品尺寸：185mm×260mm

印　　张：14.25

字　　数：330 千字

ISBN 978-7-5663-2519-8

印　　刷：北京九州迅驰传媒文化有限公司

版　　次：2023 年 8 月北京第 1 版

印　　次：2023 年 8 月第 1 次印刷

定　　价：45.00 元

总　序

伴随知识经济和数据时代的到来，统计学科经历了日新月异的变化。如今数字经济、人工智能、大数据的蓬勃发展，对深化统计改革、完善统计体系、创新统计方法提出了新的要求，统计学与数据科学、生命科学、信息技术、经济、金融、保险、管理和人文科学等众多学科的融合，涌现出许多新的学科分支，如生物统计、风险管理、数量金融、保险精算、大数据技术等。信息技术的快速发展，云计算、物联网高科技的高速革新也使得统计学科面临更多机遇与挑战，大数据时代改变了传统数据的意义，传统统计学的结构化数据的局限性已逐渐显现。在此背景下，我们一直在思考如何设置课程、建设教材、创新教学模式使学生更好地适应社会发展需要。在不断尝试与教学科研实践中，我们深感统计教育必须改革教材才能适应高速发展的社会趋势。

对外经济贸易大学统计学院自 2012 年 10 月建院以来，始终坚持着统计理论与应用相结合的办学方向，以培养具有全球视野的统计精英为己任，以国际化、信息化、前沿化的人才培养模式为导向，学院具有统计学本科、硕士研究生和博士研究生培养体系，充分吸收国内外统计学人才培养经验，建立和完善符合学术型和应用型人才成长规律的良性培养机制，在经济统计学、数据科学、数量金融与风险管理等领域为各级政府部门、金融机构和企业、高校及研究机构培养高素质复合型人才。

为拥抱新时代，适应经济发展新常态，推动统计学、数据科学等相关学科的发展，统计学院决定编写一套面向高校本科生，特别是财经类院校统计学学生与数据科学系列教材，不仅注重教学内容的基础，更要体现现代统计学和数据科学的思想和原理；不仅强调运用统计和大数据软件的动手能力，更要体现结合财经类问题突出统计方法的灵活应用；不仅广泛吸收国内外优秀教材成果，引用符合时代特征的前沿案例，更要体现服务于提高本科生的应用统计及数据科学素质教育，适应数据时代发展的高要求。

感谢对外经济贸易大学出版社的同志们，经过反复修改论证，使这套教材得以出版。感谢参与这套教材编写的统计学院教师们。编写统计学与数据科学系列教材是建院以来的首次尝试，恳请兄弟院校专家、使用这套教材的师生和读者多提宝贵意见，使教材不断完善。

统计学与数据科学系列教材指导委员会

2019 年 5 月 1 日于惠园

前　言

教育是国之大计、党之大计. 党的二十大报告提出“实施科教兴国战略，强化现代化建设人才支撑”重要论断，围绕教育优先发展、科技自立自强、人才引领驱动等做出新的全面部署. 这为我们在全面建设社会主义现代化国家新征程上加快建设教育强国、科技强国、人才强国指明了方向. 习近平总书记在党的二十大报告中指出：“坚持以人民为中心发展教育，加快建设高质量教育体系，发展素质教育，促进教育公平.”作为高等学校教育工作者，必须紧紧围绕为党育人、为国育才的指导方针，坚定不移地落实高等教育立德树人的根本任务.

大学期间不同专业对数学课程有不同的要求，在长期的高等数学，大学数学，留学生数学教学中，深深体会到学生数学基础不同对后续数学课程的学习影响很大，因材施教尤为重要. 留学生是我国一个特殊的被教育群体，起步较晚但发展很快. 留学生教育是本科人才培养的重要组成部分，教学工作是留学生教育工作的重中之重，教学质量的高低与留学生教育事业的发展以及国际声誉等息息相关. 留学生数学课程是留学生教学体系中的一门重要课程，而数学是学好财经专业课程的重要基础和必备技能，是掌握科学知识的钥匙. 一本合适的教材是教与学的基础. 由于留学生生源国家不同，学生基础差异较大，加上语言障碍，给留学生数学教学工作带来了诸多挑战. 因此，根据留学生的实际情况，有必要编写一套适合留学生自身特点、满足基本教学要求、切实可行的留学生数学教材. 本书可作为大学通识教育或财经类留学生学历教育数学教材或教学参考用书. 本书作为对外经济贸易大学统计学院的统计学与数据科学系列教材之一，旨在适应留学生的特点，进一步提高财经类留学生本科基础课的教学质量.

本教材内容如下：

第 1 章：函数.

第 2 章：极限与连续.

第 3 章：导数与微分.

第 4 章：微分中值定理与导数的应用.

第 5 章：不定积分.

第 6 章：定积分及其应用.

本教材特色如下：

第一，教材内容合理，难易程度适当，既照顾到理论的严谨性又兼顾到让学习内容简单易懂，能够满足大学通识教育和留学生数学的特殊需求.

第二，书中给出大量图示讲解，便于学生理解，再给出数学严格的定义和理论方法，既增加了直观性又不失数学的严谨性和系统性.

第三，内容安排层次分明、条理性强，讲解通俗易懂、深入浅出，不仅利于课堂教学，也便于学生自学.

第四，增加例题数量，详细讲解基本解题方法，把数学思想渗透到例题讲解中.

第五，习题选题难易适当，每节习题配备详细题解，起到巩固所学知识点的作用，每章还有总习题，以检验所学知识是否掌握.

本教材获得对外经济贸易大学“十四五”规划教材 2023 年建设项目资助。

在本书的编写过程中，编者还得到了对外经济贸易大学统计学院领导和同事们的大力支持和关心. 本教材的出版还得到了对外经济贸易大学出版社的大力支持和统计学院本科教材建设项目的资助. 在此，一并表示衷心的感谢.

限于作者的水平有限，书中不足之处在所难免，敬请批评指正.

编　者

2023 年 4 月

目　　录

第1章　函　　数

函数是高等数学研究的对象，中学我们已经学过函数. 在这一章，我们将对函数的有关概念进行复习，为以后各章的学习作好准备.

1.1　实　　数

1. 实数与数轴

人们对数的认识是逐步发展的，先是自然数1，2，3，…，然后是整数，继而发展到有理数，有理数可以表示为$\frac{p}{q}$，其中p、q都是整数，且$q\neq0$，再进一步就发展到无理数（例如$\sqrt{2},\pi$等都是无理数），无理数不能表示为$\frac{p}{q}$，其中p、q都是整数，且$q\neq0$.

分数可以用有限小数或无限循环小数表示，反过来，小数或循环小数可用分数表示.

因此，有理数可以表示为小数或循环小数，而无理数为无限不循环小数.

设有一条水平直线，在这条直线上设定一点0，称为原点，规定一个正方向（习惯上规定由原点向右的方向为正方向），再规定一个长度，称为单位长度. 这种具有原点、正方向和单位长度的直线称为数轴. 如图1－1所示.

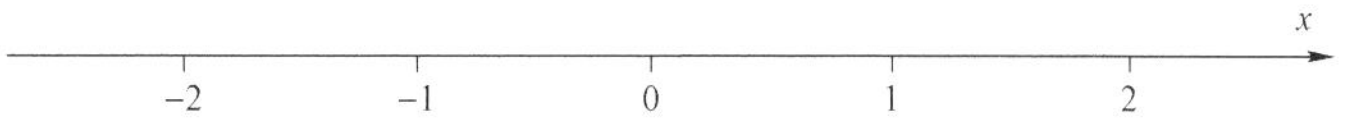

图1－1

任何一个有理数$\frac{p}{q}$，都可以在数轴上找到一个点与之对应，反过来，数轴上任何一个有理数点必对应一个有理数.

任给两个有理数a、b $(a<b)$，在a、b之间至少可以找到一个有理数c，使得$a<c<b$，例如$c=\frac{a+b}{2}$. 同样地，在a、c之间也至少可以找到一个有理数d，使得$a<d<c$. 以此类推，可知不论有理数a、b相差多么小，在a、b之间总可以找到无穷多个有理数，这就是有理数的无限稠密性. 因为任何一个有理数必和数轴上的一个有理数点相对应，因此数轴上任意两个有理数点之间总可找到无穷多个有理数点，即有理数点在数轴上是无限稠密的.

虽然有理数点在数轴上无限稠密，但是有理数点尚未充满数轴. 例如边长为 1 的正方形，其对角线的长度为 $\sqrt{2}$，可以证明 $\sqrt{2}$ 不是有理数，因此数轴上坐标为 $\sqrt{2}$ 的点不是有理数点. 这种点也有无穷多个，而且在数轴上也是无限稠密的. 例如，坐标为 $\sqrt{2}+1$，$\sqrt{2}+0.1$，$\sqrt{3}$，π 等的点都不是有理数点. 因此，数轴上除有理数点之外还有无穷多个“空隙”，这些空隙处的点称为无理数点，与无理数点相对应的数称作无理数.

有理数与无理数统称为实数. 实数充满数轴而且没有空隙，这就是实数的连续性. 由此可知，每一个实数必是数轴上某一个点的坐标；反过来，数轴上每一点的坐标必是一个实数，这就是说全体实数与数轴上的全体点形成一一对应的关系. 实数的全体用 **R** 表示. 今后我们所研究的数都是实数，为了简单起见，常常将实数和数轴上与它对应的点不加区别，用相同的符号表示，如点 a 和实数 a 是相同的意思.

自然数集 $\mathbf{N}=\{$自然数$\}$；

整数集 $\mathbf{Z}=\{$整数$\}$；

有理数集 $\mathbf{Q}=\{$有理数$\}$；

实数集 $\mathbf{R}=\{$实数$\}$.

2. 不等式

一般地，用纯粹的大于号“＞”、小于号“＜”连接的不等式称为严格不等式，用大于或等于号“≥”、小于或等于号“≤”连接的不等式称为非严格不等式，或称广义不等式. 总的来说，用不等号（＜，＞，≥，≤，≠）连接的式子叫做不等式.

例如：$x<1$，表示小于 1 的实数，不包含 1，1 点用空心表示，如图 1－2 所示.

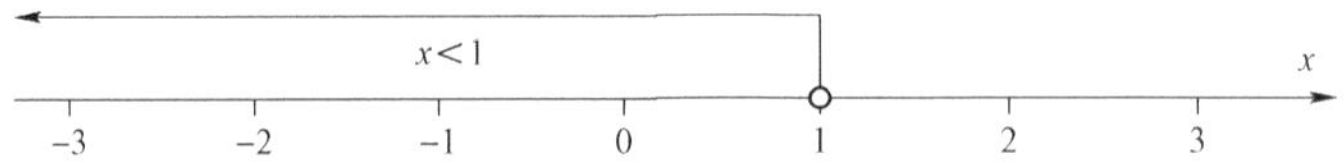

图 1－2

$x\geqslant 2$，表示大于或等于 2 的实数，包含 2，2 点用实心表示，如图 1－3 所示.

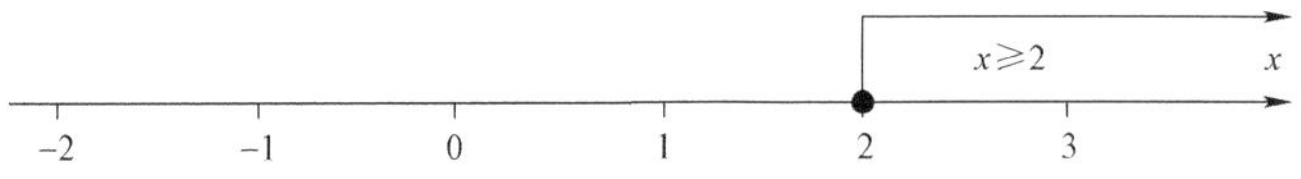

图 1－3

3. 实数的绝对值

在研究一些问题时，我们经常要用到实数绝对值的概念.

定义 1－1 一个实数 x 的绝对值，记作 $|x|$，定义为 $|x|=\begin{cases} x, & x\geqslant 0, \\ -x, & x<0. \end{cases}$

$|x|$ 的几何意义：$|x|$ 表示数轴上的点 x（不论 x 在原点左边还是右边）与原点之间的距离. 如图 1－4 所示.

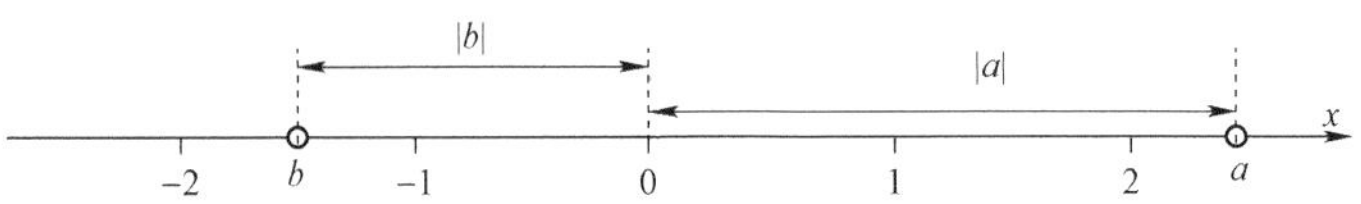

图 1－4

因此有 $|x|\geqslant 0$，$|-x|=|x|$.

$|x|<a\Leftrightarrow\{x|-a<x<a,x\in\mathbf{R}\}$，表示与原点的距离小于 a 的实数 x. $|x|<1$，表示与 0 的距离小于 1 的实数，也就是大于 -1 且小于 1 的实数，即 $-1<x<1$，如图 1－5 所示.

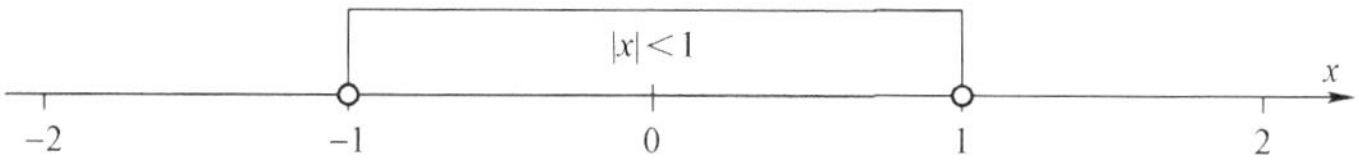

图 1－5

$|x|\leqslant a\Leftrightarrow\{x|-a\leqslant x\leqslant a,x\in\mathbf{R}\}$，表示与原点的距离小于或等于 a 的实数 x. 若 $|x|\leqslant 3$，则 $-3\leqslant x\leqslant 3$.

一般地，$|x-a|=\begin{cases}x-a, & x\geqslant a,\\ a-x, & x<a.\end{cases}$

$|x-a|$ 的几何意义：$|x-a|$ 表示数轴上的点 x（不论 x 在 a 点左边还是右边）与点 a 之间的距离. 如图 1－6 所示.

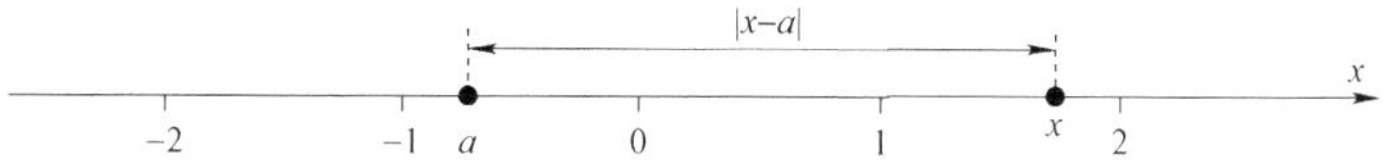

图 1－6

$\left|x-\dfrac{1}{2}\right|\geqslant 1\Leftrightarrow\left\{x\left|x-\dfrac{1}{2}\leqslant -1\right.\right\}\cup\left\{x\left|x-\dfrac{1}{2}\geqslant 1\right.\right\}$，表示与 $\dfrac{1}{2}$ 的距离大于或等于 1 的实数，也就是小于或等于 $-\dfrac{1}{2}$ 的实数或者大于或等于 $\dfrac{3}{2}$ 的实数，如图 1－7 所示.

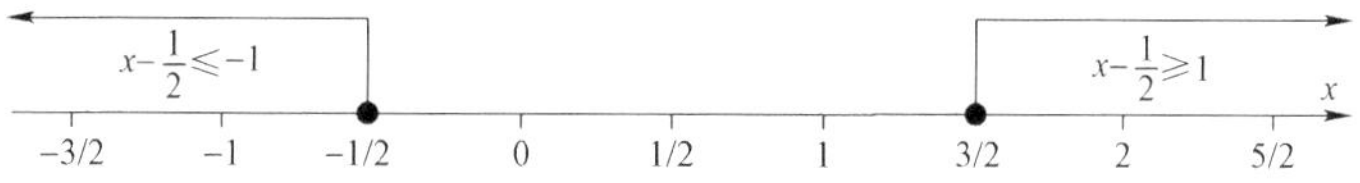

图 1－7

4. 区间

区间指一个集合，包含在某两个特定实数之间的所有实数，亦可能包含该两个实数（或其中之一），这两个实数称作区间的端点. 通用的区间表示法中，圆括号表示不包括端点，方括号表示包括端点. 例如，开区间 (1,3) 表示所有在1 和 3 之间的实数，但不包括 1 和 3. 而闭区间[2,4] 表示所有在2 和 4之间的实数，以及 2和 4.

有限区间：当 $a<b$ 时，开区间 $(a,b)=\{x|a<x<b\}$，如图 1－8 所示.

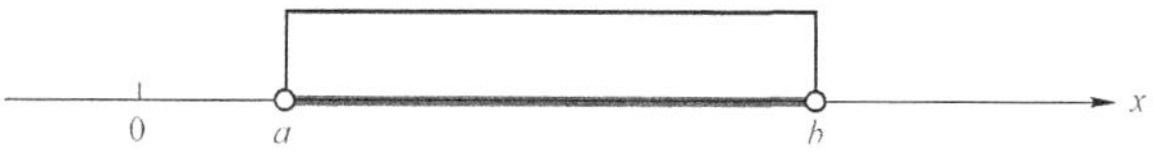

图 1－8

闭区间 $[a,b]=\{x|a\leqslant x\leqslant b\}$，如图 1－9 所示.

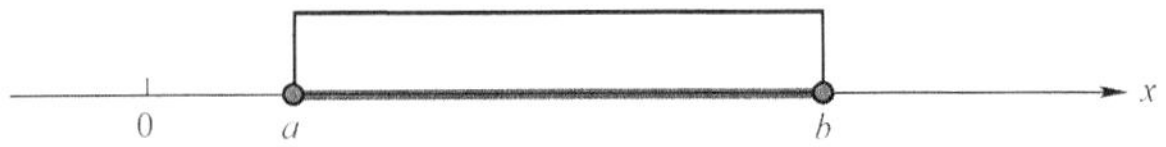

图 1－9

左侧开右侧闭区间 $(a,b]=\{x\mid a<x\leqslant b\}$；左侧闭右侧开区间 $[a,b)=\{x\mid a\leqslant x<b\}$.
区间长度的定义：两端点间的距离（线段的长度）称为区间的长度.
无限区间：$[a,+\infty)=\{x\mid x\geqslant a\}$，如图 1－10 所示.

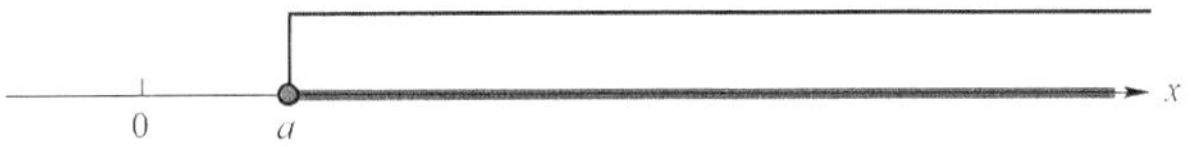

图 1－10

$(a,+\infty)=\{x\mid x>a\}$；$(-\infty,b]=\{x\mid x\leqslant b\}$；$(-\infty,b)=\{x\mid x<b\}$，如图 1－11 所示.

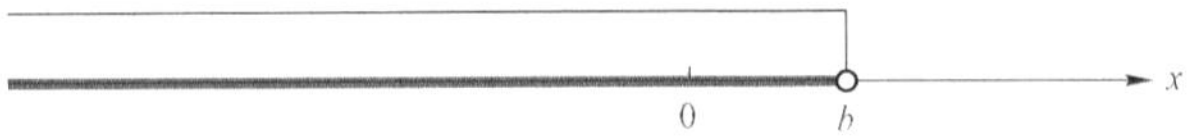

图 1－11

$(-\infty,+\infty)=\{x\mid x\in\mathbf{R}\}$.

例如，集合 $D=\{x\mid -1\leqslant x<2,x\in\mathbf{R}\}=[-1,2)$.

$|x-a|<b\Leftrightarrow x\in\{y\mid a-b<y<a+b,y\in\mathbf{R}\}$，即 $x\in(a-b,a+b)$.

若 $|x-1|<2$，则 $-2<x-1<2$，即 $-1<x<3$.

$|x-a|\leqslant b\Leftrightarrow x\in\{y\mid a-b\leqslant y\leqslant a+b,y\in\mathbf{R}\}$，即 $x\in[a-b,a+b]$.

若 $|x-2|\leqslant 3$，则 $-3\leqslant x-2\leqslant 3$，即 $-1\leqslant x\leqslant 5$.

5. 邻域

设 δ 为某个正数，称开区间 $(x_0-\delta,x_0+\delta)$ 为点 x_0 的 δ 邻域，点 x_0 为该邻域的中心，δ 为该邻域的半径. 记作：$U(x_0,\delta)=\{x||x-x_0|<\delta,x\in\mathbf{R}\}=(x_0-\delta,x_0+\delta)$，如图 1－12 所示.

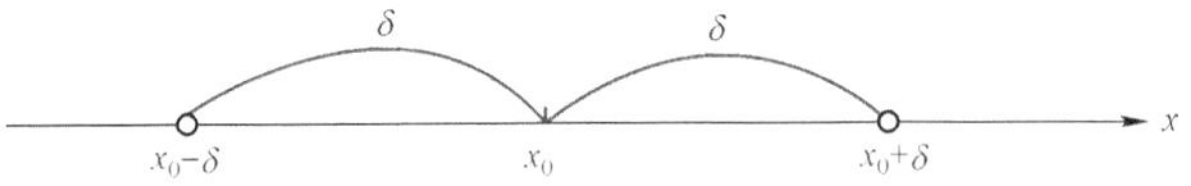

图 1－12

称开区间 $(x_0-\delta)\cup(x_0+\delta)$ 为点 x_0 的 δ 空心邻域，记作：$\overset{0}{U}(x_0,\delta)=U(x_0,\delta)\setminus\{x_0\}=\{x\mid 0<|x-x_0|<\delta,x\in\mathbf{R}\}$.

点 x_0 的左 δ 空心邻域：$\{x\mid -\delta<x-x_0<0,x\in\mathbf{R}\}=(x_0-\delta,x_0)$.

点 x_0 的右 δ 空心邻域：$\{x\mid 0<x-x_0<\delta,x\in\mathbf{R}\}=(x_0,x_0+\delta)$.

点 x_0 的空心邻域，主要关注 x_0 附近的点，通过正数 δ 的大小来控制离 x_0 点的远近程度. 因此在研究点 x_0 附近的点时经常用 x_0 的某空心邻域来描述.

1.2 函数的概念

1. 函数定义

定义 1－2：设 D 为一个非空实数集，如果对于每一个 $x \in D$，按照某种对应法则 f，有唯一确定的一个实数 y 与之对应，则称对应法则 f 为定义在实数集 D 上的一个函数. 称 D 为函数 f 的定义域，称 x 为自变量，y 为因变量，记为 $y=f(x), x \in D$. 若省略定义域，一般是指使函数有意义的集合. 全体函数值构成的集合称为函数的值域，记为 R_f，即 $R_f=\{y \mid y=f(x), x \in D\}$.

由函数定义可以看出，要确定一个函数，就必须知道函数的定义域和自变量与因变量之间的对应法则，定义域反映了自变量的取值范围，对应法则反映了自变量 x 与因变量 y 之间的对应关系，因此定义域和对应法则是函数的两大要素.

2. 对应法则的描述

（1）解析法

用含有数学关系的等式 $y=f(x)$ 来表示两个变量之间的依赖关系的方法叫作解析式法.

用解析式子 $y=f(x)$ 表示函数，精确地反映了自变量 x 与因变量 y 之间的对应关系. 这种方法的优点是能简明、准确、清楚地表示出因变量与自变量之间的数量关系；缺点是求函数值时往往要经过较复杂的运算，而且在实际问题中有的函数关系不一定能用表达式表示出来. 记号 f 和 $f(x)$ 的含义是有区别的，前者表示自变量 x 和因变量 y 之间的对应法则，而后者表示与自变量 x 对应的函数值. 但为了叙述方便，习惯上常用记号“$f(x)$，$x \in D$”或“$y=f(x)$，$x \in D$”来表示定义在 D 上的函数. 函数 $y=f(x)$ 中表示对应关系的记号 f 也可改用其他字母，例如“F”，“φ”等，此时函数就记作 $y=F(x)$，$y=\varphi(x)$ 等. 例如 $y=x^2$.

（2）图示法

根据实数与数轴上的点一一对应可以建立平面直角坐标系，平面上点 $(x, f(x))$ 描绘出来的曲线表示为函数 $y=f(x)$ 的图像，直观地反映出自变量 x 与因变量 y 之间的对应关系. 如图 1－13 所示.

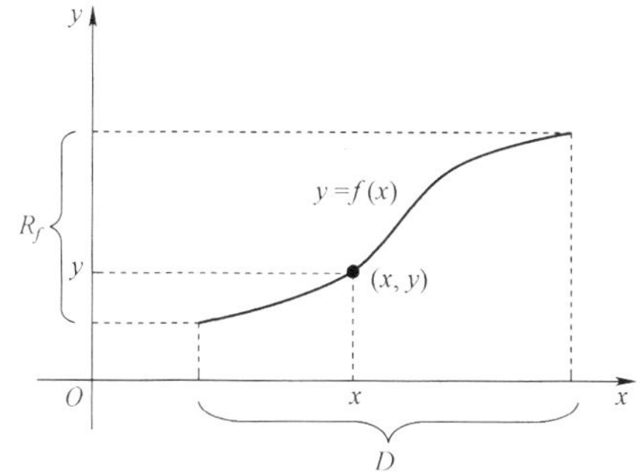

图 1－13

例如，函数 $y=x^2$，如图 1－14 所示.

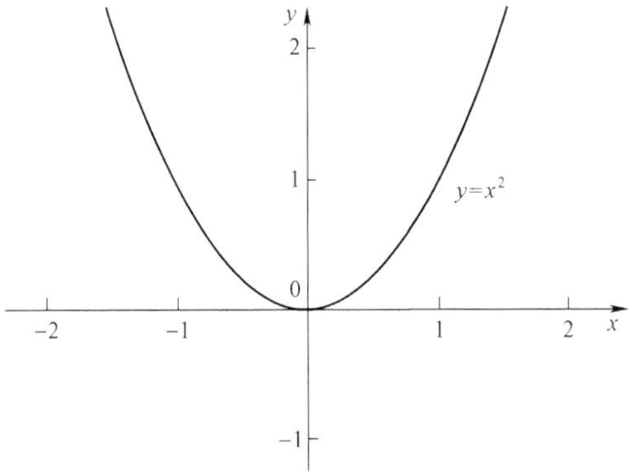

图 1－14

（3）表格法

将自变量和对应的函数值一一列举出来列成表格，用列表的方法来表示两个变量之间函数关系的方法叫作列表法.

例如，某家庭 2020 年各月用电量（单位：度），如表 1－1 所示.

表 1－1

月份 t	1	2	3	4	5	6	7	8	9	10	11	12
用电量 Q	41	38	34	31	30	35	37	46	38	32	33	38

表 1－1 表示某家庭用电量 Q 随月份 t 而变化的函数关系. 这个函数关系是用表格表达的，它的定义域 $D=\{1，2，3，4，5，6，7，8，9，10，11，12\}$.

这种方法的优点是通过表格中已知自变量的值，可以直接读出与之对应的函数值；缺点是只能列出部分对应值，难以反映函数的全貌. 例如函数 $y=x^2$，如表 1－2 所示.

表 1－2

x	1	2	3	4	…
$y=x^2$	1	4	9	16	…

3. 函数相等

当且仅当两个函数有相同的定义域并且定义域中的点对应的函数值也相等时，我们称这两个函数是相等的，否则就是不等.

例如，函数 $y=\sin^2 x$ 与 $y=1-\cos^2 x$，定义域都是 $(-\infty,+\infty)$，对于定义域中任意一点，两个函数对应的函数值相等，因此这两个函数相等. 而函数 $y=x-1$ 与 $y=\dfrac{x^2-1}{x+1}$，前者定义域 $(-\infty,+\infty)$，后者定义域 $(-\infty,-1)\cup(-1,+\infty)$，后者少了一个点，定义域不同，因此这两个函数不相等. 在函数的表达式中，对应法则的形式可以不同但对应的值相同，定义域相同，这两个函数相同，因此函数与用什么符号表示变量和对应法则无关. 例如

$y=x^2$ 和 $u=v^2$ 是相同的函数，只是用不同的符号表示变量而已，再如 $y=|x|$ 也可以表示为 $y=\sqrt{x^2}$ ，因为它们的定义域都是 $(-\infty,+\infty)$ ，定义域中任一点对应的值相同，这两个函数相等.

只要给定定义域和对应法则就可以得到值域，例如 $y=|x|$ 的值域为 $[0,+\infty)$. 因此函数的定义域和对应法则确定，函数就确定了，定义域和对应法则是函数的两个要素.

4. 函数性质

（1）单调性

设函数 $f(x)$ 的定义域为 D ，区间 $I\subset D$ ，如果对区间 I 上任意两点 x_1 ， x_2 ，当 $x_1 < x_2$ 时，恒有 $f(x_1)\leqslant f(x_2)$ 成立，则称 $f(x)$ 在区间 I 上单调递增，如图 1－15 所示；当 $x_1 < x_2$ 时，恒有 $f(x_1)\geqslant f(x_2)$ 成立，则称 $f(x)$ 在区间 I 上单调递减，如图 1－16 所示.

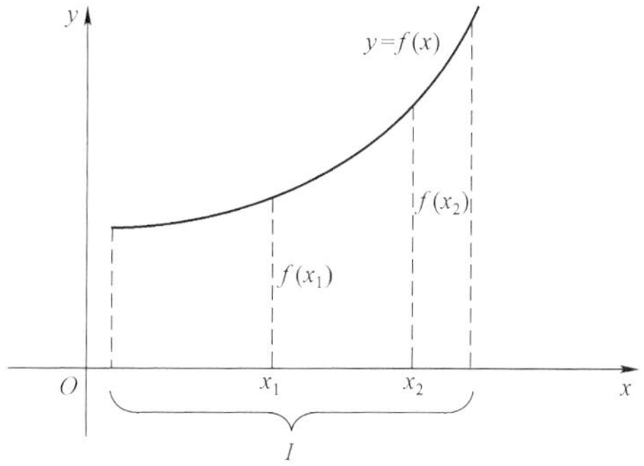

图 1－15

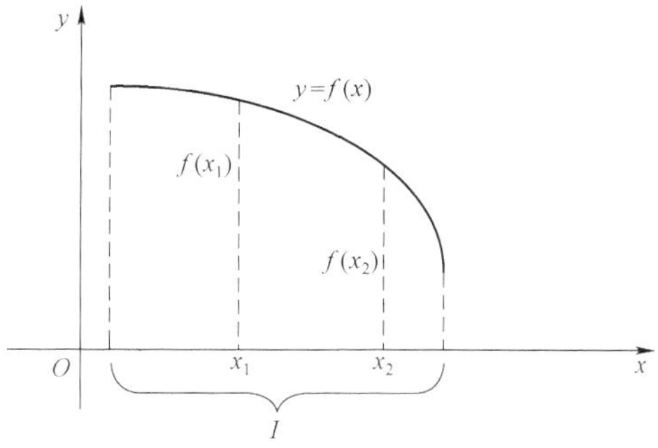

图 1－16

单调递增和单调递减的函数统称为单调函数.

例如，函数 $y=x^2$ 在区间 $(-\infty, 0]$ 上是单调递减的，在区间 $[0,+\infty)$ 上是单调递增的，在 $(-\infty,+\infty)$ 上不是单调函数，如图 1－17 所示. 函数 $y=x^3$ 在区间 $(-\infty,+\infty)$ 上是单调递增函数，如图 1－18 所示.

（2）奇偶性

设函数 $y=f(x)$ 的定义域 D 关于原点对称，如果对于任意的 $x\in D$ ，恒有 $f(-x)=f(x)$ 成立，则称 $y=f(x)$ 为偶函数；如果对于任意的 $x\in D$ ，恒有 $f(-x)=-f(x)$ 成立，则称 $y=f(x)$ 为奇函数. 偶函数的图像关于 y 轴对称，奇函数的图像关于原点对称.

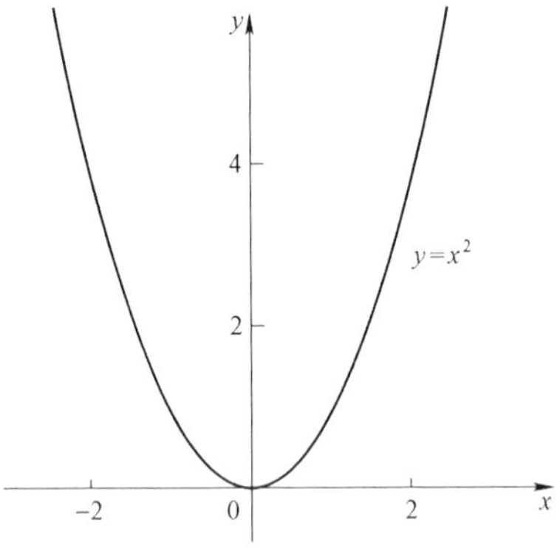

图 1－17

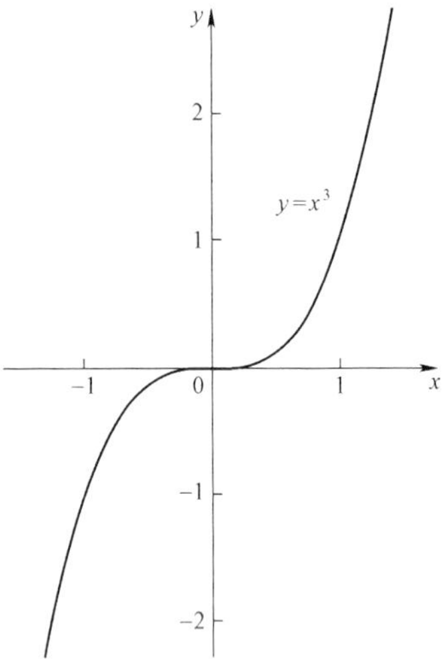

图 1－18

例如，函数 $y=x^2$ 在$(-\infty,+\infty)$上是偶函数，图像关于 y 轴对称，如图 1－17 所示．函数 $y=x^3$ 在区间$(-\infty,+\infty)$上是奇函数，图像关于原点对称，如图 1－18 所示．

（3）周期性

设函数 $f(x)$ 的定义域为 D，如果存在一个不为零的数 T，使得对于任意 $x\in D$，有 $x+T\in D$ 且 $f(x+T)=f(x)$ 始终成立，则称 $f(x)$ 为周期函数，T 称为 $f(x)$ 的周期（通常说周期函数的周期是指其最小正数周期）．

周期函数的图像特点：在函数的定义域内，每个长度为 T 的区间上，函数的图像有相同的形状．

例如，函数 $y=\sin x$ 是以 2π 为周期的周期函数，如图 1－19 所示．

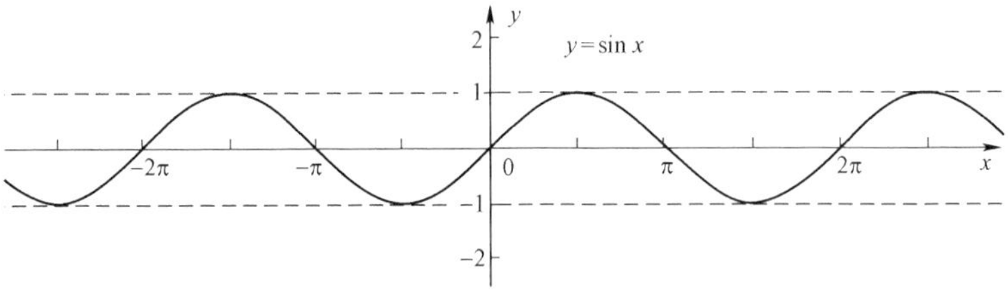

图 1－19

（4）有界性

设函数 $f(x)$的定义域为 D，数集 $X\subset D$，如果存在数 K_1，使得对于任意 $x\in X$，有 $f(x)\leqslant K_1$，则称函数$f(x)$在 X 上有上界，而称 K_1 为函数$f(x)$在 X 上的一个上界．图形特点是 $y=f(x)$的图形在直线 $y=K_1$ 的下方．

如果存在数 K_2，使得对于任意 $x\in X$，有 $f(x)\geqslant K_2$，则称函数$f(x)$在 X 上有下界，而称 K_2 为函数 $f(x)$在 X 上的一个下界．图形特点是，函数 $y=f(x)$的图形在直线 $y=K_2$ 的上方．

如果存在正数 M，使得对于任意 $x\in X$，有$|f(x)|\leqslant M$，则称函数$f(x)$在 X 上有界，图

像特点是，函数 $y=f(x)$的图像在直线 $y=-M$ 和 $y=M$ 之间.

反之，则称 $f(x)$ 在 X 上是无界的，即对于无论多么大的正数 M，总存在 $x_0\in X$，使得 $|f(x_0)|>M$.

例如函数 $y=\frac{1}{x}$ 在开区间(0, 2)内是无上界的，而它在(0, 2)内有下界，$y=\frac{1}{x}>\frac{1}{2}$，无上界，这是因为对于任意 $M>1$，总有 $x_0:0<x_0<\frac{1}{M}<1$，使得 $f(x_0)=\frac{1}{x_0}>M$，所以函数无上界.

而函数 $y=\frac{1}{x}$ 在(2, 8)内是有上界和下界的，$0<\frac{1}{x}<\frac{1}{2}$，因此函数 $y=\frac{1}{x}$ 在(2, 8)内是有界的，$\left|\frac{1}{x}\right|<\frac{1}{2}$. 如图 1－20 所示.

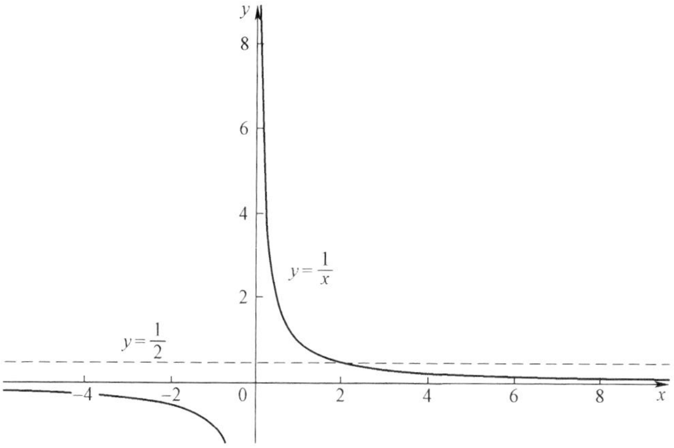

图 1－20

1.3 反 函 数

设函数 $y=f(x)$ 的定义域是 D，值域是 $f(D)$. 如果对于值域 $f(D)$ 中的每一个 y，在 D 中有且只有一个 x 使得 $x=g(y)$，则按此对应法则得到了一个定义在 $f(D)$ 上的函数，并把该函数称为函数 $y=f(x)$ 的反函数，记为 $x=f^{-1}(y), y\in f(D)$. 由定义可以得出函数 $y=f(x)$ 的定义域 D 和值域 $f(D)$ 恰好就是反函数 $x=f^{-1}(y)$ 的值域和定义域. 若 $x=f^{-1}(y)=g(y)$，则 $y=g^{-1}(x)=f(x)$，因此 $x=f^{-1}(y)$ 的反函数就是 $y=f(x)$，也就是说，函数 $y=f(x)$ 和 $x=f^{-1}(y)$ 互为反函数.

若函数 $y=f(x)$ 和 $x=f^{-1}(y)$ 互为反函数，则 $y=f(x)=f(f^{-1}(y))$，$x=f^{-1}(y)=f^{-1}(f(x))$，因此反函数与原函数之间满足 $f^{-1}(f(x))=x$，$f(f^{-1}(x))=x$.

习惯上我们用 x 来表示自变量，用 y 来表示因变量，于是函数 $y=f(x)$ 的反函数通常写成 $y=f^{-1}(x)$.

相对于反函数 $y=f^{-1}(x)$ 来说，原来的函数 $y=f(x)$ 称为直接函数. 反函数和直接函数的图像关于直线 $y=x$ 对称. 这是因为，如果设(a, b)是 $y=f(x)$ 的图像上任意一点，即 $b=f(a)$. 根据反函数的定义，有 $a=f^{-1}(b)$ ，即点(b, a)在反函数 $y=f^{-1}(x)$ 的图像上. 而点(a, b)和点(b, a)关于直线 $y=x$ 对称，由(a, b)的任意性可知 $y=f(x)$ 和 $y=f^{-1}(x)$ 关于 $y=x$ 对称. 于是我们可以知道，如果两个函数的图像关于 $y=x$ 对称，那么这两个函数互为反函数.

注意：

（1）单调函数 $y=f(x)$ 具有反函数，其反函数 $y=f^{-1}(x)$ 也是单调函数.

（2）把函数 $y=f(x)$ 和其反函数 $y=f^{-1}(x)$ 的图形画在同一坐标系内，这两个图形关于直线 $y=x$ 对称.

求反函数的过程可以分为两步：

（1）第一步，从 $y=f(x)$ 解出 $x=f^{-1}(y)$；

（2）第二步，交换 x 和 y.

例 1－1 求 $y=2x-1$ 的反函数.

解 由 $y=2x-1$ 解得 $x=\dfrac{y+1}{2}$，然后交换 x 和 y，

得 $y=\dfrac{x+1}{2}$，即 $y=\dfrac{x+1}{2}$ 是 $y=2x-1$ 的反函数.

例 1－1 中的一对反函数的图像如图 1－21 所示.

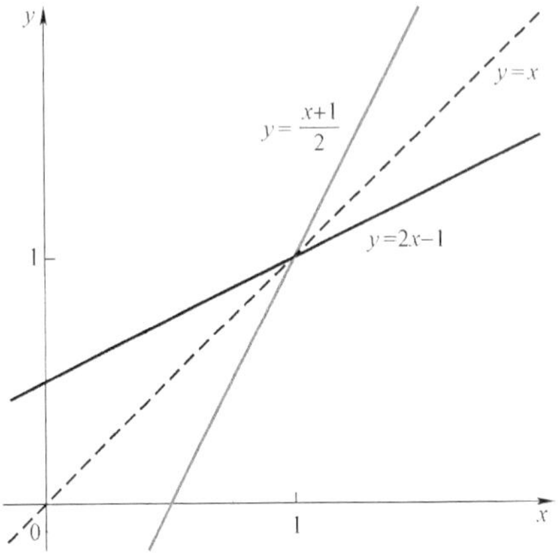

图 1－21

1.4 基本初等函数

1. 常数函数

在任意实数点处的函数值均为某一常数，记作 $y=C$. 如图 1－22 所示.

常数函数的定义域为 $(-\infty,+\infty)$ ，图像为平行于 x 轴、在 y 轴上截距为 C 的直线.

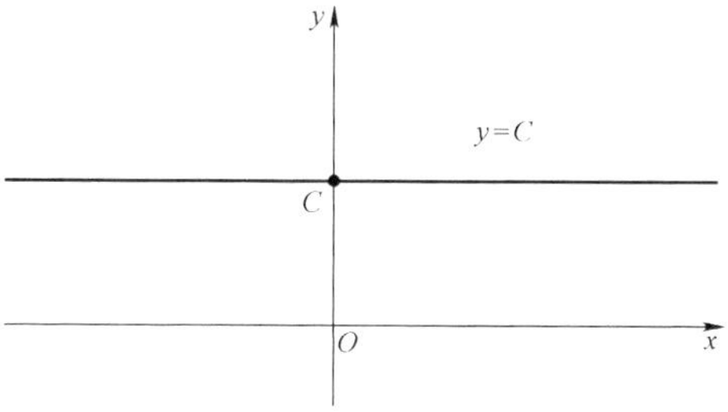

图 1－22

2. 幂函数

以底数为自变量，指数为常数的函数称为幂函数，记作 $y=x^a$（a 为常数）.

幂函数的定义域因 a 而异，但不论 a 为何值，它在 $(0,+\infty)$ 内总有定义. 幂函数图形都经过点(1, 1).

幂函数的一般形式是 $y=x^a$，其中 a 可为任何常数. 对于 a 取不同值分别进行讨论.

（1）a 为正整数

幂函数 $y=x^a$ 的定义域是全体实数 $\mathbf{R}=(-\infty,+\infty)$.

例如，$y=x$，$y=x^2$，$y=x^3$，$y=x^4$（a 为正整数），如图 1－23 所示.

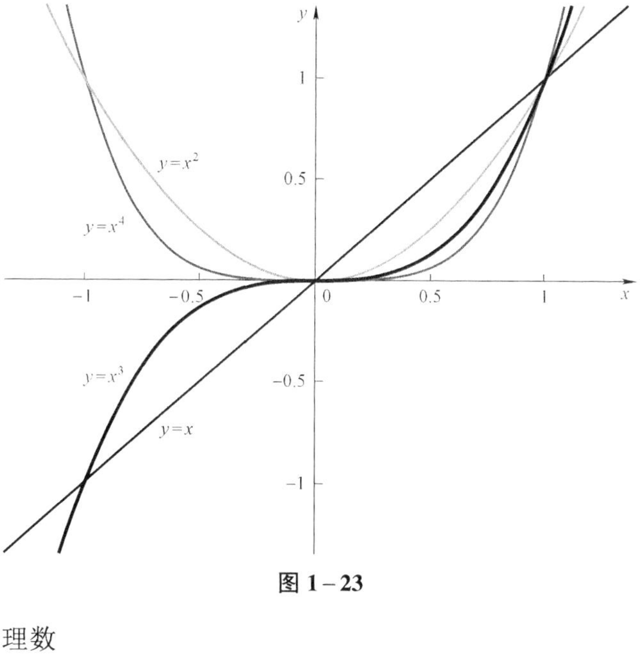

图 1－23

（2）a 为正有理数

首先我们知道，如果 $a=\dfrac{p}{q}$，且 $\dfrac{p}{q}$ 为既约分数（即 p、q 互质），q 和 p 都是正整数，则幂函数 $y=x^{\frac{p}{q}}=\sqrt[q]{x^p}$. 如果 q 是奇数，函数的定义域是全体实数 $\mathbf{R}=(-\infty,+\infty)$；如果 q 是偶数，函数的定义域是 $[0,+\infty)$.

例如，$y=x^{\frac{1}{2}}=\sqrt{x}$，$y=x^{\frac{1}{3}}=\sqrt[3]{x}$，$y=x^{\frac{3}{4}}=\sqrt[4]{x^3}$，$y=x^{\frac{4}{3}}=\sqrt[3]{x^4}$，如图 1－24 所示.

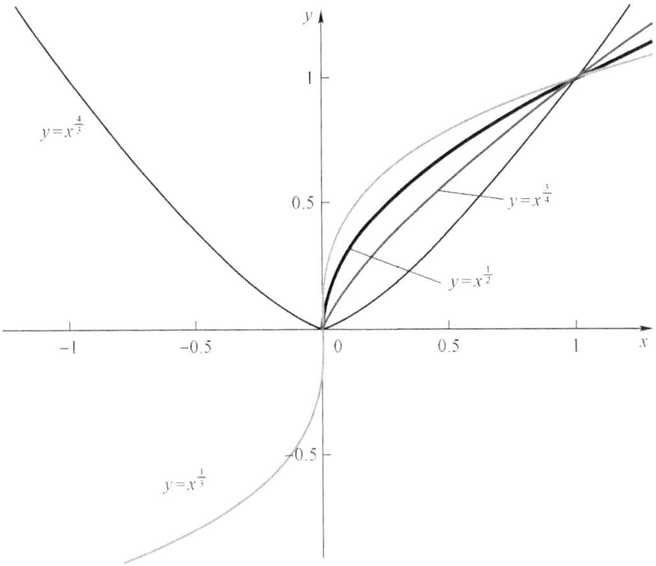

图 1－24

当 $a>0$ 时，幂函数 $y=x^a$ 的性质：

A. 图像都经过点(1, 1)和点(0, 0)；

B. 函数的图像在区间$[0,+\infty)$上单调递增.

（3）a 为负数

设 $b=-a$，则 $b>0$，幂函数 $y=x^a=x^{-b}=\dfrac{1}{x^b}$，因此可以看到 x 所受到的限制来源于两点，一是有可能作为分母而不能是 0，一是有可能在偶数次的根号下而不能为负数.

例如，$y=x^{-1}=\dfrac{1}{x}$，$y=x^{-\frac{1}{2}}=\dfrac{1}{\sqrt{x}}$，$y=x^{-\frac{3}{4}}=\dfrac{1}{\sqrt[4]{x^3}}$，$y=x^{-\frac{4}{3}}=\dfrac{1}{\sqrt[3]{x^4}}$（$a$ 为负实数），如图 1－25 所示.

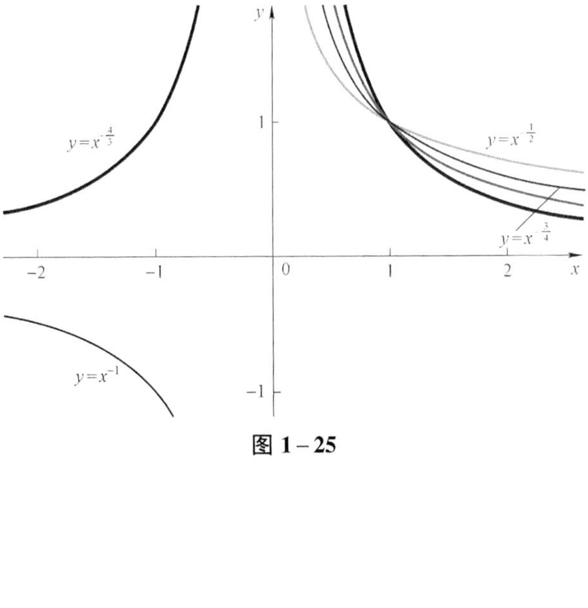

图 1－25

当 $a<0$ 时，幂函数 $y=x^a$ 的性质：

A. 图像都通过点(1, 1)；

B. 图像在区间$(0,+\infty)$上单调递减.

常见的幂函数及其图形，例如 $y=x^2$，如图 1－17 所示.

例如，$y=x^{\frac{1}{2}}=\sqrt{x}$，定义域为$[0,+\infty)$. 如图 1－26 所示.

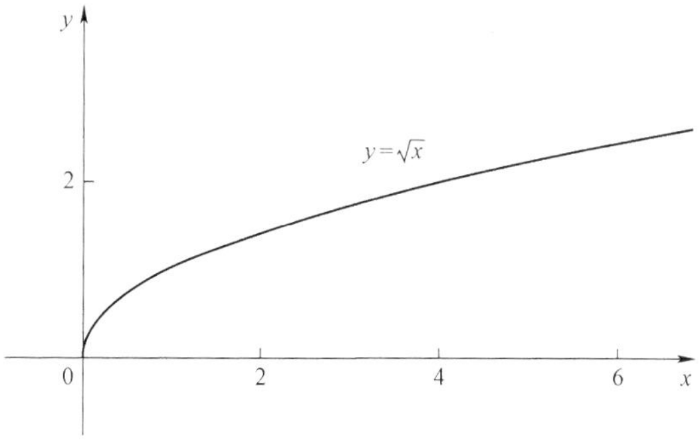

图 1－26

例如，$y=x^3$，如图 1－18 所示.

例如，$y=x^{-1}=\dfrac{1}{x}$，定义域为$(-\infty,0)\cup(0,+\infty)$. 如图 1－27 所示.

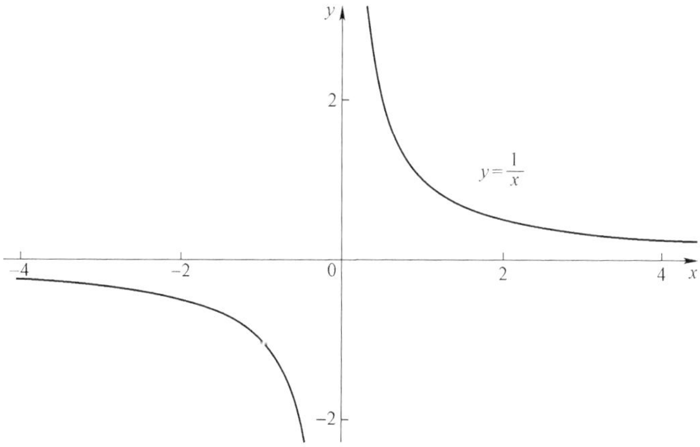

图 1－27

例如，$y=x^{\frac{1}{3}}=\sqrt[3]{x}$，如图 1－28 所示.

例如，$y=x^{\frac{2}{3}}=\sqrt[3]{x^2}$，如图 1－29 所示.

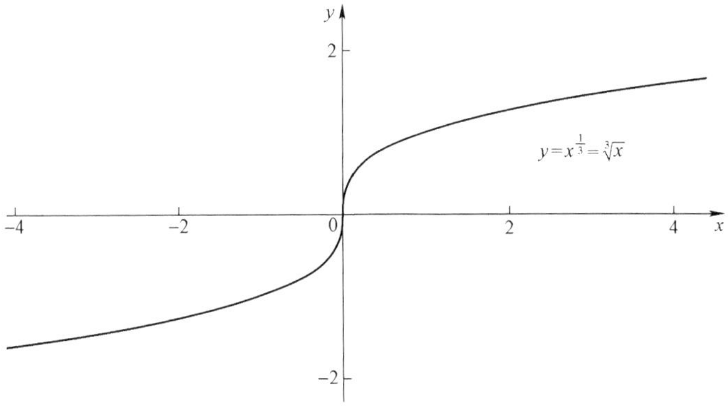

图 1－28

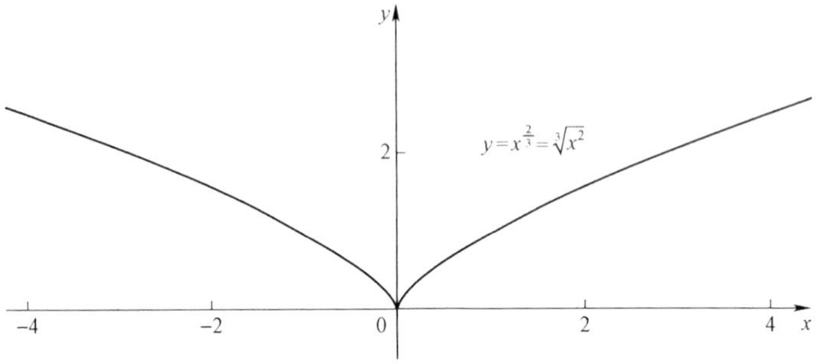

图 1－29

3. 指数函数

以底数为常数，指数为自变量的函数称为指数函数，记作 $y=a^x$ (a为常数，且 $a>0, a\neq 1$)．定义域为$(-\infty,+\infty)$，值域为$(0,+\infty)$，都通过点(0, 1)．当 a>1 时，函数单调增加；当 0<a<1 时，函数单调减少．如图 1－30 所示.

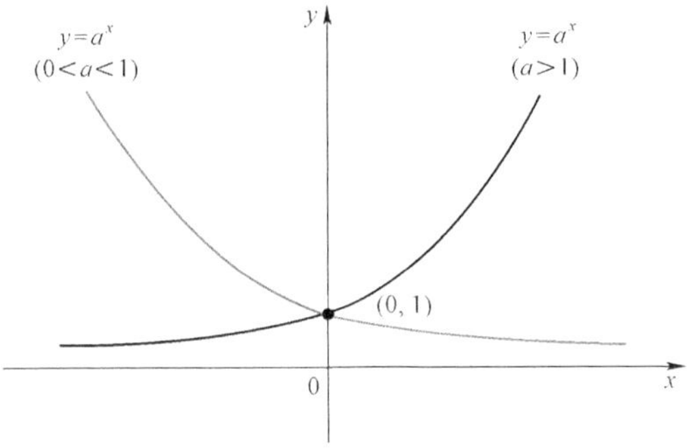

图 1－30

当 a>1 时，指数函数对于 x 取负数的函数值的图像非常平坦，对于 x 取正数的函数值的图像迅速攀升，在 x 等于 0 的时候，y 等于 1.

例如 $y=2^x$， $y=\mathrm{e}^x$， $y=\left(\dfrac{7}{2}\right)^x$， $y=5^x$，其中 $y=\mathrm{e}^x$ 是以无理数 $\mathrm{e}=2.718\cdots$ 为底的指数函数，如图 1－31 所示.

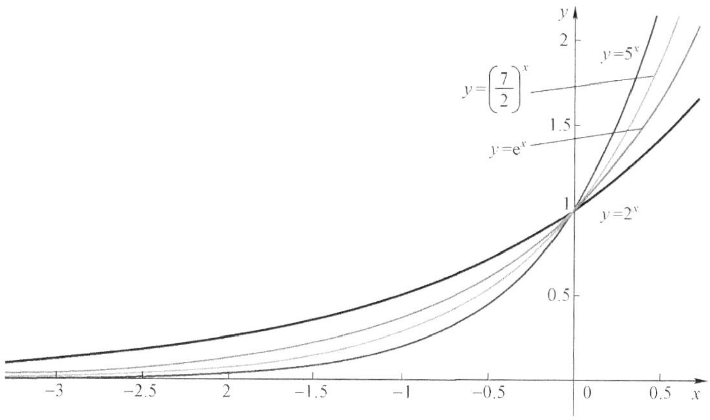

图 1－31

当 $0<a<1$ 时，指数函数的图像对于 x 的负数值迅速变化，对于 x 的正数值非常平坦，在 x 等于 0 的时候，y 等于 1.

例如 $y=\left(\frac{1}{4}\right)^x$，$y=\left(\frac{1}{2}\right)^x$，$y=\left(\frac{3}{4}\right)^x$，如图 1－32 所示.

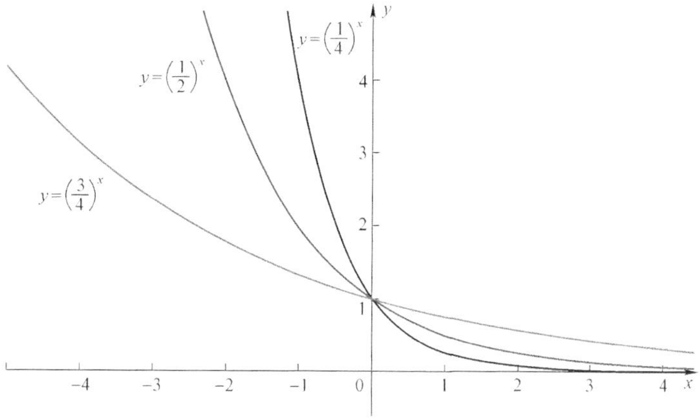

图 1－32

$y=\frac{1}{a^x}$ 可以化为 $y=\frac{1}{a^x}=\left(\frac{1}{a}\right)^x$，与 $y=a^x$ 关于 y 轴对称，如图 1－33 所示.

运算性质：（1）$a^m \cdot a^n = a^{m+n}$；　（2）$a^m \div a^n = a^{m-n}$；

（3）$(a^m)^n = a^{mn}$；　（4）$(ab)^m = a^m b^m$；

（5）$\left(\frac{a}{b}\right)^m = \frac{a^m}{b^m}$；　（6）$a^{\frac{m}{n}} = \sqrt[n]{a^m}$；

（7）$a^0 = 1$；　（8）$a^{-m} = \frac{1}{a^m}$.

例如：$2^{3x} \cdot 2^{-x} = 2^{3x-x} = 2^{2x}$；$2^{3x} \div 2^{-x} = 2^{3x-(-x)} = 2^{4x}$；$(3^{2x})^x = 3^{2x^2}$；$(ab)^2 = a^2 b^2$；

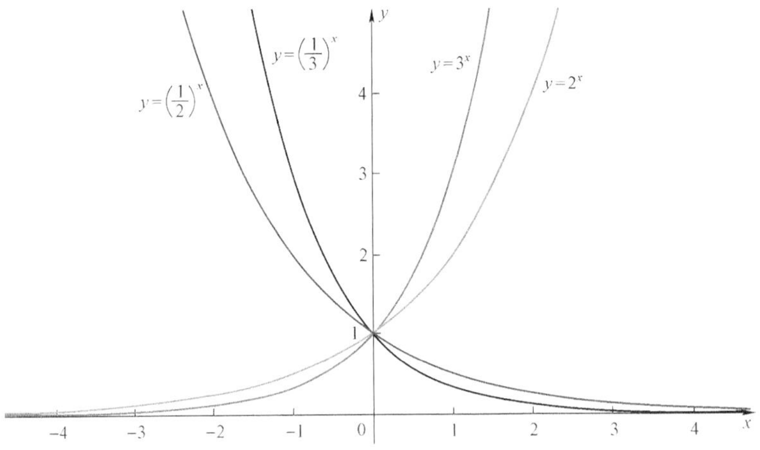

图 1－33

$\left(\dfrac{a}{b}\right)^3=\dfrac{a^3}{b^3}$； $2^{\frac{4}{3}}=\sqrt[3]{2^4}=2\sqrt[3]{2}$； $a^0=1$； $4^{-x}=\dfrac{1}{4^x}=\left(\dfrac{1}{4}\right)^x$.

4. 对数函数

如果 $x=a^y(a>0,a\neq1)$，即 a 的 y 次方等于 x，那么 y 叫作以 a 为底 x 的对数，记作 $y=\log_a x$（$a>0$，且 $a\neq1$），其中，a 叫作对数的底数，x 叫作真数，y 叫作“以 a 为底 x 的对数”.

特别地，以 10 为底的对数叫作常用对数，并记为 $\lg x$；以无理数 e（e＝2.718 28…）为底的对数称为自然对数，并记为 $\ln x$. 对数函数的定义域是 $(0,+\infty)$，值域为 $(-\infty,+\infty)$，都通过点(1, 0)，如图 1－34 所示.

对数函数基本性质：（1）过定点(1, 0)，当 $x=1$ 时，$y=0$，即 $\log_a 1=0$.

（2）当 $0<a<1$ 时，在 $(0,+\infty)$ 上单调递减；当 $a>1$ 时，在 $(0,+\infty)$ 上单调递增.

例如（$a>1$）：$y=\log_2 x$，$y=\ln x$，$y=\log_{\frac{7}{2}} x$，$y=\log_5 x$，如图 1－35 所示.

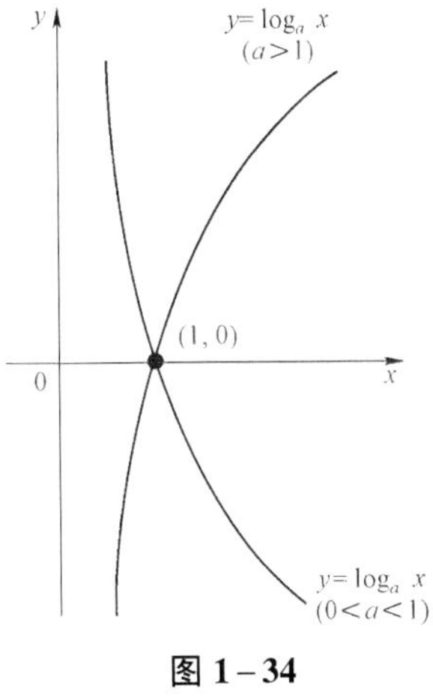

图 1－34

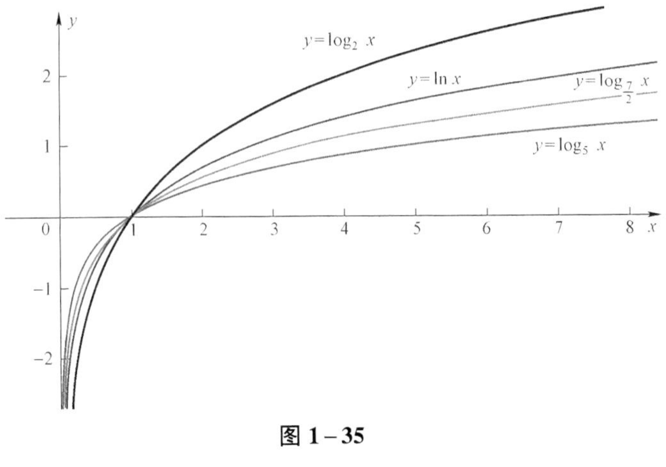

图 1－35

例如（$0<a<1$）：$y=\log_{\frac{1}{4}}x$，$y=\log_{\frac{1}{2}}x$，$y=\log_{\frac{3}{4}}x$，如图 1－36 所示.

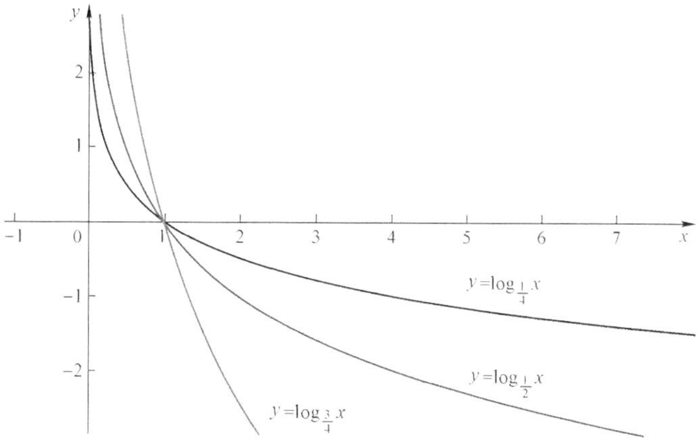

图 1－36

运算性质 $(a>0, a\neq 1)$：

（1）若 $a^x=M$，则 $\log_a M=x$，指数函数和对数函数互为反函数；

（2）对数恒等式：$a^{\log_a M}=M$，经常应用：$e^{\ln M}=M$；

（3）1 的对数为零，$\log_a 1=0$；

（4）底的对数为 1，$\log_a a=1$；

（5）$\log_a(MN)=\log_a M+\log_a N\ (M>0,N>0)$；

（6）$\log_a\left(\dfrac{M}{N}\right)=\log_a M-\log_a N\ (M>0,N>0)$；

（7）$\log_a(M^n)=n\log_a M\ (M>0)$；

（8）$\log_a\sqrt[n]{M}=\dfrac{1}{n}\log_a M\ (M>0)$；

（9）换底公式：$\log_a M=\dfrac{\log_b M}{\log_b a}\ (M>0)$.

根据对数运算性质，$\log_{\frac{1}{a}}x=\dfrac{\log_a x}{\log_a\dfrac{1}{a}}=\dfrac{\log_a x}{\log_a 1-\log_a a}=\dfrac{\log_a x}{0-1}=-\log_a x$，因此 $\log_{\frac{1}{a}}x$ 与 $\log_a x$ 的图像关于 x 轴对称. 例如 $\log_{\frac{1}{e}}x$ 与 $\ln x$ 的图像关于 x 轴对称；$\log_{\frac{1}{10}}x$ 与 $\lg x$ 的图像关于 x 轴对称，如图 1－37 所示.

指数函数 $y=a^x$ 与对数函数 $y=\log_a x$ 互为反函数，两者关于直线 $y=x$ 对称.

例如 $y=10^x$ 与对数函数 $y=\lg x$ 互为反函数，两者关于直线 $y=x$ 对称；$y=e^x$ 与对数函数 $y=\ln x$ 互为反函数，两者关于直线 $y=x$ 对称；$y=2^x$ 与对数函数 $y=\log_2 x$ 互为反函数，两者关于直线 $y=x$ 对称，如图 1－38 所示.

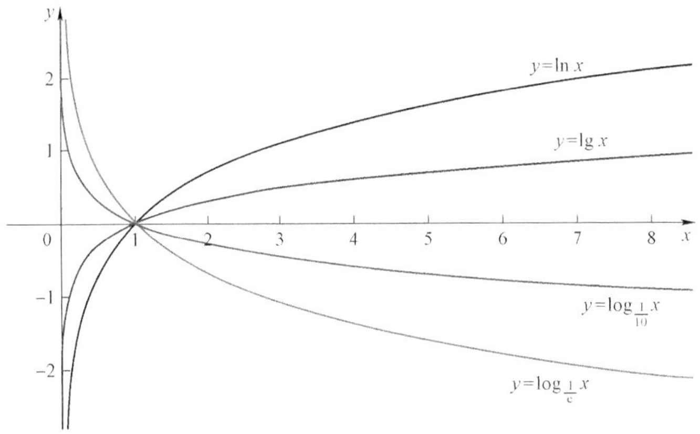

图 1－37

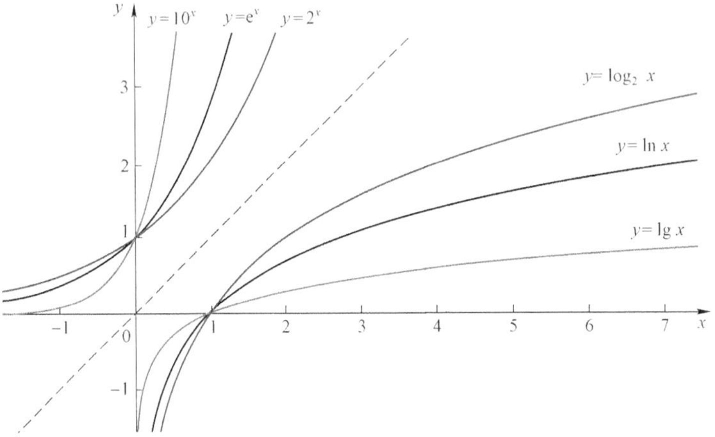

图 1－38

5. 三角函数

设 α 是一个任意角，在终边上任取（异于原点的）一点 $P(x,y)$，则 P 与原点的距离 $r=\sqrt{x^2+y^2}$，如图 1－39 所示.

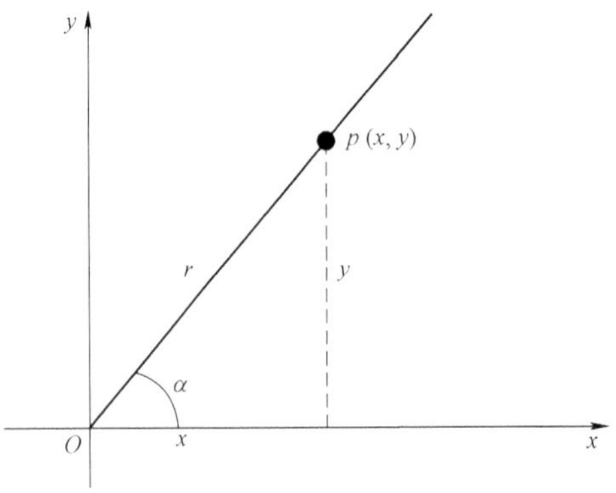

图 1－39

比值 $\frac{y}{r}=\frac{y}{\sqrt{x^2+y^2}}$ 叫作 α 的正弦，记作 $\sin\alpha=\frac{y}{r}=\frac{y}{\sqrt{x^2+y^2}}$；

比值 $\frac{x}{r}=\frac{x}{\sqrt{x^2+y^2}}$ 叫作 α 的余弦，记作 $\cos\alpha=\frac{x}{r}=\frac{x}{\sqrt{x^2+y^2}}$；

比值 $\frac{y}{x}$ 叫作 α 的正切，记作 $\tan\alpha=\frac{y}{x}=\frac{\sin\alpha}{\cos\alpha}$；

比值 $\frac{x}{y}$ 叫作 α 的余切，记作 $\cot\alpha=\frac{x}{y}=\frac{1}{\tan\alpha}$；

比值 $\frac{r}{x}=\frac{\sqrt{x^2+y^2}}{x}$ 叫作 α 的正割，记作 $\sec\alpha=\frac{r}{x}=\frac{\sqrt{x^2+y^2}}{x}=\frac{1}{\cos\alpha}$；

比值 $\frac{r}{y}=\frac{\sqrt{x^2+y^2}}{y}$ 叫作 α 的余割，记作 $\csc\alpha=\frac{r}{y}=\frac{\sqrt{x^2+y^2}}{y}=\frac{1}{\sin\alpha}$. 以上六种函数统称为三角函数.

在研究三角函数时，一般用弧度 x 来表示角度 α，有 $x=\frac{\pi}{180}\cdot\alpha$，一些特殊角所对应的弧度如表 1－3 所示.

表 1－3

角度	0°	30°	45°	60°	90°	120°	135°	150°	180°	210°	225°	240°	270°	300°	315°	330°	360°
弧度	0	$\frac{\pi}{6}$	$\frac{\pi}{4}$	$\frac{\pi}{3}$	$\frac{\pi}{2}$	$\frac{2\pi}{3}$	$\frac{3\pi}{4}$	$\frac{5\pi}{6}$	π	$\frac{7\pi}{6}$	$\frac{5\pi}{4}$	$\frac{4\pi}{3}$	$\frac{3\pi}{2}$	$\frac{5\pi}{3}$	$\frac{7\pi}{4}$	$\frac{11\pi}{6}$	2π

由于 $\cot\alpha=\frac{1}{\tan\alpha}$， $\sec\alpha=\frac{1}{\cos\alpha}$， $\csc\alpha=\frac{1}{\sin\alpha}$，因此三角函数主要研究正弦函数 $y=\sin x$、余弦函数 $y=\cos x$、正切函数 $y=\tan x$.

正弦函数 $y=\sin x$ 的图像，如图 1－40 所示.

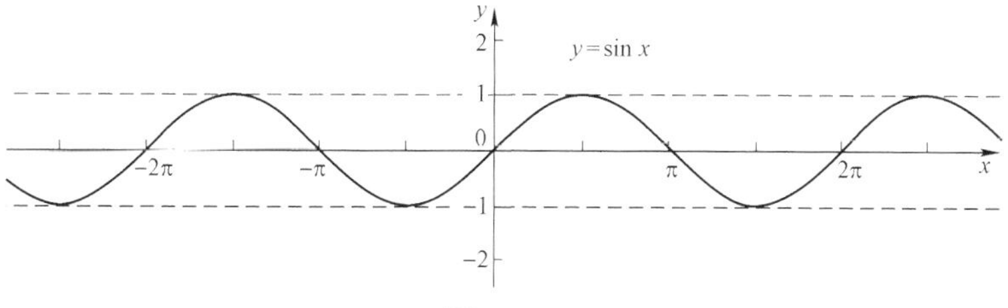

图 1－40

定义域全体实数 $(-\infty,+\infty)$，值域 $[-1,1]$，是奇函数，图像关于原点对称，有 $\sin(-x)=\sin x$，是周期函数，以 2π 为周期，有 $\sin(2n\pi+x)=\sin x, n=0,\pm1,\pm2,\pm3,\cdots$，特殊角的正弦值如表 1－4 所示.

表 1－4

$\sin 0$	$\sin\frac{\pi}{6}$	$\sin\frac{\pi}{4}$	$\sin\frac{\pi}{3}$	$\sin\frac{\pi}{2}$	$\sin\frac{2\pi}{3}$	$\sin\frac{3\pi}{4}$	$\sin\frac{5\pi}{6}$	$\sin\pi$	$\sin\frac{7\pi}{6}$	$\sin\frac{5\pi}{4}$	$\sin\frac{4\pi}{3}$	$\sin\frac{3\pi}{2}$	$\sin\frac{5\pi}{3}$	$\sin\frac{7\pi}{4}$	$\sin\frac{11\pi}{6}$	$\sin 2\pi$
0	$\frac{1}{2}$	$\frac{\sqrt{2}}{2}$	$\frac{\sqrt{3}}{2}$	1	$\frac{\sqrt{3}}{2}$	$\frac{\sqrt{2}}{2}$	$\frac{1}{2}$	0	$-\frac{1}{2}$	$-\frac{\sqrt{2}}{2}$	$-\frac{\sqrt{3}}{2}$	-1	$-\frac{\sqrt{3}}{2}$	$-\frac{\sqrt{2}}{2}$	$-\frac{1}{2}$	0

余弦函数 $y=\cos x$ 的图像，如图 1－41 所示.

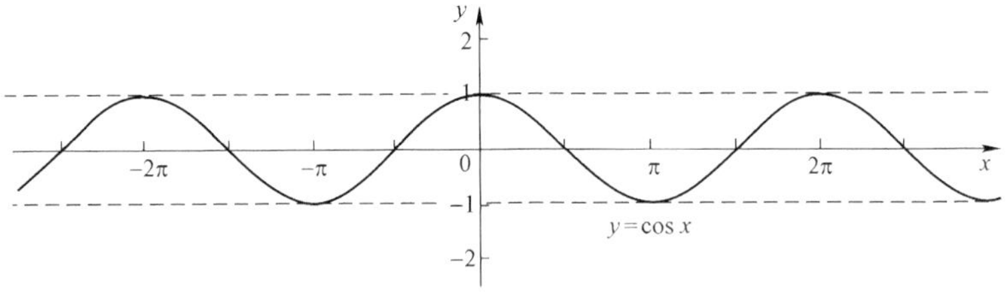

图 1－41

定义域全体实数 $(-\infty,+\infty)$，值域 $[-1, 1]$，是偶函数，图像关于 y 轴对称，有 $\cos(-x)=\cos x$，是周期函数，以 2π 为周期，有 $\cos(2n\pi+x)=\cos x, n=0,\pm1,\pm2,\pm3,\cdots$，特殊角的余弦值如表 1－5 所示.

表 1－5

$\cos 0$	$\cos\frac{\pi}{6}$	$\cos\frac{\pi}{4}$	$\cos\frac{\pi}{3}$	$\cos\frac{\pi}{2}$	$\cos\frac{2\pi}{3}$	$\cos\frac{3\pi}{4}$	$\cos\frac{5\pi}{6}$	$\cos\pi$	$\cos\frac{7\pi}{6}$	$\cos\frac{5\pi}{4}$	$\cos\frac{4\pi}{3}$	$\cos\frac{3\pi}{2}$	$\cos\frac{5\pi}{3}$	$\cos\frac{7\pi}{4}$	$\cos\frac{11\pi}{6}$	$\cos 2\pi$
1	$\frac{\sqrt{3}}{2}$	$\frac{\sqrt{2}}{2}$	$\frac{1}{2}$	0	$-\frac{1}{2}$	$-\frac{\sqrt{2}}{2}$	$-\frac{\sqrt{3}}{2}$	-1	$-\frac{\sqrt{3}}{2}$	$-\frac{\sqrt{2}}{2}$	$-\frac{1}{2}$	0	$\frac{1}{2}$	$\frac{\sqrt{2}}{2}$	$\frac{\sqrt{3}}{2}$	1

正切函数 $y=\tan x$ 的图像，如图 1－42 所示.

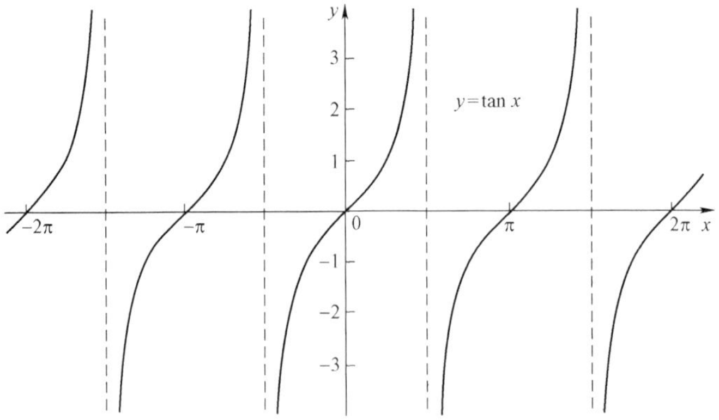

图 1－42

定义域 $x\neq n\pi+\dfrac{\pi}{2}, n=0,\pm1,\pm2,\pm3,\cdots$ 的实数，值域 $(-\infty,+\infty)$，是奇函数，图像关于原点对称，有 $\tan(-x)=\tan x$，是周期函数，以 π 为周期，有 $\tan(n\pi+x)=\tan x, n=0,\pm1,\pm2,\pm3,\cdots$，特殊角的正切值如表 1－6 所示.

表 1－6

$\tan 0$	$\tan\frac{\pi}{6}$	$\tan\frac{\pi}{4}$	$\tan\frac{\pi}{3}$	$\tan\frac{2\pi}{3}$	$\tan\frac{3\pi}{4}$	$\tan\frac{5\pi}{6}$	$\tan\pi$	$\tan\frac{7\pi}{6}$	$\tan\frac{5\pi}{4}$	$\tan\frac{4\pi}{3}$	$\tan\frac{5\pi}{3}$	$\tan\frac{7\pi}{4}$	$\tan\frac{11\pi}{6}$	$\tan 2\pi$
0	$\frac{\sqrt{3}}{3}$	1	$\sqrt{3}$	$-\sqrt{3}$	-1	$-\frac{\sqrt{3}}{3}$	0	$\frac{\sqrt{3}}{3}$	1	$\sqrt{3}$	$-\sqrt{3}$	-1	$-\frac{\sqrt{3}}{3}$	0

余切函数 $\cot x=\dfrac{1}{\tan x}$ 的图像，如图 1－43 所示.

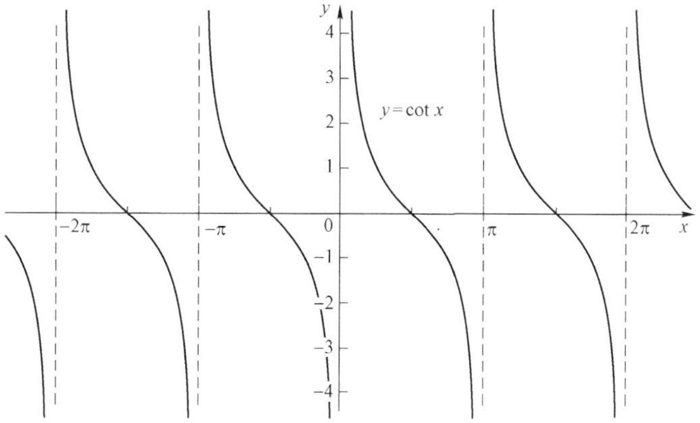

图 1－43

正割函数 $\sec x=\dfrac{1}{\cos x}$ 的图像，如图 1－44 所示.

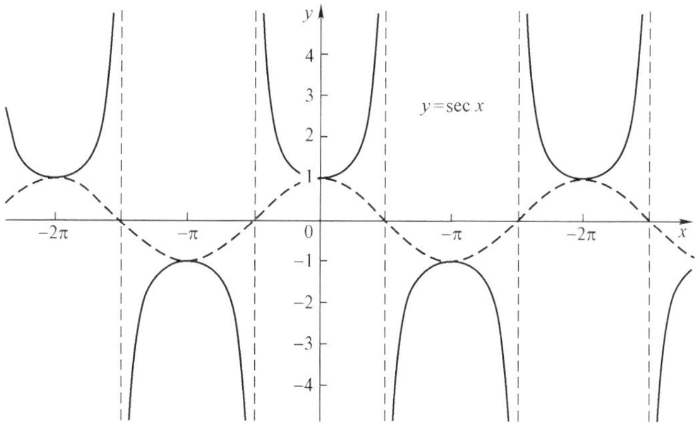

图 1－44

余割函数 $\csc x=\dfrac{1}{\sin x}$ 的图像，如图 1－45 所示.

三角函数关系

倒数关系：$\tan x\cdot\cot x=1$； $\sin x\cdot\csc x=1$； $\cos x\cdot\sec x=1$.

商数关系：$\tan x=\dfrac{\sin x}{\cos x}$； $\cot x=\dfrac{\cos x}{\sin x}$.

平方关系：$\sin^2 x+\cos^2 x=1$； $\sec^2 x=1+\tan^2 x$； $\csc^2 x=1+\cot^2 x$.

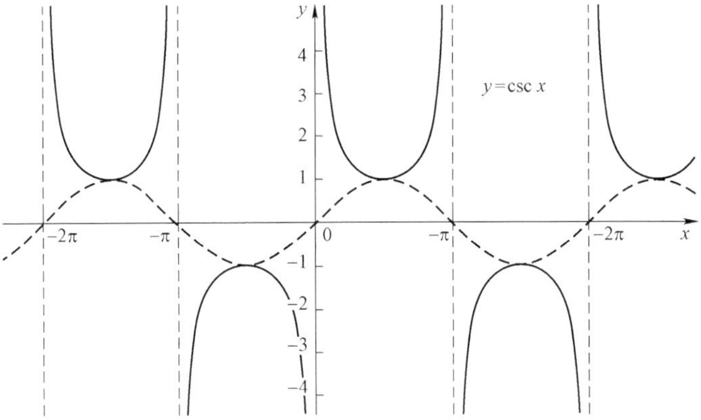

图 1－45

三角函数符号如表 1－7 所示.

表 1－7

	第一象限	第二象限	第三象限	第四象限
$\sin x$	+	+	−	−
$\cos x$	+	−	−	+
$\tan x$	+	−	+	−
$\cot x$	+	−	+	−

诱导公式

记背诀窍：奇变偶不变，符号看象限.

奇变偶不变是指，若 $\alpha=(2k+1)\dfrac{\pi}{2}\pm x$，其中 $2k+1$ 为奇数，则函数名称变为余名函数，即正弦变余弦，余弦变正弦，正切变余切，余切变正切. 若 $\alpha=(2k)\dfrac{\pi}{2}\pm x$，其中 $2k$ 为偶数，则函数名称不变. 符号看象限是指，无论 x 是多大的角，都将 x 看成锐角，与 α 的同名三角函数的符号相同.

例如：$\sin(2\pi-x)=\sin\left(4\cdot\dfrac{\pi}{2}-x\right)$，$2k=4$ 为偶数，所以取 $\sin x$；当 x 是锐角时，$(2\pi-x)\in\left(\dfrac{3\pi}{2},2\pi\right)$，$\sin(2\pi-x)<0$，符号为“－”，所以 $\sin(2\pi-x)=-\sin x$. 再如：$\sin\left(\dfrac{7\pi}{2}-x\right)=\sin\left(2\pi+\dfrac{3\pi}{2}-x\right)=\sin\left(3\cdot\dfrac{\pi}{2}-x\right)$，$2k+1=3$ 为奇数，所以取 $\cos x$；当 x 是锐角时，$\left(\dfrac{3\pi}{2}-x\right)\in\left(\pi,\dfrac{3\pi}{2}\right)$，$\sin(2\pi-x)<0$，符号为“－”，所以 $\sin\left(\dfrac{3\pi}{2}-x\right)=-\cos x$.

和差角公式

$\sin(x+y)=\sin x\cdot\cos y+\cos x\cdot\sin y$；

$\sin(x-y)=\sin x\cdot\cos y-\cos x\cdot\sin y$；

$\cos(x+y)=\cos x\cdot\cos y-\sin x\cdot\sin y$；

$\cos(x-y)=\cos x\cdot\cos y+\sin x\cdot\sin y$；

$\tan(x+y)=\dfrac{\tan x+\tan y}{1-\tan x\cdot\tan y}$；

$\tan(x-y)=\dfrac{\tan x-\tan y}{1+\tan x\cdot\tan y}$.

和差化积公式

$\sin x+\sin y=2\sin\dfrac{x+y}{2}\cdot\cos\dfrac{x-y}{2}$；

$\sin x-\sin y=2\cos\dfrac{x+y}{2}\cdot\sin\dfrac{x-y}{2}$；

$\cos x+\cos y=2\cos\dfrac{x+y}{2}\cdot\cos\dfrac{x-y}{2}$；

$\cos x-\cos y=-2\sin\dfrac{x+y}{2}\cdot\sin\dfrac{x-y}{2}$.

积化和差公式

$\sin x\cdot\cos y=\dfrac{1}{2}[\sin(x+y)+\sin(x-y)]$；

$\cos x\cdot\sin y=\dfrac{1}{2}[\sin(x+y)-\sin(x-y)]$；

$\cos x\cdot\cos y=\dfrac{1}{2}[\cos(x+y)+\cos(x-y)]$；

$\sin x\cdot\sin y=-\dfrac{1}{2}[\cos(x+y)-\cos(x-y)]$.

倍角公式

$\sin 2x=2\sin x\cdot\cos x$；

$\cos 2x=2\cos^2 x-1=1-2\sin^2 x=\cos^2 x-\sin^2 x$.

半角公式

$\sin^2\dfrac{x}{2}=\dfrac{1-\cos x}{2}$；

$\cos^2\dfrac{x}{2}=\dfrac{1+\cos x}{2}$.

万能公式

$\sin x=\dfrac{2\tan\dfrac{x}{2}}{1+\tan^2\dfrac{x}{2}}$；

$$\cos x = \frac{1-\tan^2\frac{x}{2}}{1+\tan^2\frac{x}{2}};$$

$$\tan x = \frac{2\tan\frac{x}{2}}{1-\tan^2\frac{x}{2}}.$$

6. 反三角函数

（1）反正弦函数

由于正弦函数 $y=\sin x, x\in(-\infty,+\infty)$ 是周期函数，不单调，不能研究反函数，如图 1－46 所示.

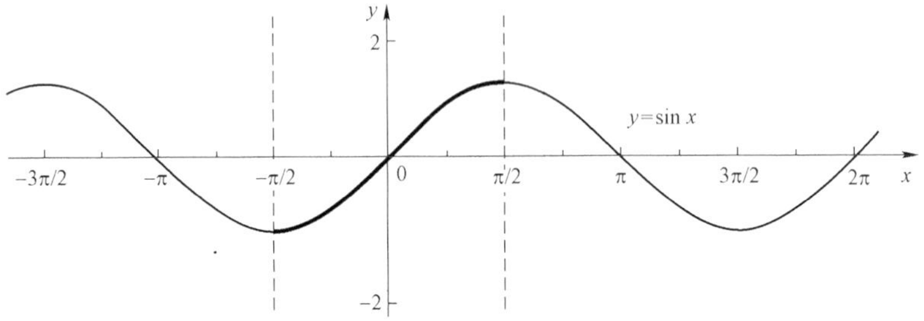

图 1－46

为此我们选取 $y=\sin x, x\in\left[-\frac{\pi}{2},\frac{\pi}{2}\right]$，其反函数叫作反正弦函数. 记作 $y=\arcsin x$，表示一个正弦值为 x 的角 y，该角的范围在 $\left[-\frac{\pi}{2},\frac{\pi}{2}\right]$ 区间内. 定义域 $x\in[-1,1]$，值域 $y\in\left[-\frac{\pi}{2},\frac{\pi}{2}\right]$，如图 1－47 所示.

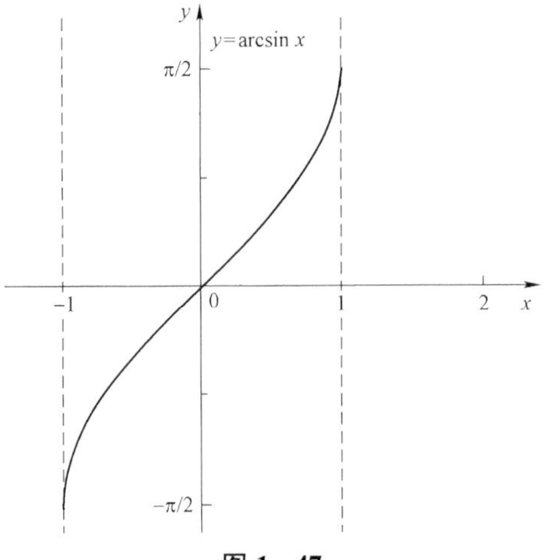

图 1－47

反正弦函数 $y=\arcsin x$ 是奇函数，图像关于原点对称，有 $\arcsin(-x)=\arcsin x$，当 $-1\leqslant x\leqslant 0$ 时，$-\dfrac{\pi}{2}\leqslant y\leqslant 0$；当 $0\leqslant x\leqslant 1$ 时，$0\leqslant y\leqslant \dfrac{\pi}{2}$. 特别地有表 1－8.

表 1－8

$\arcsin 0$	$\arcsin\dfrac{1}{2}$	$\arcsin\dfrac{\sqrt{2}}{2}$	$\arcsin\dfrac{\sqrt{3}}{2}$	$\arcsin 1$	$\arcsin\left(-\dfrac{\sqrt{3}}{2}\right)$	$\arcsin\left(-\dfrac{\sqrt{2}}{2}\right)$	$\arcsin\left(-\dfrac{1}{2}\right)$	$\arcsin(-1)$
0	$\dfrac{\pi}{6}$	$\dfrac{\pi}{4}$	$\dfrac{\pi}{3}$	$\dfrac{\pi}{2}$	$-\dfrac{\pi}{3}$	$-\dfrac{\pi}{4}$	$-\dfrac{\pi}{6}$	$-\dfrac{\pi}{2}$

正弦函数 $y=\sin x, x\in\left[-\dfrac{\pi}{2},\dfrac{\pi}{2}\right]$ 与反正弦函数 $y=\arcsin x$ 互为反函数，图像关于直线 $y=x$ 对称，如图 1－48 所示.

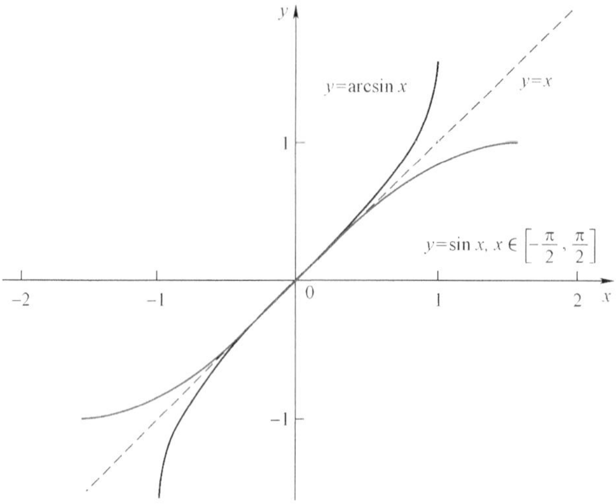

图 1－48

（2）反余弦函数

由于余弦函数 $y=\cos x, x\in(-\infty,+\infty)$ 是周期函数，不单调，不能研究反函数，如图 1－49 所示.

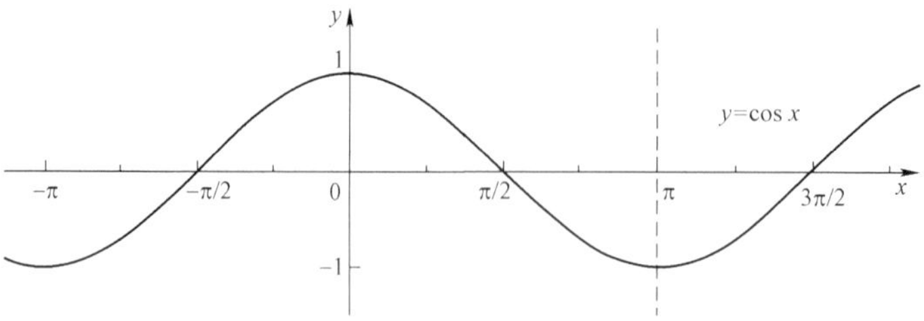

图 1－49

为此我们选取 $y=\cos x, x\in[0,\pi]$，其反函数叫作反余弦函数，记作 $y=\arccos x$，表

示一个余弦值为 x 的角 y，该角的范围在 $[0,\pi]$ 区间内. 定义域 $x\in[-1,1]$，值域 $y\in[0,\pi]$，如图 1－50 所示.

余弦函数 $y=\cos x, x\in[0,\pi]$ 与反余弦函数 $y=\arccos x$ 互为反函数，图像关于直线 $y=x$ 对称，如图 1－51 所示.

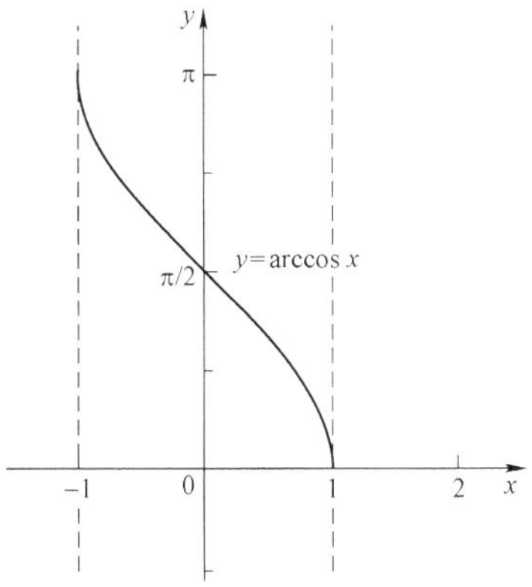

图 1－50

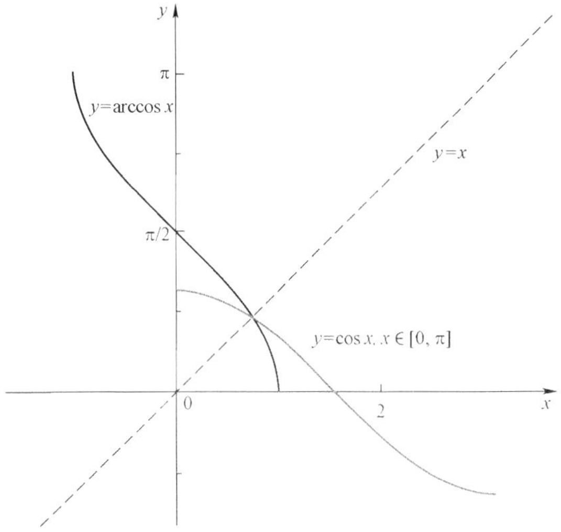

图 1－51

反余弦函数 $y=\arccos x$，当 $0\leqslant x\leqslant 1$ 时，$0\leqslant y\leqslant\dfrac{\pi}{2}$；当 $-1\leqslant x\leqslant 0$ 时，$\dfrac{\pi}{2}\leqslant y\leqslant\pi$. 且有 $\arccos(-x)=\pi-\arccos x$. 如图 1－52 所示.

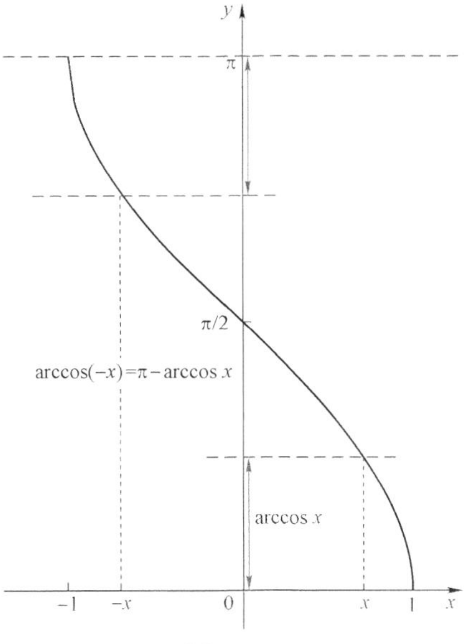

图 1－52

特别地有表 1－9.

表 1－9

$\arccos 0$	$\arccos\frac{1}{2}$	$\arccos\frac{\sqrt{2}}{2}$	$\arccos\frac{\sqrt{3}}{2}$	$\arccos 1$	$\arccos\left(-\frac{\sqrt{3}}{2}\right)$	$\arccos\left(-\frac{\sqrt{2}}{2}\right)$	$\arccos\left(-\frac{1}{2}\right)$	$\arccos(-1)$
$\frac{\pi}{2}$	$\frac{\pi}{3}$	$\frac{\pi}{4}$	$\frac{\pi}{6}$	0	$\frac{5\pi}{6}$	$\frac{3\pi}{4}$	$\frac{2\pi}{3}$	π

（3）反正切函数

由于正切函数 $y=\tan x, x\neq n\pi+\frac{\pi}{2}$ 是周期函数，不单调，不能研究反函数，如图 1－53 所示.

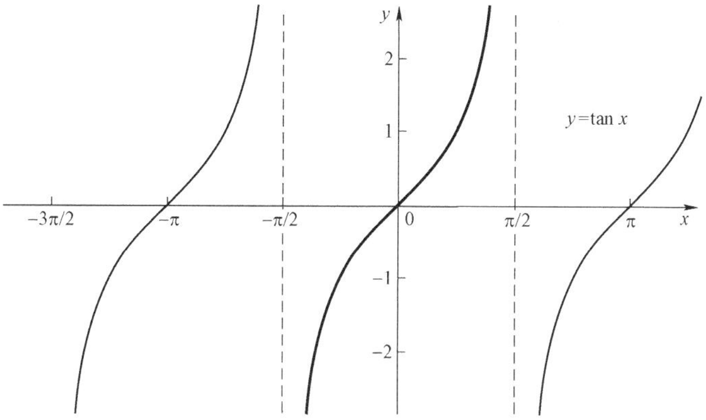

图 1－53

为此我们选取 $y=\tan x, x\in\left(-\frac{\pi}{2},\frac{\pi}{2}\right)$，其反函数叫作反正切函数，记作 $y=\arctan x$，表示一个正切值为 x 的角 y，该角的范围在区间 $\left(-\frac{\pi}{2},\frac{\pi}{2}\right)$ 内. 定义域 $x\in(-\infty,+\infty)$，值域 $y\in\left(-\frac{\pi}{2},\frac{\pi}{2}\right)$，如图 1－54 所示.

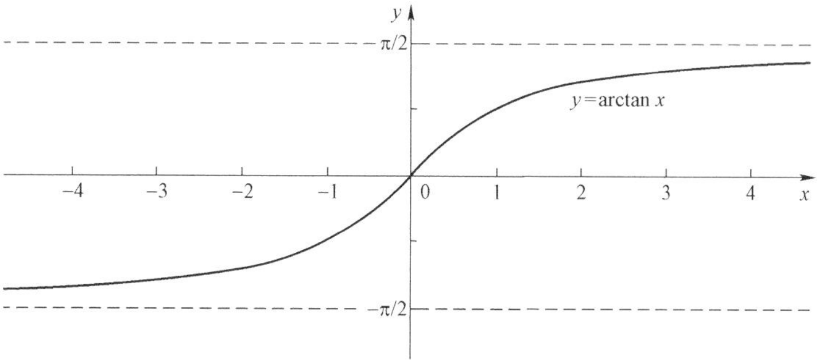

图 1－54

反正切函数 $y=\arctan x$ 是奇函数，图像关于原点对称，有 $\arctan(-x)=-\arctan x$，当

$-\infty < x \leqslant 0$ 时，$-\dfrac{\pi}{2} < y \leqslant 0$；当 $0 \leqslant x < +\infty$ 时，$0 \leqslant y < \dfrac{\pi}{2}$. 特别地有表 1－10.

表 1－10

$\arctan 0$	$\arctan\dfrac{\sqrt{3}}{2}$	$\arctan 1$	$\arctan\sqrt{3}$	$\arctan(-\sqrt{3})$	$\arctan(-1)$	$\arctan-\dfrac{\sqrt{3}}{2}$
0	$\dfrac{\pi}{6}$	$\dfrac{\pi}{4}$	$\dfrac{\pi}{3}$	$-\dfrac{\pi}{3}$	$-\dfrac{\pi}{4}$	$-\dfrac{\pi}{6}$

正切函数 $y = \tan x, x \in \left(-\dfrac{\pi}{2}, \dfrac{\pi}{2}\right)$ 与反正切函数 $y = \arctan x$ 互为反函数，图像关于直线 $y = x$ 对称，如图 1－55 所示.

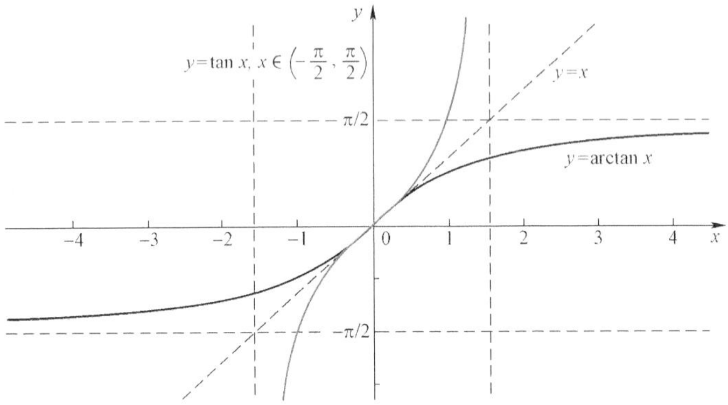

图 1－55

（4）反余切函数

由于余切函数 $y = \cot x, x \neq n\pi$ 是周期函数，不单调，不能研究反函数，如图 1－56 所示.

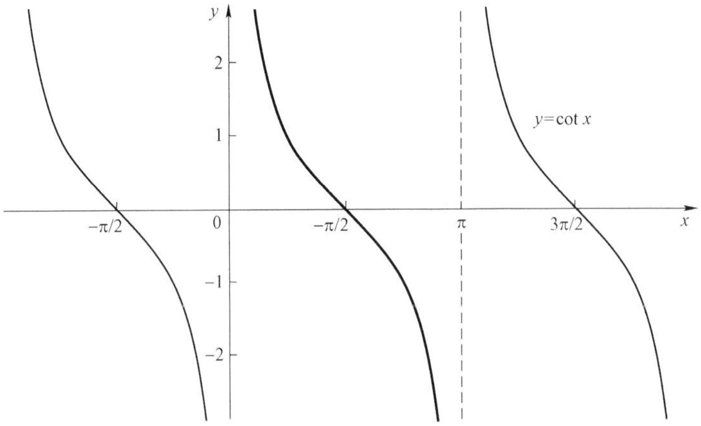

图 1－56

为此我们选取 $y = \cot x, x \in (0, \pi)$，其反函数叫作反余切函数，记作 $y = \operatorname{arc}\cot x$，表示一个余切值为 x 的角 y，该角的范围在 $(0, \pi)$ 区间内. 定义域 $x \in (-\infty, +\infty)$，值域

$y \in (0, \pi)$，如图 1－57 所示.

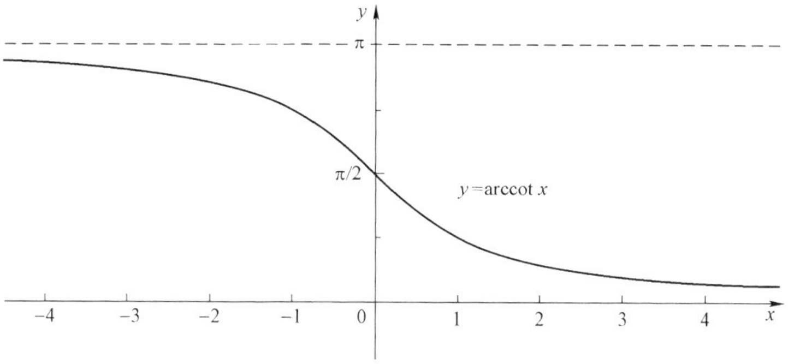

图 1－57

余切函数 $y=\cot x, x \in (0,\pi)$ 与反余切函数 $y=\operatorname{arccot} x$ 互为反函数，图像关于直线 $y=x$ 对称，如图 1－58 所示.

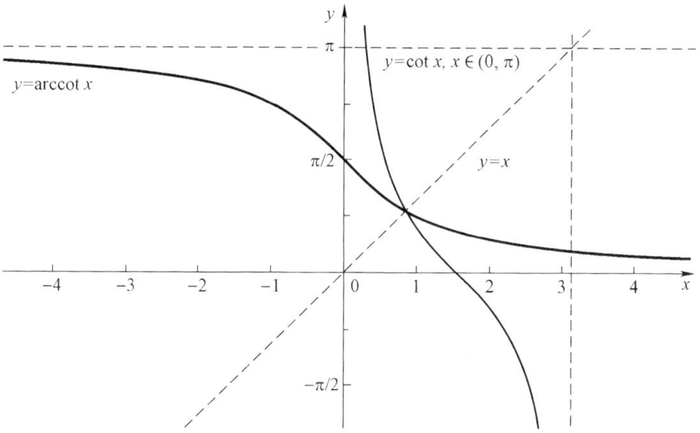

图 1－58

反余切函数 $y=\operatorname{arccot} x$，当 $0 \leqslant x < +\infty$ 时，$0 < y \leqslant \dfrac{\pi}{2}$；当 $-\infty < x \leqslant 0$ 时，$\dfrac{\pi}{2} \leqslant y < \pi$. 且有 $\operatorname{arc\,cot}(-x) = \pi - \operatorname{arc\,cot} x$. 如图 1－59 所示.

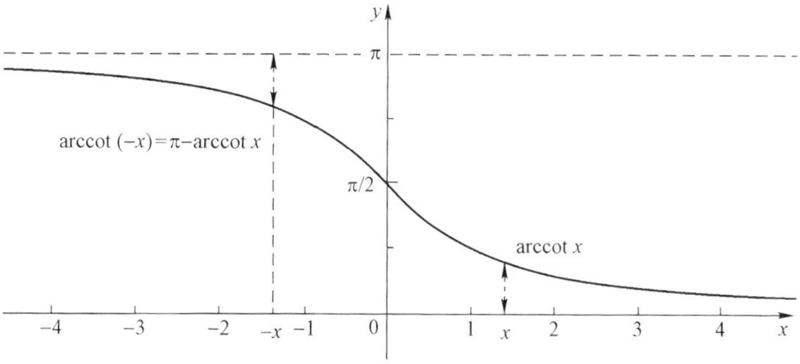

图 1－59

反三角函数余角关系

$\arcsin x+\arccos x=\dfrac{\pi}{2}$；

$\arctan x+\operatorname{arccot} x=\dfrac{\pi}{2}$.

反三角函数负数关系

$\arcsin(-x)=-\arcsin x$；

$\arccos(-x)=\pi-\arccos x$；

$\arctan(-x)=-\arctan x$；

$\operatorname{arccot}(-x)=\pi-\operatorname{arccot} x$.

1.5 复合函数

设 $y=f(u)$ 定义域为 D_f，$u=g(x)$ 定义域为 D_g，值域为 W_g，而且 $W_g\cap D_f\neq\phi$，则 y 通过中间变量 u 成为 x 的函数，称这个函数为由 $y=f(u)$ 与 $u=g(x)$ 构成的复合函数，记作 $y=f[g(x)]$，定义域为 $D_{f\circ g}=\{x\,|\,g(x)\in W_g\cap D_f\}$，值域为 $W_{f\circ g}=\{y\,|\,y=f[g(x)],x\in D_{f\circ g}\}$.

注意：

（1）不是任何两个函数都可以构成一个复合函数. 例如 $y=\ln u$ 和 $u=-\sqrt{x^2+1}$ 就不能构成复合函数，因为 $u=-\sqrt{x^2+1}$ 的值域是 $(-\infty,-1]$，而 $y=\ln u$ 的定义域是 $(0,+\infty)$，$u=-\sqrt{x^2+1}$ 的值域与 $y=\ln u$ 的定义域的交集是空集.

（2）如 $y=\arcsin u$ 定义域为 $[-1,1]$，$u=x+1$ 的值域 $\mathbf{R}$，$[-1,1]\cap\mathbf{R}=[-1,1]$，复合函数 $y=\arcsin(x+1)$ 的定义域为 $-1\leqslant x+1\leqslant 1$，即 $-2\leqslant x\leqslant 0$.

（3）复合函数不仅可以有一个中间变量，还可以有多个中间变量.

例 1－2　已知 $y=\sqrt{u}$，$u=2x^2+1$ 将 y 表示成 x 的函数.

解： $y=\sqrt{u}$ 的定义域为 $\{u\,|\,u\geqslant 0\}$，$u=2x^2+1$ 的值域 $[1,+\infty)$，将 $u=2x^2+1$ 代入 $y=\sqrt{u}$，可得复合函数 $y=\sqrt{2x^2+1}$，定义域为 $\mathbf{R}$.

例 1－3　已知 $y=\ln u$，$u=2-v^2$，$v=\cos x$，将 y 表示成 x 的函数.

解： 三个函数经过复合后，得到复合函数为 $y=\ln(2-v^2)=\ln(2-\cos^2 x)$，定义域为 $\mathbf{R}$.

例 1－4　指出下列复合函数是由哪些基本初等函数复合或运算而成的.

（1）$y=\sin(x^3+1)$；　（2）$y=2^{\cot\frac{1}{x}}$；　（3）$y=\log_a \sin \mathrm{e}^x$；

（4）$y=\arctan\lg\sqrt{x}$；　（5）$y=\sqrt[3]{\lg^4(\cos^2 x)}$；　（6）$y=\sqrt{1+\sin^2\ln x}$.

解：（1）设 $u=x^3+1$，则 $y=\sin(x^3+1)$ 由 $y=\sin u$，$u=x^3+1$ 复合而成.

（2）设 $v=\dfrac{1}{x}$，$u=\cot v$，则 $y=2^{\cot\frac{1}{x}}$ 可以看成是由 $y=2^u$，$u=\cot v$，$v=\dfrac{1}{x}$ 三个函数复合而成的.

（3） $y=\log_a \sin e^x$ 可以看成由 $y=\log_a u, u=\sin v, v=e^x$ 复合而成.

（4） $y=\arctan \lg \sqrt{x}$ 可以看成由 $y=\arctan u, u=\lg v, v=\sqrt{x}$ 复合而成.

（5） $y=\sqrt[3]{\lg^4(\cos^2 x)}$ 可以看成由 $y=u^{\frac{4}{3}}, u=\lg v, v=w^2, w=\cos x$ 复合而成.

（6） $y=\sqrt{1+\sin^2 \ln x}$ 可以看成由 $y=\sqrt{u}, u=1+v^2, v=\sin w, w=\ln x$ 复合而成.

1.6 初等函数

常数函数 $y=C$，幂函数 $y=x^a(a\in \mathbf{R}$,为常数)，指数函数 $y=a^x(a>0$且$a\neq 1)$，对数函数 $y=\log_a x(a>0$且$a\neq 1)$，三角函数 $y=\sin x$、$y=\cos x$、$y=\tan x$、$y=\cot x$、$y=\sec x=\frac{1}{\cos x}$、$y=\csc x=\frac{1}{\sin x}$，反三角函数 $y=\arcsin x$、$y=\arccos x$、$y=\arctan x$、$y=\operatorname{arccot} x$ 统称为基本初等函数，它们在函数研究中起着非常重要的作用.

由基本初等函数经过有限次数的四则运算或有限次数的复合运算而成，并用一个解析式子表示的函数称为初等函数.

例如，$y=\arctan\sqrt{\frac{1+\sin x}{1-\sin x}}$，$y=\sqrt[5]{\ln\cos^3 x}$，$y=e^{\operatorname{arccot}\frac{x}{3}}$，$y=\frac{3^x+\sqrt[3]{x^2+5}}{\log_2(3x-1)-x\sec x}$ 都是初等函数.

例 1－5 求下列函数的定义域.

（1） $f(x)=\sqrt{x-2}$.

解：根据 $y=\sqrt{x}$ 定义域为 $x\geqslant 0$，$f(x)=\sqrt{x-2}$ 需满足 $x-2\geqslant 0$，即 $x\geqslant 2$，定义域为 $[2,+\infty)$.

（2） $f(x)=\frac{1}{x-1}$.

解：根据 $y=\frac{1}{x}$ 定义域为 $x\neq 0$，$f(x)=\frac{1}{x-1}$ 需满足 $x-1\neq 0$，即 $x\neq 1$，定义域为 $(-\infty,1)\cup(1,+\infty)$.

（3） $f(x)=\ln(3-x)$.

解：根据 $y=\ln x$ 定义域为 $x>0$，$f(x)=\ln(3-x)$ 需满足 $3-x>0$，即 $x<3$，定义域为 $(-\infty,3)$.

（4） $f(x)=\arcsin\frac{3x-1}{2}$.

解：根据 $y=\arcsin x$ 定义域为 $-1\leqslant x\leqslant 1$，$f(x)=\arcsin\frac{3x-1}{2}$ 需满足 $-1\leqslant\frac{3x-1}{2}\leqslant 1$，

即 $-\frac{1}{3}\leqslant x\leqslant 1$，定义域为 $\left[-\frac{1}{3},1\right]$.

（5） $f(x)=\sqrt{3x-2}-\dfrac{3x-1}{2x-3}$.

解：函数需同时满足 $\begin{cases}3x-2\geqslant 0,\\ 2x-3\neq 0,\end{cases}$ 解得 $\begin{cases}x\geqslant\dfrac{2}{3},\\ x\neq\dfrac{3}{2},\end{cases}$ 定义域为 $\left[\frac{2}{3},\frac{3}{2}\right)\cup\left(\frac{3}{2},+\infty\right)$.

（6） $f(x)=\ln(x-1)+\arcsin\dfrac{x-3}{2}$.

解：函数需同时满足 $\begin{cases}x-1>0,\\ -1\leqslant\dfrac{x-3}{2}\leqslant 1,\end{cases}$ 解得 $\begin{cases}x>1,\\ 1\leqslant x\leqslant 5,\end{cases}$ 定义域为 $(1,5]$.

1.7 分段函数

分段函数，就是对于自变量 x 的不同的取值范围，有着不同的对应法则的函数. 它是一个函数，而不是几个函数. 分段函数的定义域是各段函数定义域的并集，值域也是各段函数值域的并集.

例 1－6 函数 $y=|x|=\begin{cases}x, & x\geqslant 0,\\ -x, & x<0\end{cases}$ 称为绝对值函数，其定义域为 $D=(-\infty,+\infty)$，值域为 $R_f=[0,+\infty)$. 如图 1－60 所示.

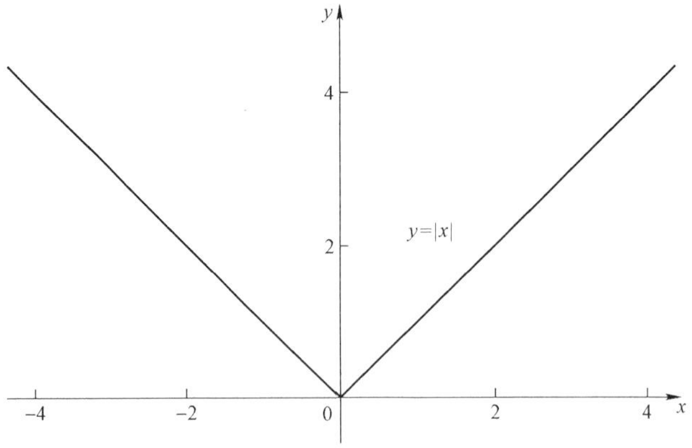

图 1－60

例 1－7 函数 $y=\operatorname{sgn}x=\begin{cases}1, & x>0,\\ 0, & x=0,\\ -1, & x<0\end{cases}$ 称为符号函数，其定义域为 $D=(-\infty,+\infty)$，值域为 $R_f=\{-1,0,1\}$. 如图 1－61 所示.

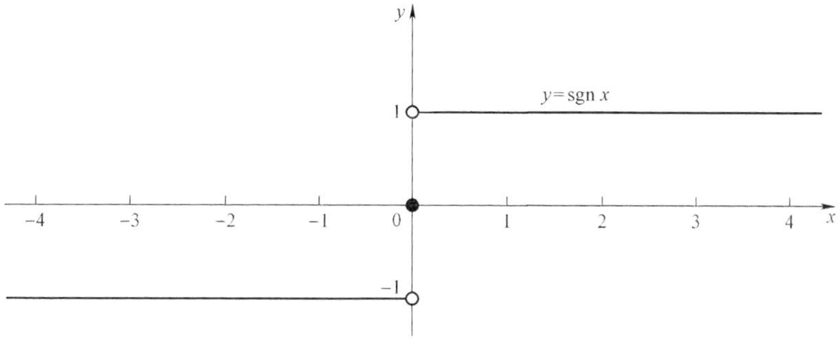

图 1－61

例 1－8　设 x 为任意实数，不超过 x 的最大整数称为 x 的取整函数部分，记作$[x]$. 函数 $y=[x]$称为取整函数，其定义域为 $D=(-\infty,+\infty)$，值域为 $R_f=Z$（整数集合），如图 1－62 所示.

$\left[\dfrac{5}{7}\right]=0$，$[\sqrt{2}]=1$，$[\pi]=3$，$[-1]=-1, [-3.5]=-4$.

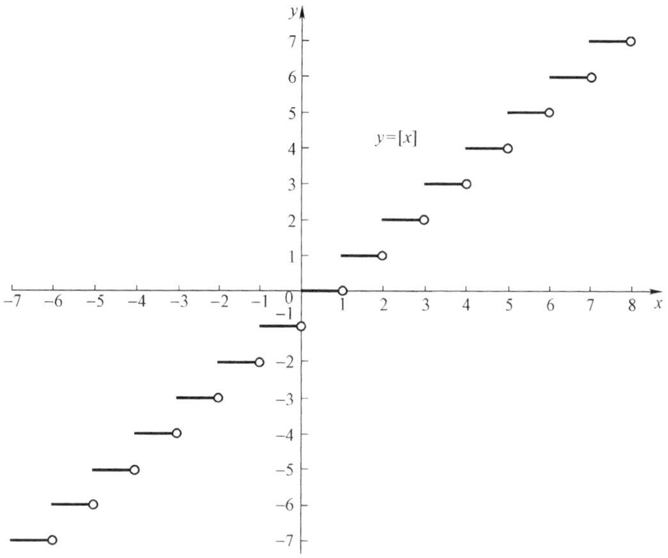

图 1－62

例 1－9　函数 $y=\begin{cases}2\sqrt{x}, & 0\leqslant x\leqslant 1,\\ 1+x, & x>1.\end{cases}$ 这是一个分段函数，其定义域为 $D=[0,1]\cup(1,+\infty)=[0,+\infty)$.

当 $0\leqslant x\leqslant 1$ 时，$y=2\sqrt{x}$；当 $x>1$ 时，$y=1+x$.

如 $f\left(\dfrac{1}{2}\right)=2\sqrt{\dfrac{1}{2}}=\sqrt{2}$；$f(1)=2\sqrt{1}=2$；$f(3)=1+3=4$.

例 1－10　$f(x)=\begin{cases}1-x, & -1<x<0,\\ 1+x, & 0<x<1,\end{cases}$ 求 $f(1-x)$.

解：$f(1-x)=\begin{cases}1-(1-x), & -1<1-x<0,\\ 1+(1-x), & 0<1-x<1,\end{cases}$

$$=\begin{cases} x, & 1<x<2, \\ 2-x, & 0<x<1. \end{cases}$$

例 1－11　$f(1-x)=\begin{cases} x, & 1<x<2, \\ 2-x, & 0<x<1. \end{cases}$ 求 $f(x)$.

解：令 $1-x=t$，则 $x=1-t$，

有 $f(t)=\begin{cases} 1-t, & 1<1-t<2, \\ 2-(1-t), & 0<1-t<1 \end{cases}$

$$=\begin{cases} 1-t, & -1<t<0, \\ 1+t, & 0<t<1. \end{cases}$$

所以 $f(x)=\begin{cases} 1-x, & -1<x<0, \\ 1+x, & 0<x<1. \end{cases}$

1.8　幂指型函数

形如 $f(x)^{g(x)}(f(x)>0)$ 的函数为幂指型函数. 研究幂指型函数 $y=f(x)^{g(x)}$，需要变换函数形式，利用指数函数与对数函数互为反函数，有 $y=f(x)^{g(x)}=\mathrm{e}^{\ln f(x)^{g(x)}}=\mathrm{e}^{g(x)\ln f(x)}$，变换为初等函数进行研究.

例如：$y=x^x=\mathrm{e}^{x\ln x}$；$y=x^{\sin x}=\mathrm{e}^{\sin x\ln x}$；$y=(3x+5)^{\tan x}=\mathrm{e}^{\tan x\ln(3x+5)}$ 等.

1.9　隐　函　数

如果存在定义域上的子集 D，使得对每个 x 属于 D，存在相应的 y 满足 $F(x,y)=0$，则称方程确定了一个隐函数. 隐函数是由方程建立的变量之间的依赖关系. 显函数是用 $y=f(x)$来表示的函数，显函数是相对于隐函数来说的. 例如隐函数：$x^2+y^2=1$，如图 1－63 所示.

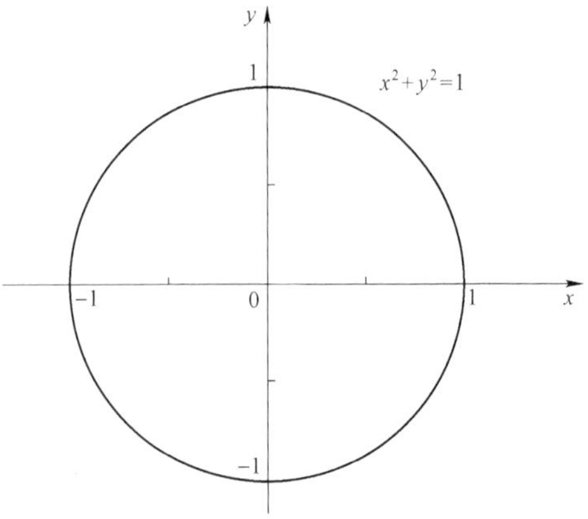

图 1－63

可以将隐函数 $x^2+y^2=1$，显函数化为 $y=\sqrt{1-x^2}$，如图 1－64 所示，和 $y=-\sqrt{1-x^2}$，如图 1－65 所示.

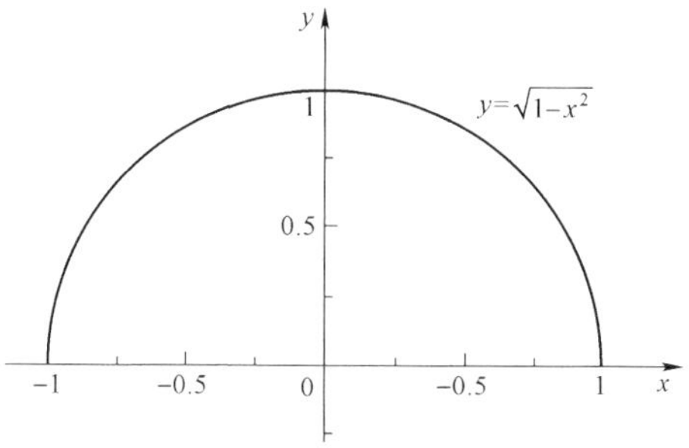

图 1－64

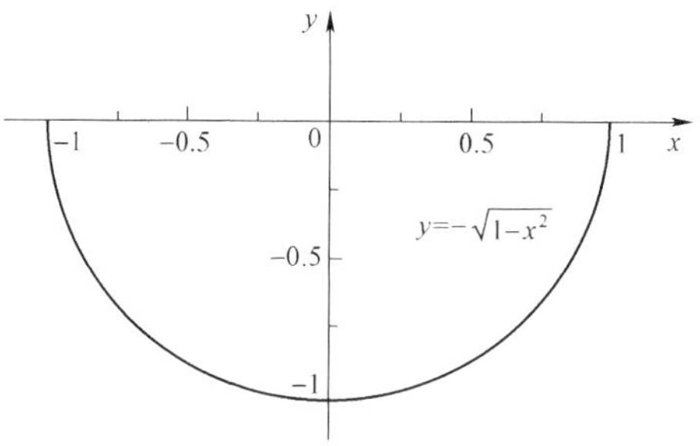

图 1－65

例如，隐函数 $e^y+\sin(x+y)+x-y^2=0$，不能表示 $y=f(x)$ 的显函数形式，因此只能对隐函数形式进行研究.

习　题　一

1. 选择题

（1）若 $f(x)=\sqrt{x+2}$，则 $f(3)=$（　　）.

A. $\sqrt{5}$　　B. 4　　C. $\sqrt{2}$　　D. 10

（2）对于函数 $y=f(x)$，以下说法正确的有（　　）.

A. y 是 x 的函数；

B. 对于不同的 x，y 的值也不同；

C. $f(a)$ 表示当 $x=a$ 时函数的值，是一个常量；

D. $f(x)$ 一定可以用一个具体的式子表示出来.

（3）函数 $y=\dfrac{1}{x+4}+\ln(x+5)$ 的定义域为（　　）.

A. $x>-5$　　B. $x\neq-4$

C. $x>-5$ 且 $x\neq0$　　D. $x>-5$ 且 $x\neq-4$

（4）设 $f(x+1)=x^2-1$，则 $f(x)=$（　　）.

A. $x(x+1)$　　B. x^2

C. $x(x-2)$　　D. $(x+2)(x-1)$

（5）下列各函数对中，（　　）中的两个函数相等.

A. $f(x)=(\sqrt{x})^2$，$g(x)=x$　　B. $f(x)=\sqrt{x^2}$，$g(x)=x$

C. $f(x)=\ln x^2$，$g(x)=2\ln x$　　D. $f(x)=\ln x^3$，$g(x)=3\ln x$

（6）已知函数 $f(x)=\begin{cases} ax+b & x<0 \\ x^2+1 & x\geqslant 0 \end{cases}$，则 $f(0)$ 的值为（　　）.

A. $a+b$　　B. $b-a$　　C. 1　　D. 2

（7）$f(x)$ 是定义在 $\mathbf{R}$ 上的奇函数，下列结论中，不正确的是（　　）.

A. $f(-x)+f(x)=0$　　B. $f(-x)-f(x)=-2f(x)$

C. $f(-x)\cdot f(x)\leqslant 0$　　D. $\dfrac{f(x)}{f(-x)}=-1$

（8）函数 $y=3+\ln(x+2)$ 的反函数是（　　）.

A. $y=\mathrm{e}^{x-3}-2$　　B. $y=\mathrm{e}^{x+3}-2$

C. $y=\mathrm{e}^{x-3}+2$　　D. $y=\mathrm{e}^{x+3}+2$

（9）函数 $f(x)=\arcsin\dfrac{x-1}{2}$ 的定义域为（　　）.

A. $[-1,1]$　　B. $[-1,3]$　　C. $(-1,1)$　　D. $(-1,3)$

（10）函数 $f(x)=\dfrac{2+\cos x}{1+x^2}$ 是（　　）.

A. 奇函数　　B. 偶函数　　C. 有界函数　　D. 周期函数

（11）设 $f(x-1)=x^3-1$，则 $f(x)=$（　　）.

A. x^3+2x^2+2x　　B. x^3+3x^2+3x+1

C. x^3+2x^2+2x+1　　D. x^3+3x^2+3x

（12）设 $y=f(x)$ 在区间 $[0,1]$ 上有定义，则 $f\left(x+\dfrac{1}{4}\right)+f\left(x-\dfrac{1}{4}\right)$ 的定义域是（　　）.

A. $[0,1]$　　B. $\left[-\dfrac{1}{4},\dfrac{5}{4}\right]$

C. $\left[-\dfrac{1}{4},\dfrac{1}{4}\right]$　　D. $\left[\dfrac{1}{4},\dfrac{3}{4}\right]$

2. 填空题

（1）函数 $y=\dfrac{\sqrt{x-2}}{x-3}$ 的定义域是________.

（2）函数 $f(x-1)=x^2-2x+7$，则 $f(x)=$________.

（3）函数 $f(x)=\begin{cases} x^2+2 & x\leqslant 0 \\ e^x & x>0 \end{cases}$，则 $f(0)=$________.

（4） $y=3^u, u=v^2, v=\tan x$，则复合函数 $y=f(x)=$________.

（5）设 $f(x)=\dfrac{4-x^2}{2-x}$，则 $f(-2)=$________.

（6）设 $f(x)=\dfrac{1}{x}$，$g(x)=1-x$，则 $f[g(x)]=$________.

（7）复合函数 $y=e^{(\sin x)^2}$ 是由________，________，________函数复合而成的.

（8）已知 $f\left(\dfrac{1}{x}\right)=\dfrac{1}{1-x}$，则 $f(2)=$________.

（9）已知 $f(0)=1, f(n)=nf(n-1), n\in \mathbf{N}_+$，则 $f(4)=$________.

（10）函数 $f(x)=\dfrac{5}{\ln(x-2)}$ 的定义域是________.

（11）函数 $f(x)=\begin{cases} \sqrt{x+1} & x\geqslant 0 \\ x & x<0 \end{cases}$，则 $f(-2)=$________.

（12）已知 $f(x)=ax+b$，且 $f(-1)=2$，$f(1)=-2$，则 $f(x)=$________.

（13）设 $f(x)=\ln 2$，则 $f(x+1)-f(x)=$________.

（14） $f(x)=\log_2(\sin x+2)$ 是由基本初等函数________和________复合而成的.

3. 指出下列函数是由哪些基本初等函数经过复合或运算而成的：

（1） $y=(2x-1)^3$.

（2） $y=2^{\sin^2 x}$.

（3） $y=\lg\cos(x^2-1)$.

（4） $y=\sqrt{\ln(\ln\sqrt{x})}$.

4. 求下列函数的定义域：

（1） $y=\sqrt{2x+1}+\sqrt{3-4x}$；

（2） $y=\sqrt{3-x}+\sin\sqrt{x}$；

（3） $f(x)=\dfrac{1}{\lg(x-5)}$；

（4） $f(x)=\dfrac{\sqrt{9-x^2}}{\ln(x+2)}$；

（5） $y=\arccos\dfrac{x-1}{2}$.

5. 设 $f(x)=x^2, g(x)=e^x$，求 $f[g(x)], g[f(x)], f[f(x)], g[g(x)]$.

6. 设 $\varphi(x)=\begin{cases}|x| & |x|<1 \\ 0 & |x|\geqslant 1\end{cases}$，求 $\varphi\left(\frac{1}{3}\right),\varphi\left(-\frac{1}{2}\right),\varphi(-2)$，并作出函数 $y=\varphi(x)$ 的图形.

7. 已知 $f(x)=3x+5$，求 $f[f(x)-2]$.

8. 已知 $f(x)=\frac{x-1}{x+1}$，求 $f(-2),f(a),f\left(\frac{1}{a}\right),f(a+h)$.

9. 若 $f(x)=\begin{cases}x+2 & x<0 \\ -1 & x=0 \\ (x-1)^2 & x>0\end{cases}$，求 $f[f(-1)]$.

第 2 章　极限与连续

2.1　数列极限

极限思想在我国古代就有出现，公元前四世纪，我国古代的哲学家和思想家庄子有关“截丈问题”的精彩论述：一尺之棰，日取其半，万世不竭. 我们把每天截取一半后所余的尺数用现代熟悉的表达方式可以得到一列数：$\frac{1}{2},\frac{1}{4},\frac{1}{8},\cdots,\frac{1}{2^n},\cdots$，这是由无穷多个数组成的（“万世不竭”），把按照一定顺序排列起来的无穷多个数称为数列.

1. 数列定义

按照一定顺序排列的无穷多个数 $x_1,x_2,\cdots,x_n,\cdots$，称为数列. 记为$\{x_n\}$，第 n 项 x_n 为通项，n 为自然数.

例如数列：$1,\frac{1}{2},\frac{1}{3},\frac{1}{4},\cdots,\frac{1}{n},\cdots$，即数列$\left\{\frac{1}{n}\right\}$；

$\frac{1}{2},\frac{2}{3},\frac{3}{4},\cdots,\frac{n}{n+1},\cdots$，即数列$\left\{\frac{n}{n+1}\right\}$；

$0.9,0.99,0.999,0.999\,9,0.999\,99,\cdots,1-10^{-n},\cdots$，即数列$\{1-10^{-n}\}$；

$1,10^{-1}$，10^{-2}，10^{-3}，$10^{-4},\cdots$，$10^{-n+1},\cdots$，即数列$\{10^{-n+1}\}$；

$2,0,2,0,2,0,2,0,\cdots,1+(-1)^{n+1},\cdots$，即数列$\{1+(-1)^{n+1}\}$；

$1,2,3,4,5,\cdots,n,\cdots$，即数列$\{n\}$.

2. 单调数列

对于数列$\{x_n\}$，如果有 $x_1\leqslant x_2\leqslant\cdots\leqslant x_n\leqslant x_{n+1}\leqslant\cdots$，则称数列$\{x_n\}$是单调递增数列；如果有 $x_1\geqslant x_2\geqslant\cdots\geqslant x_n\geqslant x_{n+1}\geqslant\cdots$，则称数列$\{x_n\}$是单调递减数列.

例如，数列$\left\{\frac{n}{n+1}\right\}$；$\{1-10^{-n}\}$；$\{n\}$都是单调递增数列，$\{10^{-n+1}\}$是单调递减数列，$\{1+(-1)^{n+1}\}$不是单调数列.

3. 有界数列

设数列$\{x_n\}$，如果存在正数 $M>0$，使得对任意 n 都有$|x_n|<M$，则称$\{x_n\}$为有界数列，反之为无界数列.

例如，数列$\left\{\frac{n}{n+1}\right\}$；$\{1-10^{-n}\}$；$\{1+(-1)^{n+1}\}$；$\{10^{-n+1}\}$都是有界数列，$\{n\}$是无界数列.

4. 子数列

在$\{x_n\}$中任意抽取无限多项，并保持原顺序，这样得到的数列称为原数列的子数列，记为$\{x_{n_k}\}$，其中下标表示在原数列中第n_k项，而在子数列中是第k项.

例如数列$\{n\}$，$\{2k\}$为它的子数列，子数列第一项k=1，为 2，在原数列中是第二项；在原数列中是第十项为 10，是子数列中的第五项.

5. 数列极限

对于数列$1,\frac{1}{2},\frac{1}{3},\frac{1}{4},\cdots,\frac{1}{n},\cdots$，将数列的通项$\frac{1}{n}$理解成函数$f(n)=\frac{1}{n}$，定义域为自然数，在坐标系中描绘出来如图 2-1 所示，观察当n越来越大时，数列的项$\frac{1}{n}$如何变化？显然数列的项$\frac{1}{n}$越来越接近于常数 0.

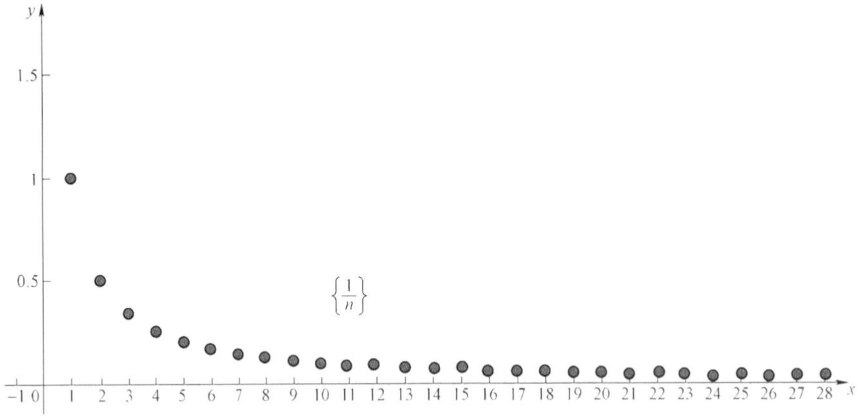

图 2-1

再看数列$\left\{\frac{n}{n+1}\right\}$，将数列的通项$\frac{n}{n+1}$理解成函数$f(n)=\frac{n}{n+1}$，定义域为自然数，在平面直角坐标系中描绘出来如图 2-2 所示. 观察数列$\frac{1}{2},\frac{2}{3},\frac{3}{4},\cdots,\frac{n}{n+1},\cdots$，当$n$越来越大时，数列的项在发生变化，有明显的变化趋势，就是越来越向 1 靠近，n越大，越靠近 1，由于n可以无限大，数列的项无限接近于 1.

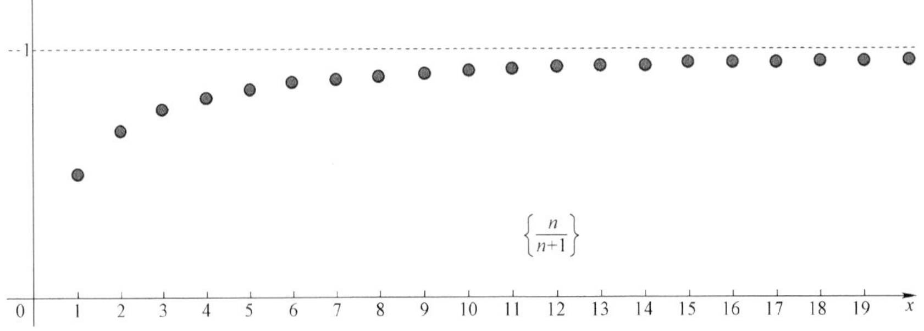

图 2-2

对于数列$\{x_n\}$，当n越来越大，x_n越来越接近于某常数a，则称数列的极限为a，记为$\lim\limits_{n\to\infty} x_n = a$. 数列极限为$a$，称数列$\{x_n\}$收敛于$a$，数列的极限反映了数列的变化趋势.

当n越来越大时，数x_n不能越来越接近一个常数，则数列极限不存在，称数列发散.

因此对于数列$\frac{1}{2},\frac{2}{3},\frac{3}{4},\cdots,\frac{n}{n+1},\cdots$，有$\lim\limits_{n\to\infty}\frac{n}{n+1}=1$，说明当$n$越来越大时，数列$\left\{\frac{n}{n+1}\right\}$的项越来越接近于常数 1.

观察数列$\{1+(-1)^{n+1}\}$，如图 2－3 所示. 随着n越来越大，数列的项始终在 2、0 之间变化，不接近一个定数，因此数列极限不存在，数列是震荡发散的.

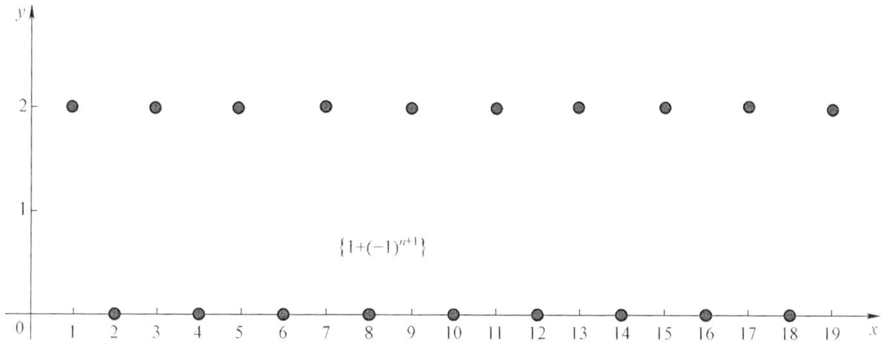

图 2－3

观察数列$\{n\}$，如图 2－4 所示. 当n越来越大时，数n也越来越大，不能越来越接近一个常数，因此极限不存在，数列是发散的，但是数列的项有明确的变化趋势，就是越来越大，也用极限符号$\lim\limits_{n\to\infty} n=\infty$表示数列的变化趋势.

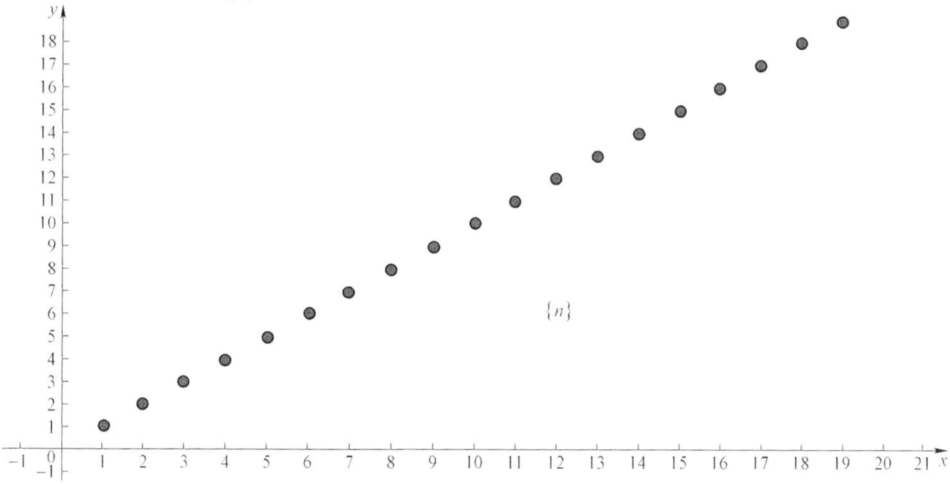

图 2－4

对于上面数列，有$\lim\limits_{n\to\infty}\frac{1}{n}=0$；$\lim\limits_{n\to\infty}(1-10^{-n})=1$；$\lim\limits_{n\to\infty}[1+(-1)^{n+1}]$不存在；$\lim\limits_{n\to\infty}10^{-n+1}=0$；$\lim\limits_{n\to\infty} n=\infty$；$\lim\limits_{n\to\infty}\frac{1}{2^n}=0$.

$\lim\limits_{n\to\infty}(-1)^{n+1}\dfrac{1}{n}=0$，随着 n 越来越大，数列的项越来越接近于 0，也就是数列的项与 0 的距离越来越接近于 0，接近的程度可用小正数反应，如果满足 $\left|(-1)^{n+1}\dfrac{1}{n}-0\right|=\dfrac{1}{n}<0.1$，只需 $n>\dfrac{1}{0.1}=10$，即从第 11 项开始就能使数列的项与 0 的距离比 0.1 小，如图 2–5 所示；如果满足 $\left|(-1)^{n+1}\dfrac{1}{n}-0\right|=\dfrac{1}{n}<0.01$，只需 $n>\dfrac{1}{0.01}=100$，即从第 101 项开始就能使数列的项与 0 的距离比 0.01 小，如图 2–6 所示；如果满足 $\left|(-1)^{n+1}\dfrac{1}{n}-0\right|=\dfrac{1}{n}<0.0001$，只需 $n>\dfrac{1}{0.0001}=10\,000$，即从第 10 001 项开始就能使数列的项与 0 的距离比 0.000 1 小，如图 2–7 所示；这个工作可以一直做下去，这个小正数再小，也不能反映出与 0 的距离无限小，因此我们用一个抽象符号 ε 表示是可以无限小的正数，要满足 $\left|(-1)^{n+1}\dfrac{1}{n}-0\right|=\dfrac{1}{n}<\varepsilon$，只需 $n>\dfrac{1}{\varepsilon}$，即从第 $\left[\dfrac{1}{\varepsilon}\right]+1$ 项开始就能使数列的项与 0 的距离比 ε 还要小，ε 越小，项数越靠后，项数依赖于 ε 的大小.

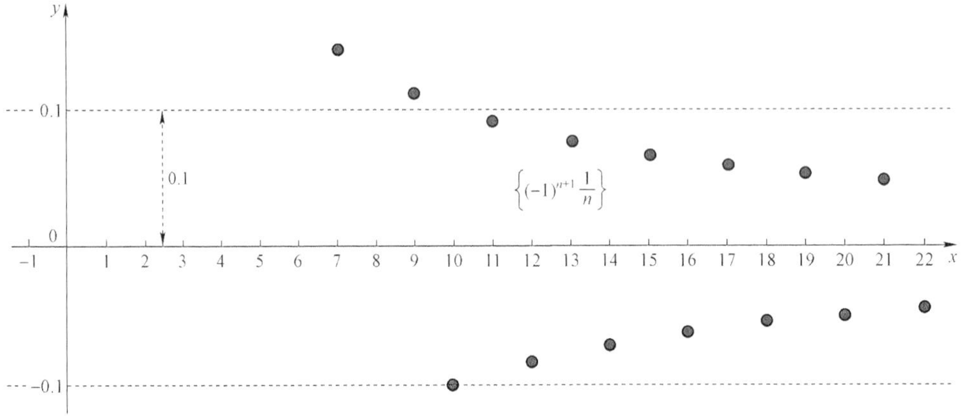

图 2–5

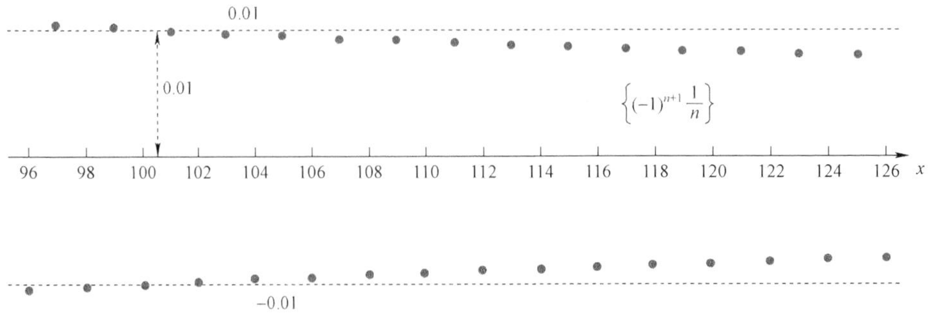

图 2–6

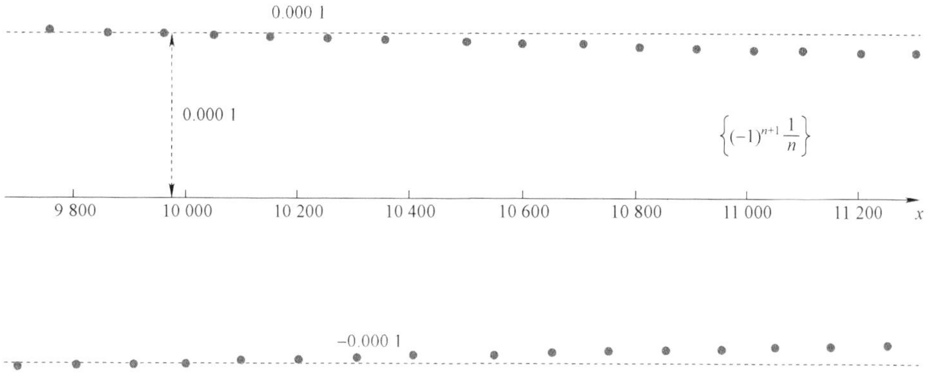

图 2－7

对于数列$\{x_n\}$，给定任意小正数$\varepsilon>0$，如果可以找到N，使得这一项以后的所有项都满足与某常数 a 的距离比ε还要小，即当$n>N$时，有$|x_n-a|<\varepsilon$，即N以后的项都落在$U(a,\varepsilon)$内，则数列$\{x_n\}$的极限为 a.

用符号$\forall$表示任意给定，符号$\exists$表示存在，$\Leftrightarrow$表示当且仅当. 极限的精确定义：

$\lim\limits_{n\to\infty}x_n=a\Leftrightarrow\forall\varepsilon>0,\exists N,$ 当 $n>N$时，有$|x_n-a|<\varepsilon$.

6. 数列极限的几何意义

几何意义：对于无限小的正数ε，总可以找到某个N，使得从第$N+1$项开始，后面的数x_n与a的距离比ε还要小，即第N项后面的数x_n落在$a-\varepsilon$与$a+\varepsilon$之间的带型区域内，一般ε越小，N越大，如图 2－8 所示.

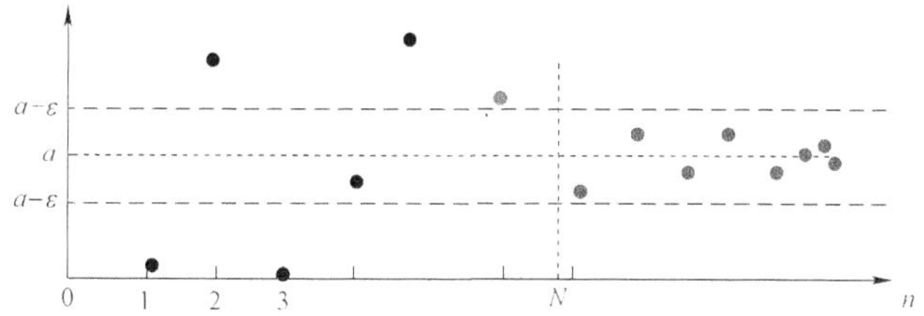

图 2－8

7. 例题

例 2－1　用定义验证：（1）$\lim\limits_{n\to\infty}(-1)^{n+1}\frac{1}{n}=0$.

证明：$\forall\varepsilon>0$，要使$\left|(-1)^{n+1}\frac{1}{n}-0\right|=\frac{1}{n}<\varepsilon$，只需$n>\frac{1}{\varepsilon}$，

取$N=\left[\frac{1}{\varepsilon}\right]$，当$n>N$时，有$\left|(-1)^{n+1}\frac{1}{n}-0\right|<\varepsilon$，

所以 $\lim\limits_{n\to\infty}(-1)^{n+1}\frac{1}{n}=0$.

（2）$\lim\limits_{n\to\infty}\dfrac{n}{n+1}=1$.

证明： $\forall\varepsilon>0$，要使 $\left|\dfrac{n}{n+1}-1\right|=\dfrac{1}{n+1}<\varepsilon$，只需 $n>\dfrac{1}{\varepsilon}-1$，

取 $N=\max\left\{\dfrac{1}{\varepsilon}-1,1\right\}$，当 $n>N$ 时，有 $\left|\dfrac{n}{n+1}-1\right|<\varepsilon$，

所以 $\lim\limits_{n\to\infty}\dfrac{n}{n+1}=1$.

（3）$\lim\limits_{n\to\infty}\left[1+\sin\dfrac{1}{n}\right]=1$.

证明： $\forall\varepsilon>0$，要使 $\left|\left[1+\sin\dfrac{1}{n}\right]-1\right|=\left|\sin\dfrac{1}{n}\right|\leqslant\dfrac{1}{n}<\varepsilon$，只需 $n>\dfrac{1}{\varepsilon}$，取 $N=\left[\dfrac{1}{\varepsilon}\right]$，当 $n>N$ 时，有 $\left|\left[1+\sin\dfrac{1}{n}\right]-1\right|<\varepsilon$，

所以 $\lim\limits_{n\to\infty}\left[1+\sin\dfrac{1}{n}\right]=1$.

习题 2.1

1. 观察下列数列极限是否存在？若存在为多少？

（1）$\left\{(-1)^n\dfrac{1}{2n}\right\}$；

（2）$\left\{(-1)^n\dfrac{n}{n+1}\right\}$；

（3）$\left\{\dfrac{1+(-1)^n}{n}\right\}$；

（4）$\left\{\dfrac{1}{n+(-1)^{n-1}}\right\}$；

（5）$\{x_n\}$，其中 $x_n=\begin{cases}\dfrac{n-1}{n}, & n\text{ 为偶数},\\ \dfrac{1}{n}, & n\text{ 为奇数};\end{cases}$

（6）$\{x_n\}$，其中 $x_n=\begin{cases}n, & n\text{ 为偶数},\\ \dfrac{1}{n}, & n\text{ 为奇数}.\end{cases}$

2. 用数列极限定义证明下列极限：

（1）$\lim\limits_{n\to\infty}\dfrac{1+n}{n}=1$；　　（2）$\lim\limits_{n\to\infty}\dfrac{1}{\sqrt{n}}=0$.

2.2 函数极限

函数的极限，就是研究在自变量的某一变化过程中，函数值渐趋稳定的这种变化趋势.

数列$\{x_n\}$，可以看作函数$f(n)=x_n$，研究数列是否有极限是研究当n越来越大时，x_n的变化趋势是否越来越接近一个常数. 类似地，对于函数$y=f(x)$，研究当自变量x向某个方向变化时，对应的函数值的变化趋势. 由于实数的无限稠密性，自变量x可以向无穷远变化，也可以向某个有限点靠近.

1. 当$x\to+\infty$时，$f(x)$的极限

自变量趋向正无穷大时函数的极限，和我们研究数列的极限很类似，只不过是自变量x取实数. 对于函数$y=\dfrac{1}{x}$，如图 2－9 所示，观察自变量x向正无穷方向变化时，函数值$\dfrac{1}{x}$的变化趋势越来越接近于 0，因此有$\lim\limits_{x\to+\infty}\dfrac{1}{x}=0$.

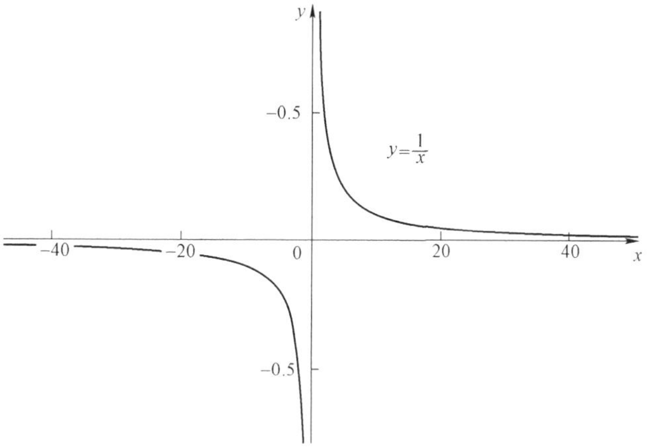

图 2－9

如果当x无限增大时，即当$x\to+\infty$时，对应的函数值$f(x)$无限接近于某个定数a，此时称函数在$x\to+\infty$极限存在为a，记作$\lim\limits_{x\to+\infty}f(x)=a$.

因此$\lim\limits_{x\to+\infty}f(x)=a \Leftrightarrow \forall\varepsilon>0,\exists X>0$，当$x>X$时，有$|f(x)-a|<\varepsilon$.

因为$\forall\varepsilon>0, |c-c|=0<\varepsilon$，对于所有实数均成立，所以有$\lim\limits_{x\to+\infty}c=c$，即常数的极限为常数本身.

例 2－2　证明$\lim\limits_{x\to+\infty}\dfrac{1}{x}=0$.

证明　$\forall\varepsilon>0$，当$x\to+\infty$时$x>0$，要使$\left|\dfrac{1}{x}-0\right|=\dfrac{1}{x}<\varepsilon$，只需$x>\dfrac{1}{\varepsilon}$，取$X=\dfrac{1}{\varepsilon}$，

当 $x > X$ 时，有 $\left|\frac{1}{x}-0\right| < \varepsilon$，因此 $\lim\limits_{x\to+\infty}\frac{1}{x}=0$.

例如，如图 2－10 所示，$\lim\limits_{x\to+\infty}\frac{1}{x}\sin x=0$.

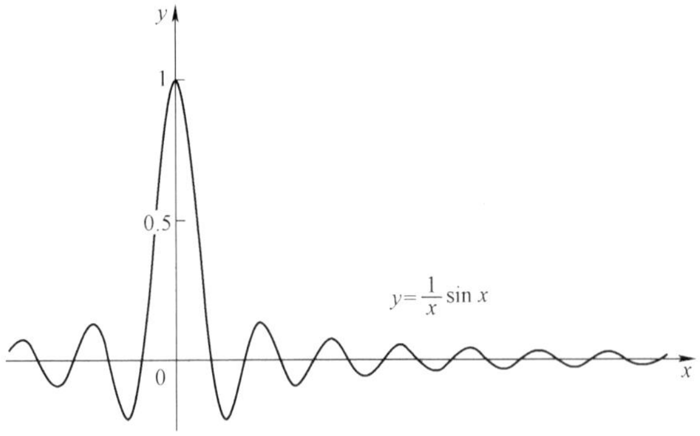

图 2－10

如图 2－11 所示，$\lim\limits_{x\to+\infty}\mathrm{e}^x=+\infty$.

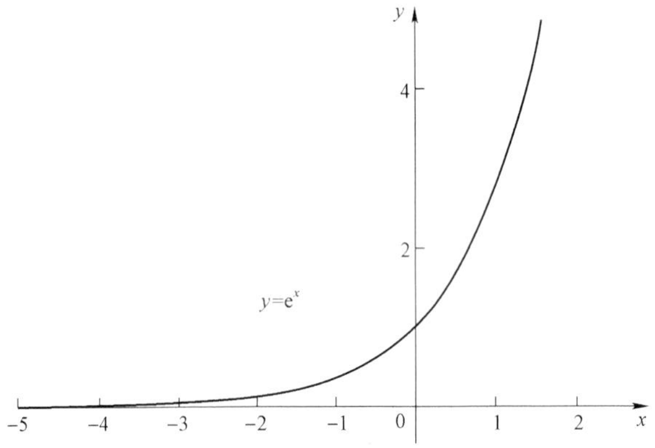

图 2－11

如图 2－12 所示，$\lim\limits_{x\to+\infty}\arctan x=\frac{\pi}{2}$.

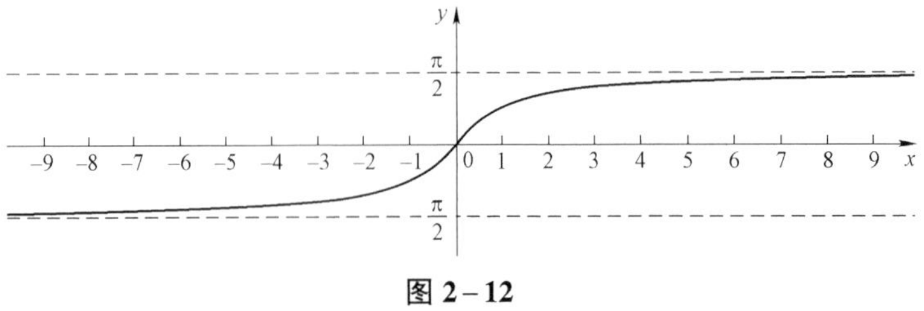

图 2－12

$\lim\limits_{x\to+\infty}f(x)=a$ 几何解释：对于无限小的正数 ε，总会找到大的正数 $X>0$，当 $x>X$ 时，会有 $f(x)$ 落在 $a-\varepsilon$ 与 $a+\varepsilon$ 的带型区域内，如图 2－13 所示，当 x 向正无穷方向变

化时，函数值 $f(x)$ 越来越接近直线 $y=a$，将直线 $y=a$ 称作函数的水平渐近线.

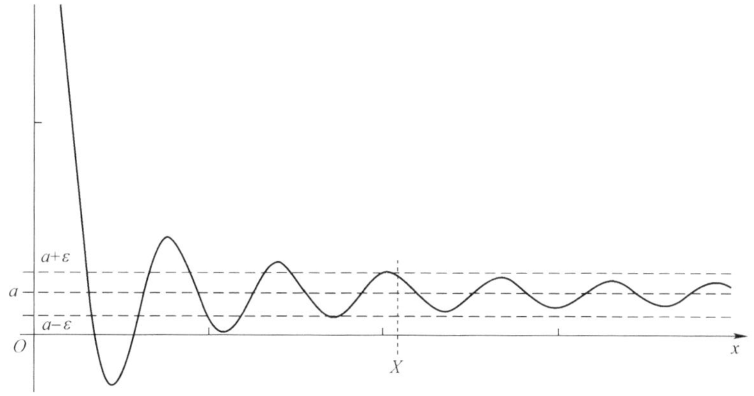

图 2－13

因此如果 $\lim\limits_{x\to+\infty} f(x)=a \Leftrightarrow$ 函数 $f(x)$ 在 $x\to+\infty$ 时具有水平渐近线 $y=a$.

直线 $y=0$ 为曲线 $y=\dfrac{1}{x}$ 的水平渐近线；直线 $y=0$ 为曲线 $y=\dfrac{\sin x}{x}$ 的水平渐近线；直线 $y=\dfrac{\pi}{2}$ 为曲线 $y=\arctan x$ 的水平渐近线.

2. 当 $x\to-\infty$ 时，$f(x)$ 的极限

如果当 $-x$ 无限增大时，即当 $x\to-\infty$ 时，函数 $f(x)$ 无限接近于某个常数 a，此时函数极限存在为 a，即 $\lim\limits_{x\to-\infty} f(x)=a \Leftrightarrow \forall\varepsilon>0,\exists X>0$，当 $x<-X$ 时，有 $|f(x)-a|<\varepsilon$.

如图 2－9 所示，有 $\lim\limits_{x\to-\infty}\dfrac{1}{x}=0$.

例 2－3　证明 $\lim\limits_{x\to-\infty}\dfrac{1}{x}=0$.

证明　$\forall\varepsilon>0$，当 $x\to-\infty$ 时 $x<0$，要使 $\left|\dfrac{1}{x}-0\right|=\dfrac{1}{-x}<\varepsilon$，只需 $x<-\dfrac{1}{\varepsilon}$，取 $X=\dfrac{1}{\varepsilon}$，当 $x<-X$ 时，有 $\left|\dfrac{1}{x}-0\right|<\varepsilon$，因此 $\lim\limits_{x\to-\infty}\dfrac{1}{x}=0$.

如图 2－14 所示，有 $\lim\limits_{x\to-\infty}\dfrac{1}{x}\sin x=0$.

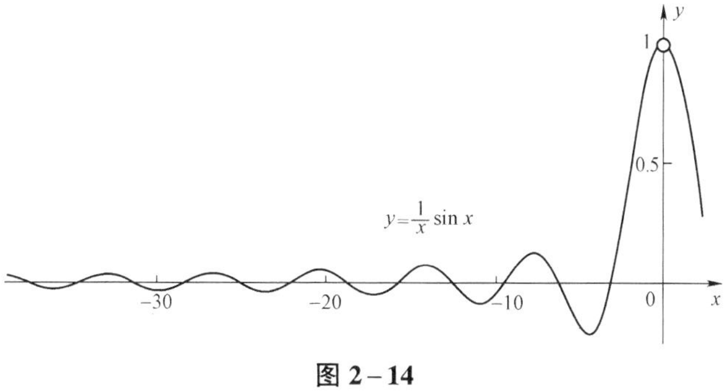

图 2－14

如图 2－11 所示，有 $\lim\limits_{x\to-\infty}\mathrm{e}^x=0$.

如图 2－12 所示，有 $\lim\limits_{x\to-\infty}\arctan x=-\dfrac{\pi}{2}$.

$\lim\limits_{x\to-\infty}f(x)=a$ 几何解释：对于无限小的正数 ε，总会找到大的正数 $X>0$，当 $x<-X$ 时，会有 $f(x)$ 落在 $a-\varepsilon$ 与 $a+\varepsilon$ 带型区域内．如图 2－15 所示，当 x 向负无穷方向变化时，函数值 $f(x)$ 越来越接近直线 $y=a$，将直线 $y=a$ 称作函数的水平渐近线．

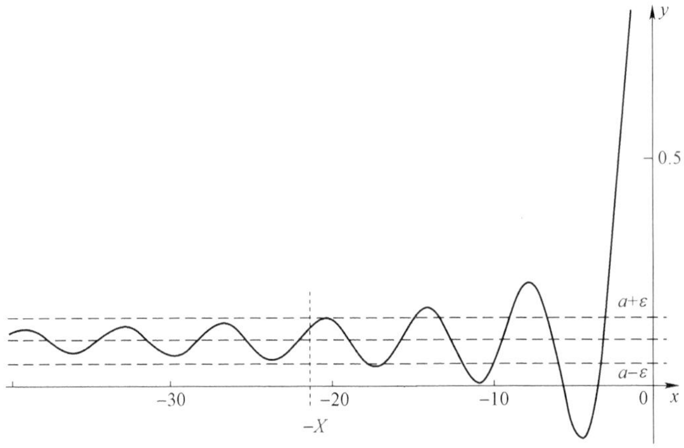

图 2－15

因此如果 $\lim\limits_{x\to-\infty}f(x)=a\Leftrightarrow$ 函数 $f(x)$ 在 $x\to-\infty$ 时具有水平渐近线 $y=a$.

直线 $y=0$ 为曲线 $y=\dfrac{1}{x}$ 的水平渐近线；直线 $y=0$ 为曲线 $y=\dfrac{\sin x}{x}$ 的水平渐近线；直线 $y=-\dfrac{\pi}{2}$ 为曲线 $y=\arctan x$ 的水平渐近线．

3. 当 $x\to\infty$ 时，$f(x)$ 的极限

如果当 $|x|$ 无限增大时，即当 $x\to\infty$ 时，函数 $f(x)$ 无限接近于某个常数 a，此时函数极限存在为 a，即 $\lim\limits_{x\to\infty}f(x)=a\Leftrightarrow\forall\varepsilon>0,\exists X>0$，当 $|x|>X$ 时，有 $|f(x)-a|<\varepsilon$.

如图 2－9 所示，有 $\lim\limits_{x\to\infty}\dfrac{1}{x}=0$.

例 2－4 证明 $\lim\limits_{x\to\infty}\dfrac{1}{x}=0$.

证明 $\forall\varepsilon>0$，当 $x\to\infty$ 时 x 可正可负，要使 $\left|\dfrac{1}{x}-0\right|=\dfrac{1}{|x|}<\varepsilon$，只需 $|x|>\dfrac{1}{\varepsilon}$，取 $X=\dfrac{1}{\varepsilon}$，当 $|x|>X$ 时，有 $\left|\dfrac{1}{x}-0\right|<\varepsilon$，因此 $\lim\limits_{x\to\infty}\dfrac{1}{x}=0$.

如图 2－16 所示，有 $\lim\limits_{x\to\infty}\dfrac{1}{x}\sin x=0$.

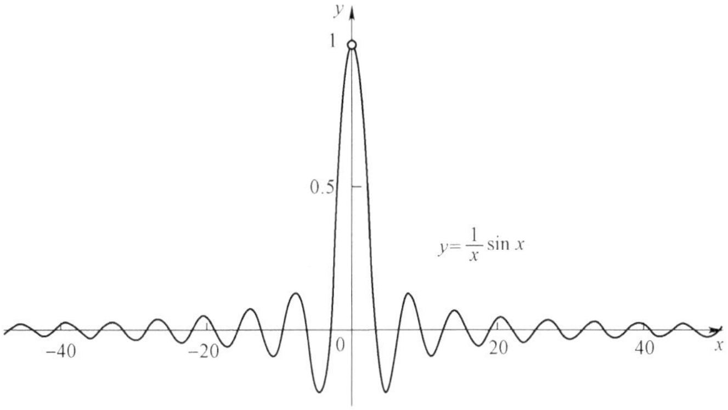

图 2－16

如图 2－17 所示，有 $\lim_{x\to\infty}\sin x$ 不存在.

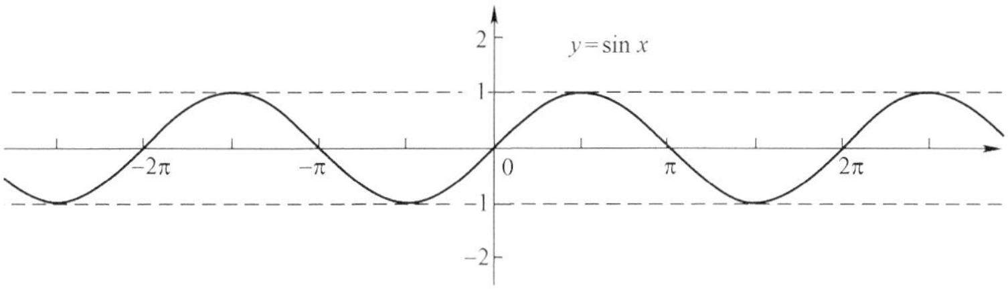

图 2－17

如图 2－18 所示，有 $\lim_{x\to\infty}x^3=\infty$.

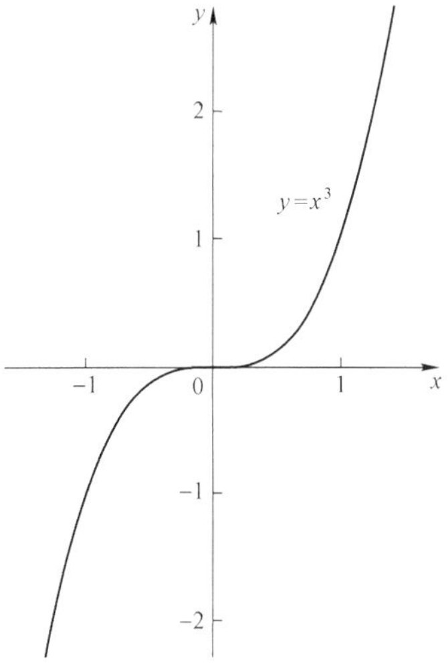

图 2－18

如图 2－11 所示，$\lim_{x\to+\infty}\mathrm{e}^x=+\infty$，$\lim_{x\to-\infty}\mathrm{e}^x=0$，而 $\lim_{x\to\infty}\mathrm{e}^x$ 不存在，也不是 ∞.

定理 2－1 $\lim_{x\to\infty}f(x)=a\Leftrightarrow\lim_{x\to+\infty}f(x)=\lim_{x\to-\infty}f(x)=a$.

因为 $\lim_{x\to+\infty}\mathrm{e}^x=+\infty$，$\lim_{x\to-\infty}\mathrm{e}^x=0$，所以 $\lim_{x\to\infty}\mathrm{e}^x$ 不存在.

因为 $\lim\limits_{x\to+\infty}\arctan x=\dfrac{\pi}{2}$， $\lim\limits_{x\to-\infty}\arctan x=-\dfrac{\pi}{2}$，所以 $\lim\limits_{x\to\infty}\arctan x$ 不存在.

例 2－5 证明 $\lim\limits_{x\to\infty}\dfrac{|x|}{x}$ 不存在.

证明 $\because \lim\limits_{x\to+\infty}\dfrac{|x|}{x}=\lim\limits_{x\to+\infty}\dfrac{x}{x}=\lim\limits_{x\to+\infty}1=1$， $\lim\limits_{x\to-\infty}\dfrac{|x|}{x}=\lim\limits_{x\to+\infty}\dfrac{-x}{x}=\lim\limits_{x\to-\infty}-1=-1$，二者不相等，

$\therefore \lim\limits_{x\to\infty}\dfrac{|x|}{x}$ 不存在.

$\lim\limits_{x\to\infty}f(x)=a$ 几何解释：对于无限小的正数 ε，总会找到大的正数 $X>0$，当取 $|x|>X$ 时，会有 $f(x)$ 落在 $a-\varepsilon$ 与 $a+\varepsilon$ 之间的带型区域内，如图 2－19 所示.

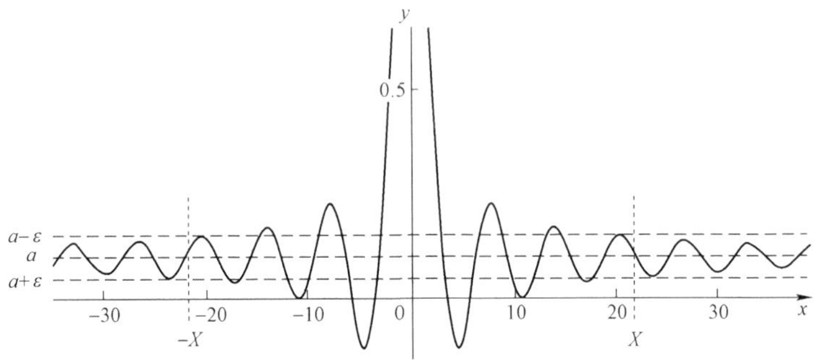

图 2－19

4. 当 $x\to x_0$ 时，函数 $f(x)$ 的极限

由于实数的无限稠密性，自变量 x 向某个有限点 x_0 靠近时，可以无限逼近但永远不能到达 x_0 点，因此在研究 $x\to x_0$ 变化趋势时，只要求在 x_0 点的某个空心邻域有定义即可，x_0 点是否有定义，定义为多少不影响研究在 $x\to x_0$ 时，函数 $f(x)$ 的极限问题.

对于函数 $y=\dfrac{\sin x}{x}$，如图 2－16 所示，观察自变量 x 向 0 点靠近时，函数值 $\dfrac{\sin x}{x}$ 的变化趋势，显然当 $x\to 0$ 时， $\dfrac{\sin x}{x}$ 无限逼近于 1，因此有 $\lim\limits_{x\to 0}\dfrac{\sin x}{x}=1$.

对于函数 $y=\dfrac{1}{x}$，如图 2－9 所示，观察自变量 x 向 0 点靠近时，函数值 $\dfrac{1}{x}$ 的变化趋势，显然当 $x\to 0$ 时， $\dfrac{1}{x}$ 的变化趋势不接近于一个常数，因此 $\lim\limits_{x\to 0}\dfrac{1}{x}$ 不存在，但是由于 $\dfrac{1}{x}$ 的绝对值要多大有多大，记作 $\lim\limits_{x\to 0}\dfrac{1}{x}=\infty$.

对于函数 $y=\mathrm{e}^x$，如图 2－11 所示，观察自变量 x 向 0 点靠近时，函数值 e^x 的变化趋势，显然当 $x\to 0$ 时， e^x 无限逼近于 1，因此有 $\lim\limits_{x\to 0}\mathrm{e}^x=1$.

当 $x\to x_0$ 时，函数 $f(x)$ 无限逼近于常数 a，则称当 $x\to x_0$ 时，函数 $f(x)$ 的极限为 a，记作 $\lim\limits_{x\to x_0}f(x)=a$（或当 $x\to x_0$ 时， $f(x)\to a$）.

$f(x)\to a$，就是$|f(x)-a|$小于无限小的正数ε，因此$\forall\varepsilon>0$，要使$|f(x)-a|<\varepsilon$，不需要任一点x满足，只需要x_0点的某空心邻域内的点满足即可，即能找到某小正数δ，使得当$0<|x-x_0|<\delta$时，有$|f(x)-a|<\varepsilon$成立.

"$\varepsilon-\delta$"定义：$\lim\limits_{x\to x_0}f(x)=a\Leftrightarrow\forall\varepsilon>0,\exists\delta>0,$ 当$0<|x-x_0|<\delta$时，有$|f(x)-a|<\varepsilon$.

例 2－6　证明$\lim\limits_{x\to 1}(x+1)=2$.

证明：$\forall\varepsilon>0$，为使$|(x+1)-2|=|x-1|<\varepsilon$，只需$|x-1|<\varepsilon$，因此取$\delta=\varepsilon$，当$0<|x-1|<\delta$时，有$|f(x)-2|=|(x+1)-2|<\varepsilon$，根据极限定义有$\lim\limits_{x\to 1}(x+1)=2$.

例 2－7　证明$\lim\limits_{x\to 1}\dfrac{x^2-1}{x-1}=2$.

证明：$\forall\varepsilon>0$，要使$\left|\dfrac{x^2-1}{x-1}-2\right|=|x-1|<\varepsilon$，只需$|x-1|<\varepsilon$，取$\delta=\varepsilon$，

当$0<|x-1|<\delta$时，有$\left|\dfrac{x^2-1}{x-1}-2\right|<\varepsilon$，

所以$\lim\limits_{x\to 1}\dfrac{x^2-1}{x-1}=2$.

注意：

（1）$|f(x)-a|<\varepsilon$表示函数值$f(x)$与a的距离任意小；

（2）$0<|x-x_0|<\delta$是点x_0的去心δ邻域，δ体现x靠近x_0的程度；

（3）函数是否有极限与$f(x)$在点x_0处是否有定义无关；

（4）δ与任意给定的ε有关.

$\lim\limits_{x\to x_0}f(x)=a$的几何解释：当$x$在$x_0$的某个$\delta$去心邻域内时，函数$y=f(x)$的图形完全落在直线$y=a$为中心线，宽为$2\varepsilon$的带型区域内，如图 2－20 所示.

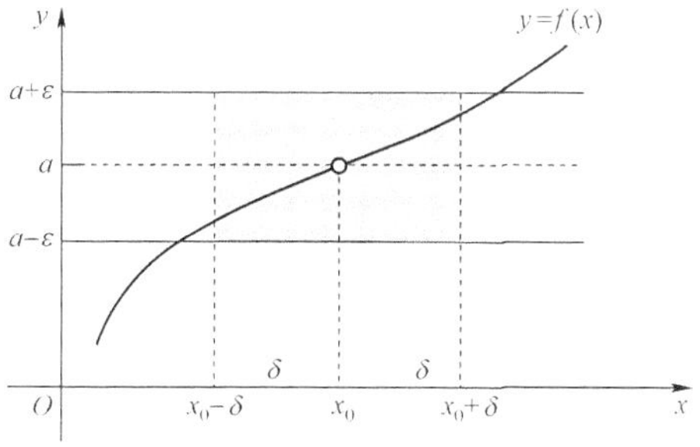

图 2－20

5. 当 $x\to x_0^+$ 时，函数 $f(x)$ 的极限

自变量x从x_0右侧（即$x>x_0$）逼近x_0时，记作$x\to x_0^+$，函数$f(x)$无限逼近于常数 a，则称当$x\to x_0^+$时，函数$f(x)$的右极限为 a，记作$f(x_0+0)=\lim\limits_{x\to x_0^+}f(x)=a$（或当$x\to x_0^+$时，$f(x)\to a$）.

$\lim\limits_{x \to x_0^+} f(x) = a$（右极限）$\Leftrightarrow \forall \varepsilon > 0, \exists \delta > 0$, 当 $0 < x - x_0 < \delta$ 时，有 $|f(x) - a| < \varepsilon$.

如图 2－21 所示，有 $\lim\limits_{x \to 0^+} \operatorname{sgn} x = 1$.

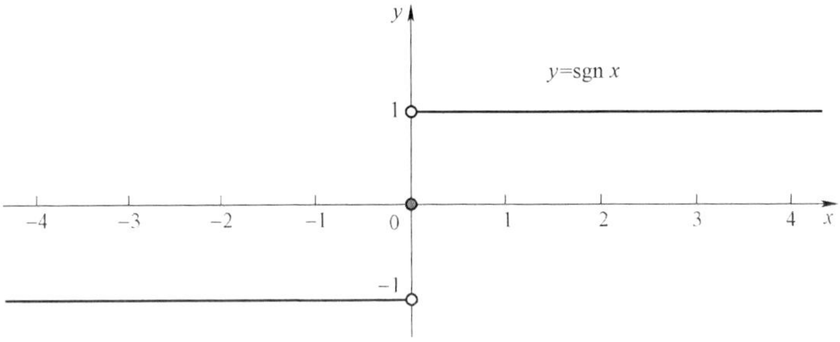

图 2－21

如图 2－22 所示，有 $\lim\limits_{x \to 2^+} [x] = 2$.

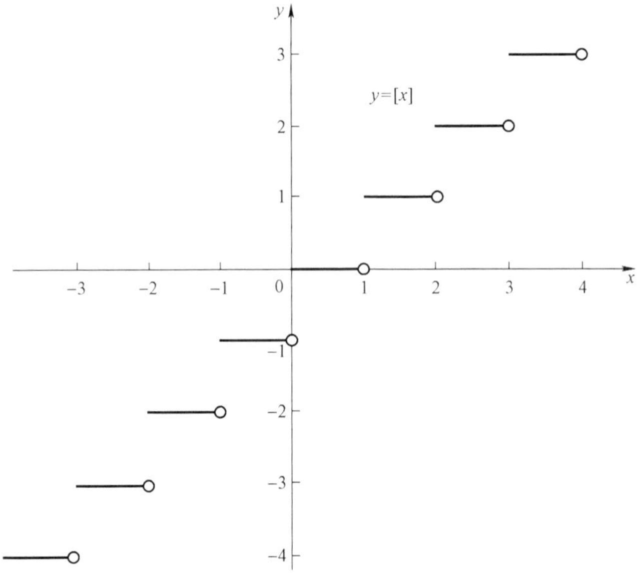

图 2－22

如图 2－23 所示，有 $\lim\limits_{x \to 0^+} \ln x = -\infty$，反映了当自变量 x 从 0 的右侧逼近 0 时，函数 $\ln x$ 的绝对值无限增大，此时函数 $\ln x$ 的图像无限靠近直线 $x = 0$，称直线 $x = 0$ 为函数 $\ln x$ 的垂直渐近线.

因此 $\lim\limits_{x \to x_0^+} f(x) = \infty \Leftrightarrow$ 函数 $f(x)$ 在 $x \to x_0^+$ 时具有垂直渐近线 $x = x_0$.

如图 2－24 所示，$\lim\limits_{x \to \infty} \mathrm{e}^{\frac{1}{x}} = 1$，直线 $y = 1$ 为函数 $1 - \mathrm{e}^{-\frac{1}{x}}$ 的水平渐近线. $\lim\limits_{x \to 0^+} \mathrm{e}^{\frac{1}{x}} = \infty$，直线 $x = 0$ 为函数 $y = \mathrm{e}^{\frac{1}{x}}$ 的垂直渐近线.

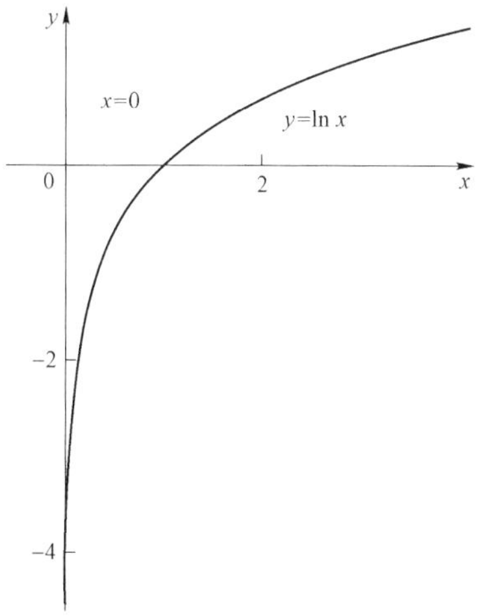

图 2－23

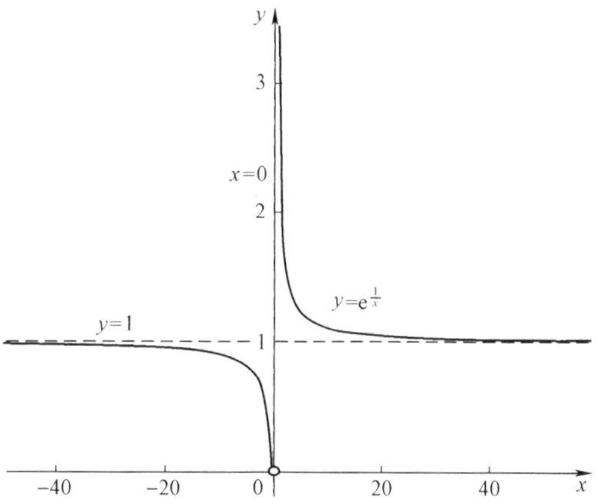

图 2－24

6. 当 $x\to x_0^-$ 时，函数 $f(x)$ 的极限

自变量 x 从 x_0 左侧（即 $x<x_0$）逼近 x_0 时，记作 $x\to x_0^-$，函数 $f(x)$ 无限逼近于常数 a，则称当 $x\to x_0^-$ 时，函数 $f(x)$ 的左极限为 a，记作 $f(x_0-0)=\lim\limits_{x\to x_0^-}f(x)=a$（或当 $x\to x_0^-$ 时，$f(x)\to a$）.

$\lim\limits_{x\to x_0^-}f(x)=a$（左极限）$\Leftrightarrow \forall\varepsilon>0,\exists\delta>0,$ 当 $-\delta<x-x_0<0$ 时，有 $|f(x)-a|<\varepsilon$.

如图 2－21 所示，有 $\lim\limits_{x\to 0^-}\operatorname{sgn}x=-1$.

如图 2－22 所示，有 $\lim\limits_{x\to 2^-}[x]=1$.

如图 2－25 所示，有 $\lim\limits_{x\to 0^-}\ln(-x)=-\infty$，反映了当自变量 x 从 0 的左侧逼近 0 时，函数 $\ln(-x)$ 的绝对值无限增大，此时函数 $\ln(-x)$ 无限接近直线 $x=0$，称直线 $x=0$ 为函数 $\ln(-x)$ 的垂直渐近线.

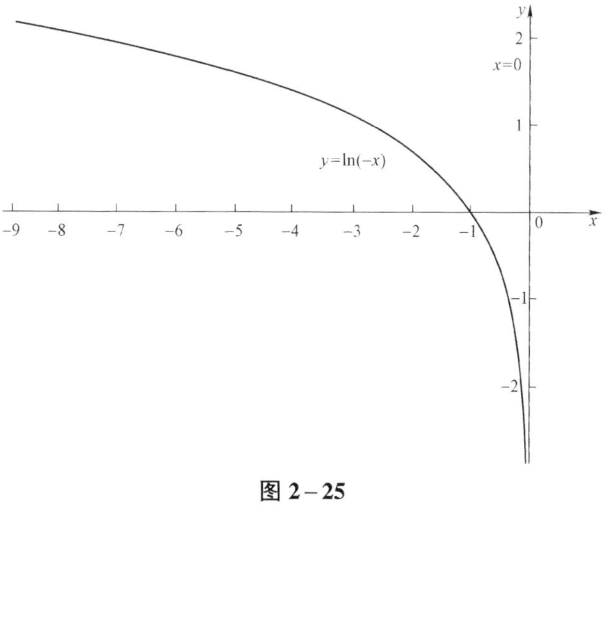

图 2－25

因此 $\lim\limits_{x\to x_0^-} f(x)=\infty \Leftrightarrow$ 函数 $f(x)$ 在 $x\to x_0^-$ 时具有垂直渐近线 $x=x_0$.

如图 2－26 所示，$\lim\limits_{x\to\infty} \mathrm{e}^{-\frac{1}{x}}=1$，直线 $y=1$ 为函数 $y=\mathrm{e}^{-\frac{1}{x}}$ 的水平渐近线. $\lim\limits_{x\to 0^-} \mathrm{e}^{-\frac{1}{x}}=\infty$，直线 $x=0$ 为函数 $y=\mathrm{e}^{-\frac{1}{x}}$ 的垂直渐近线.

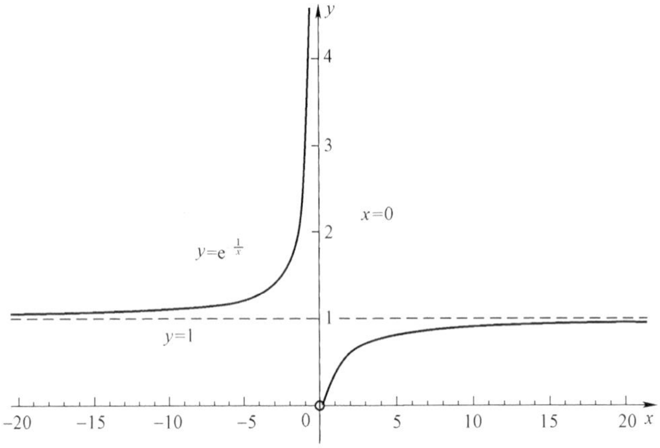

图 2－26

如图 2－27 所示，$\lim\limits_{x\to\infty}\left(1+\dfrac{1}{x}\right)^x=\mathrm{e}$，直线 $y=\mathrm{e}$ 为函数 $y=\left(1+\dfrac{1}{x}\right)^x$ 的水平渐近线.

$\lim\limits_{x\to -1^-}\left(1+\dfrac{1}{x}\right)^x=\infty$，直线 $x=-1$ 为函数 $y=\left(1+\dfrac{1}{x}\right)^x$ 的垂直渐近线.

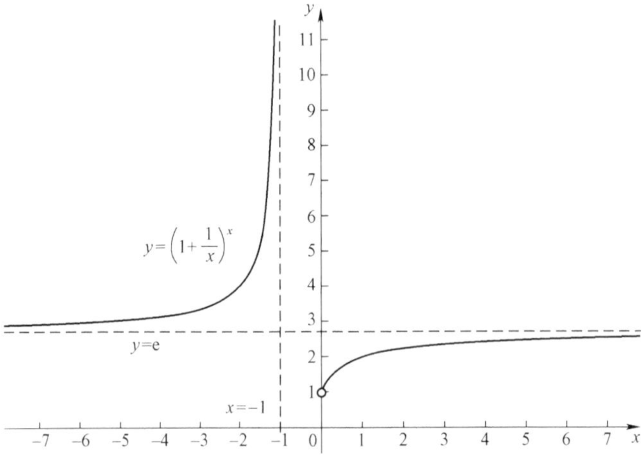

图 2－27

定理 2－2 $\lim\limits_{x\to x_0} f(x)=A \Leftrightarrow \lim\limits_{x\to x_0^+} f(x)=\lim\limits_{x\to x_0^-} f(x)=A$.

例 2－8 设 $f(x)=\begin{cases}1-x, & x<0,\\ x^2+1, & x\geqslant 0,\end{cases}$ 证明 $\lim\limits_{x\to 0} f(x)=1$.

证明：如图 2－28 所示，$\lim\limits_{x\to0^+}f(x)=\lim\limits_{x\to0^+}(x^2+1)=1$，$\lim\limits_{x\to0^-}f(x)=\lim\limits_{x\to0^-}(1-x)=1$，因为 $\lim\limits_{x\to0^-}f(x)=\lim\limits_{x\to0^+}f(x)=1$，所以 $\lim\limits_{x\to0}f(x)=1$.

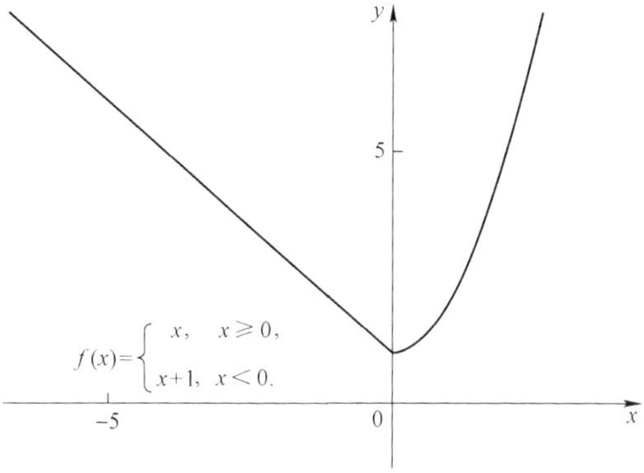

图 2－28

例 2－9　设 $\operatorname{sgn}x=\begin{cases}-1, & x<0,\\ 0, & x=0,\\ 1, & x>0.\end{cases}$ 讨论 $\lim\limits_{x\to0}\operatorname{sgn}x$ 是否存在.

解：如图 2－21 所示，$\lim\limits_{x\to0^+}\operatorname{sgn}x=1$，$\lim\limits_{x\to0^-}\operatorname{sgn}x=-1$，

$\because\ \lim\limits_{x\to0^+}\operatorname{sgn}x\neq\lim\limits_{x\to0^-}\operatorname{sgn}x$，$\therefore\ \lim\limits_{x\to0}\operatorname{sgn}x$ 不存在.

例 2－10　设 $f(x)=\begin{cases}x, & x\geqslant0,\\ x+1, & x<0.\end{cases}$ 讨论 $\lim\limits_{x\to0}f(x)$ 是否存在.

解：如图 2－29 所示，

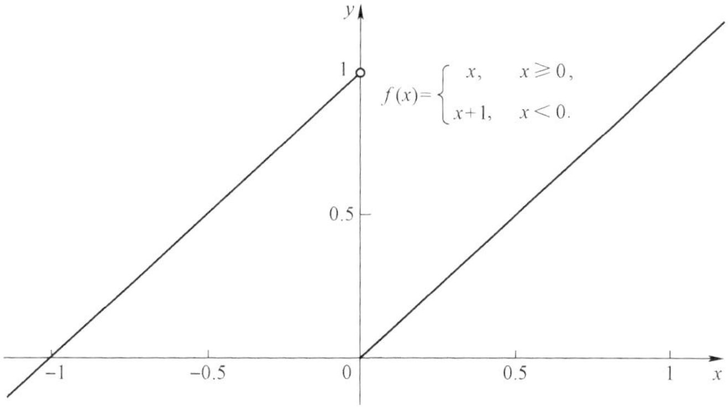

图 2－29

$\lim\limits_{x\to0^+}f(x)=\lim\limits_{x\to0^+}x=0$，

$\lim\limits_{x\to0^-}f(x)=\lim\limits_{x\to0^-}(1+x)=1$，

因为 $\lim\limits_{x\to0^+}f(x)\neq\lim\limits_{x\to0^-}f(x)$，

所以 $\lim\limits_{x\to 0} f(x)$ 不存在.

例 2－11 已知 $f(x)=|x|$，讨论 $\lim\limits_{x\to 0} f(x)$ 是否存在.

解： 如图 2－30 所示，

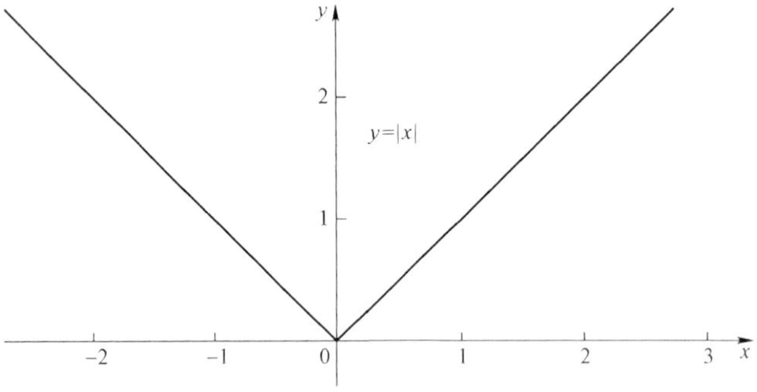

图 2－30

$\lim\limits_{x\to 0^+} f(x)=\lim\limits_{x\to 0^+}|x|=\lim\limits_{x\to 0^+}x=0$，

$\lim\limits_{x\to 0^-} f(x)=\lim\limits_{x\to 0^-}|x|=\lim\limits_{x\to 0^-}(-x)=0$，

因为 $\lim\limits_{x\to 0^+} f(x)=\lim\limits_{x\to 0^-} f(x)=0$，

所以 $\lim\limits_{x\to 0} f(x)=0$.

例 2－12 已知 $f(x)=\dfrac{x}{|x|}$，讨论 $\lim\limits_{x\to 0} f(x)$ 是否存在.

解： 如图 2－31 所示，

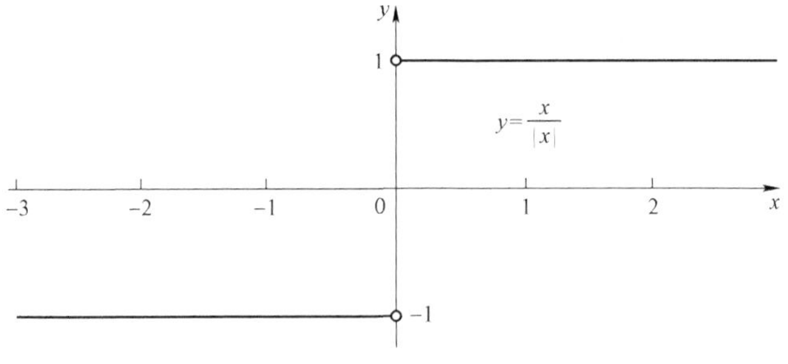

图 2－31

$\lim\limits_{x\to 0^+} f(x)=\lim\limits_{x\to 0^+}\dfrac{x}{|x|}=\lim\limits_{x\to 0^+}\dfrac{x}{x}=\lim\limits_{x\to 0^+}1=1$，

$\lim\limits_{x\to 0^-} f(x)=\lim\limits_{x\to 0^-}\dfrac{x}{|x|}=\lim\limits_{x\to 0^-}\dfrac{x}{-x}=\lim\limits_{x\to 0^-}(-1)=-1$，

因为 $\lim\limits_{x\to 0^+} f(x) \neq \lim\limits_{x\to 0^-} f(x)$，

所以 $\lim\limits_{x\to 0} f(x)$ 不存在.

在这些例题中我们看出函数的左右极限与函数的极限一样，左右极限与函数在点 x_0 处是否有定义或定义为多少无关，即不涉及 $f(x_0)$ 是否有定义的问题.

通过观察，基本初等函数在定义域内任一点处的极限等于这一点的函数值.

7. 函数极限的性质

极限的性质，对自变量 x 的所有变化趋势下的极限都成立，不一一列举.

定理 2-3（唯一性）如果函数极限存在，则极限是唯一的.

定理 2-4（局部有界性）如果 $\lim\limits_{x\to x_0} f(x)=a$，则存在正数 M 和 δ，使得当 $0<|x-x_0|<\delta$ 时，有 $|f(x)|\leqslant M$.

如果 $\lim\limits_{x\to\infty} f(x)=a$，则存在正数 M 和 X，使得当 $|x|>X$ 时，有 $|f(x)|\leqslant M$.

证：因为 $\lim\limits_{x\to\infty} f(x)=a$,

所以，对于 $\varepsilon=1$，$\exists X>0$，当 $|x|>X$ 时，有 $|f(x)-a|<\varepsilon$，即 $a-1<f(x)<a+1$，取 $M=\max\{|a-1|,|a+1|\}$，则 $-M<f(x)<M$，即 $|f(x)|<M$.

定理 2-5（局部保号性）如果 $\lim\limits_{x\to x_0} f(x)=a$，且 $a>0$（或 $a<0$），则存在常数 $\delta>0$，使得当 $0<|x-x_0|<\delta$ 时，有 $f(x)>0$（或 $f(x)<0$）.

如果 $\lim\limits_{x\to\infty} f(x)=a$，且 $a>0$（或 $a<0$），则存在正数 $X>0$，使得当 $|x|>X$ 时，有 $f(x)>0$（或 $f(x)<0$）.

推论 2-1　如果在 x_0 的某去心邻域 $\overset{o}{U}(x_0,\ \delta)$ 内，$f(x)\geqslant 0$（或 $f(x)\leqslant 0$），且 $\lim\limits_{x\to x_0} f(x)=a$，则 $a\geqslant 0$（或 $a\leqslant 0$）.

如果存在正数 $X>0$，使得当 $|x|>X$ 时，有 $f(x)\geqslant 0$（或 $f(x)\leqslant 0$），且 $\lim\limits_{x\to\infty} f(x)=a$，则 $a\geqslant 0$（或 $a\leqslant 0$）.

定理 2-6　设函数 $f(x)$ 在点 x_0 的某去心邻域 $\overset{o}{U}(x_0,\ \delta)$ 内有定义，则极限 $\lim\limits_{x\to x_0} f(x)=a(\text{或}\infty)$ 的充分必要条件是：对任何含于 $\overset{o}{U}(x_0,\ \delta)$ 且以 x_0 为极限的数列 $\{x_n\}$，极限 $\lim\limits_{n\to\infty} f(x_n)=a(\text{或}\infty)$.

设函数 $f(x)$，存在 $X>0$，在 $|x|>X$ 时定义，则极限 $\lim\limits_{x\to\infty} f(x)=a(\text{或}\infty)$ 的充分必要条件是：对任何满足 $|x|>X$ 且逼近于 ∞ 的数列 $\{x_n\}$，极限 $\lim\limits_{n\to\infty} f(x_n)=a(\text{或}\infty)$.

如图 2-32 所示，$\lim\limits_{x\to+\infty}\left(1+\dfrac{1}{x}\right)^x=\mathrm{e}$，选取 $x_n=n$，有 $\lim\limits_{n\to\infty} f(x_n)=\lim\limits_{n\to\infty}\left(1+\dfrac{1}{n}\right)^n=\mathrm{e}$，选取 $x_n'=2n\to\infty$，有 $\lim\limits_{n\to\infty} f(x_n')=\lim\limits_{n\to\infty}\left(1+\dfrac{1}{2n}\right)^{2n}=\mathrm{e}$.

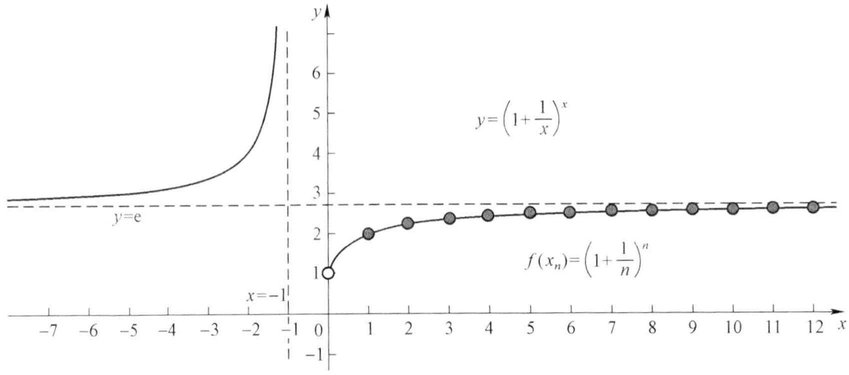

图 2－32

定理 2－7 单调有界数列必有极限.

定理 2－8（夹逼准则） 若 $x\in \overset{o}{U}(x_0,\delta)$，有 $g(x)\leqslant f(x)\leqslant h(x)$，且 $\lim\limits_{x\to x_0} g(x)=\lim\limits_{x\to x_0} h(x)=a$，则 $\lim\limits_{x\to x_0} f(x)=a$.

如果存在正数 $X>0$，使得当 $|x|>X$ 时，有 $g(x)\leqslant f(x)\leqslant h(x)$，且 $\lim\limits_{x\to\infty} g(x)=\lim\limits_{x\to\infty} h(x)=a$，则 $\lim\limits_{x\to\infty} f(x)=a$.

例 2－13 求 $\lim\limits_{n\to\infty}\left[\frac{1}{n^2}+\frac{1}{(n+1)^2}+\cdots\cdots+\frac{1}{(n+n)^2}\right]$.

解：因为 $\frac{n+1}{(n+n)^2}\leqslant\frac{1}{n^2}+\frac{1}{(n+1)^2}+\cdots\cdots+\frac{1}{(n+n)^2}\leqslant\frac{n+1}{n^2}$，

因为 $\lim\limits_{n\to\infty}\frac{n+1}{(n+n)^2}=0$， $\lim\limits_{n\to\infty}\frac{n+1}{n^2}=0$，

所以 $\lim\limits_{n\to\infty}\left[\frac{1}{n^2}+\frac{1}{(n+1)^2}+\cdots\cdots+\frac{1}{(n+n)^2}\right]=0$.

8. 极限的运算法则

极限的运算法则，对自变量 x 的所有变化趋势下的极限都成立，不一一列举.

代数和：若 $\lim\limits_{x\to x_0} f(x)=a, \lim\limits_{x\to x_0} g(x)=b$，

则 $\lim\limits_{x\to x_0}[f(x)\pm g(x)]=\lim\limits_{x\to x_0} f(x)\pm\lim\limits_{x\to x_0} g(x)=a\pm b$.

证明：因为 $\lim\limits_{x\to x_0} f(x)=a$， $\lim\limits_{x\to x_0} g(x)=b$，

所以 $\forall\varepsilon>0$，$\exists\delta_1>0$，当 $0<|x-x_0|<\delta_1$ 时，有 $|f(x)-a|<\varepsilon$；

$\exists\delta_2>0$，当 $0<|x-x_0|<\delta_2$ 时，有 $|g(x)-b|<\varepsilon$，

$|[f(x)\pm g(x)]-(a\pm b)|=|[f(x)-a]\pm[g(x)-b]|\leqslant|f(x)-a|+|g(x)-b|$，

取 $\delta=\min\{\delta_1,\delta_2\}$，当 $0<|x-x_0|<\delta$ 时，有 $|[f(x)\pm g(x)]-(a\pm b)|<2\varepsilon$，

所以 $\lim\limits_{x\to x_0}[f(x)\pm g(x)]=\lim\limits_{x\to x_0} f(x)\pm\lim\limits_{x\to x_0} g(x)=a\pm b$.

可推广到有限个的情形.

乘积：若 $\lim\limits_{x\to\infty} f(x)=a, \lim\limits_{x\to\infty} g(x)=b$，

则 $\lim\limits_{x\to\infty}[f(x)\cdot g(x)]=\lim\limits_{x\to\infty} f(x)\cdot \lim\limits_{x\to\infty} g(x)=a\cdot b$.

证：因为 $\lim\limits_{x\to\infty} f(x)=a$， $\lim\limits_{x\to\infty} g(x)=b$，

所以 $\forall \varepsilon>0$， $\exists X_1>0$，当 $|x|>X_1$ 时，有 $|f(x)-a|<\varepsilon$；

$\exists X_2>0$，当 $|x|>X_2$ 时，有 $|g(x)-b|<\varepsilon$.

$$\left|[f(x)\cdot g(x)]-(a\cdot b)\right|=\left|[f(x)\cdot g(x)-ag(x)]+[ag(x)-ab]\right|$$
$$\leqslant |g(x)|\cdot|f(x)-a|+|a|\cdot|g(x)-b|,$$

因为 $\lim\limits_{x\to\infty} g(x)=b$，

所以 $g(x)$ 在无穷远处有界，即 $\exists M>0, X_3>0$，当 $|x|>X_3$ 时，有 $|g(x)|\leqslant M$，

取 $X=\max\{X_1, X_2, X_3\}$，当 $|x|>X_3$ 时，

有 $\left|[f(x)\cdot g(x)]-(a\cdot b)\right|<(M+|a|)\varepsilon$，

所以 $\lim\limits_{x\to\infty}[f(x)\cdot g(x)]=\lim\limits_{x\to\infty} f(x)\cdot \lim\limits_{x\to\infty} g(x)=a\cdot b$.

可推广到有限个的情形.

推论 2–2　若 $\lim\limits_{x\to\infty} f(x)=a$，则 $\lim\limits_{x\to\infty}[cf(x)]=c\lim\limits_{x\to\infty} f(x)=ca$.

推论 2–3　若 $\lim\limits_{x\to\infty} f(x)=a$，则 $\lim\limits_{x\to\infty}[f(x)]^n=[\lim\limits_{x\to\infty} f(x)]^n=a^n$.

商：若 $\lim\limits_{x\to x_0} f(x)=a, \lim\limits_{x\to x_0} g(x)=b\neq 0$，则 $\lim\limits_{x\to x_0}\dfrac{f(x)}{g(x)}=\dfrac{\lim\limits_{x\to x_0} f(x)}{\lim\limits_{x\to x_0} g(x)}=\dfrac{a}{b}$（证明略）.

例 2–14　求 $\lim\limits_{x\to 2}\dfrac{x^3-1}{x^2-3x+5}$.

解：$\lim\limits_{x\to 2}\dfrac{x^3-1}{x^2-3x+5}=\dfrac{\lim\limits_{x\to 2}(x^3-1)}{\lim\limits_{x\to 2}(x^2-3x+5)}=\dfrac{2^3-1}{3}=\dfrac{7}{3}$.

复合函数的极限：设 $y=f[g(x)]$ 是由 $y=f(u), u=g(x)$ 复合而成的函数，

如果（1）$\lim\limits_{x\to x_0} g(x)=a$ 且 $\exists\delta>0$，当 $0<|x-x_0|<\delta$ 时，有 $g(x)\neq a$，

（2）$\lim\limits_{u\to a} f(u)=b$，

则 $\lim\limits_{x\to x_0} f[g(x)]=b$（证明略）.

例如：（1）$\lim\limits_{x\to\infty}\sin\dfrac{1}{x}$，因为 $\lim\limits_{x\to\infty}\dfrac{1}{x}=0$， $\lim\limits_{u\to 0}\sin u=0$，所以 $\lim\limits_{x\to\infty}\sin\dfrac{1}{x}=0$.

（2）$\lim\limits_{x\to\infty}\mathrm{e}^{\sin\frac{1}{x}}$，因为 $\lim\limits_{x\to\infty}\dfrac{1}{x}=0$， $\lim\limits_{u\to 0}\sin u=0$， $\lim\limits_{t\to 0}\mathrm{e}^t=1$，所以 $\lim\limits_{x\to\infty}\mathrm{e}^{\sin\frac{1}{x}}=1$.

（3）$\lim\limits_{x\to\sqrt{3}}\dfrac{x^2-3}{x^2+1}=0$，因为 $\lim\limits_{x\to\sqrt{3}}(x^2-3)=0$， $\lim\limits_{x\to\sqrt{3}}(x^2+1)=4$，所以 $\lim\limits_{x\to\sqrt{3}}\dfrac{x^2-3}{x^2+1}=\dfrac{0}{4}=0$.

因此，初等函数在定义区间内任一点处的极限等于这一点的函数值.

绝对值的极限：若 $\lim\limits_{x\to\infty} f(x)=a$，则 $\lim\limits_{x\to\infty}|f(x)|=|a|$.

若 $\lim\limits_{x\to x_0} f(x)=a$，则 $\lim\limits_{x\to x_0} |f(x)|=|a|$.

证明：因为 $\lim\limits_{x\to x_0} f(x)=a$，所以 $\forall\varepsilon>0$，$\exists\delta>0$，当 $0<|x-x_0|<\delta$ 时，有 $|f(x)-a|<\varepsilon$，

而 $||f(x)|-|a||\leqslant|f(x)-a|<\varepsilon$，所以 $\lim\limits_{x\to x_0}|f(x)|=|a|$.

反过来不一定成立，如数列 $\{(-1)^{n-1}\cdot 2\}$. 但是如果极限为零，则有 $||f(x)|-0|=|f(x)-0|$，

则有：$\lim\limits_{x\to x_0} f(x)=0 \Leftrightarrow \lim\limits_{x\to x_0}|f(x)|=0$；$\lim\limits_{x\to\infty} f(x)=0 \Leftrightarrow \lim\limits_{x\to\infty}|f(x)|=0$.

习 题 2.2

1. 根据极限的定义证明：

（1）$\lim\limits_{x\to 3}(2x-1)=5$；（2）$\lim\limits_{x\to -2}\dfrac{x^2-4}{x+2}=-4$；（3）$\lim\limits_{x\to+\infty}\dfrac{\sin x}{\sqrt{x}}=0$.

2. 设 $f(x)=\begin{cases} x, & x\geqslant 0,\\ -x, & x<0,\end{cases}$ 讨论当 $x\to 0$ 时，$f(x)$ 的左、右极限.

3. 设 $f(x)=\begin{cases} e^x, & x<0,\\ 2x+a, & x\geqslant 0.\end{cases}$ 问当 a 为何值时，极限 $\lim\limits_{x\to 0} f(x)$ 存在.

4. 已知函数 $f(x)=\begin{cases} x^2+2x-1, & x\leqslant 1,\\ x, & 1<x<2,\\ 2x-2, & x\geqslant 2.\end{cases}$

在 $x=1$ 和 $x=2$ 处的左、右极限是否存在？当 $x\to 1$ 和 $x\to 2$ 时，$f(x)$ 的极限是否存在？若存在为多少？

5. 求曲线 $y=3+e^{-x}$ 的水平渐近线.

6. 求曲线 $y=\dfrac{5}{3x+1}$ 的垂直渐近线.

2.3 无穷小与无穷大

1. 无穷小

定义 2－1 在自变量的某个变化趋势下极限为零的量称为无穷小量.

$\lim\limits_{x\to x_0} f(x)=0 \Leftrightarrow \forall\varepsilon>0,\exists\delta>0$，当 $0<|x-x_0|<\delta$ 时，有 $|f(x)|<\varepsilon$.

$\lim\limits_{x\to\infty} f(x)=0 \Leftrightarrow \forall\varepsilon>0,\exists X>0$，当 $|x|>X$ 时，有 $|f(x)|<\varepsilon$.

例 2－15 $\lim\limits_{x\to 0}\sin x=0$，当 $x\to 0$ 时，$\sin x$ 是无穷小量.

$\lim\limits_{x\to\infty}\frac{1}{x}=0$，当 $x\to\infty$ 时，$\frac{1}{x}$ 是无穷小量.

注意：（1）无穷小量是以零为极限的量，不是很小的数，常量中只有零是无穷小量；（2）说无穷小量，一定要指出在哪个变化过程中.

定理 2－9　$\lim\limits_{x\to x_0}f(x)=A \Leftrightarrow \lim\limits_{x\to x_0}[f(x)-A]=0$.

定理 2－10　$\lim\limits_{x\to\infty}f(x)=A \Leftrightarrow f(x)=A+\alpha,\alpha$ 为无穷小量.

证明：先证： $\lim\limits_{x\to\infty}f(x)=A \Rightarrow f(x)=A+\alpha$，

因为 $\lim\limits_{x\to\infty}f(x)=A$，

所以 $\lim\limits_{x\to\infty}[f(x)-A]=0$，

所以，当 $x\to\infty$ 时，$f(x)-A$ 是无穷小量，

记 $\alpha=f(x)-A$，其中 $\lim\limits_{x\to\infty}\alpha=0$，

所以 $f(x)=A+\alpha$.

再证： $f(x)=A+\alpha \Rightarrow \lim\limits_{x\to\infty}f(x)=A$.

因为 $f(x)=\alpha+A$，其中 $\lim\limits_{x\to\infty}\alpha=0$，

所以 $f(x)-A=\alpha$，

所以 $\lim\limits_{x\to\infty}[f(x)-A]=0$，

所以 $\lim\limits_{x\to\infty}f(x)=A$.

在自变量的其他变化过程中，定理 2－9、定理 2－10 也成立.

性质： 无穷小量与有界量的乘积还是无穷小量.

例 2－16　$\lim\limits_{x\to\infty}\frac{1}{x}\sin x=0$，如图 2－33 所示.

当 $x\to\infty$ 时，$\frac{1}{x}$ 是无穷小量，$\sin x$ 是有界量.

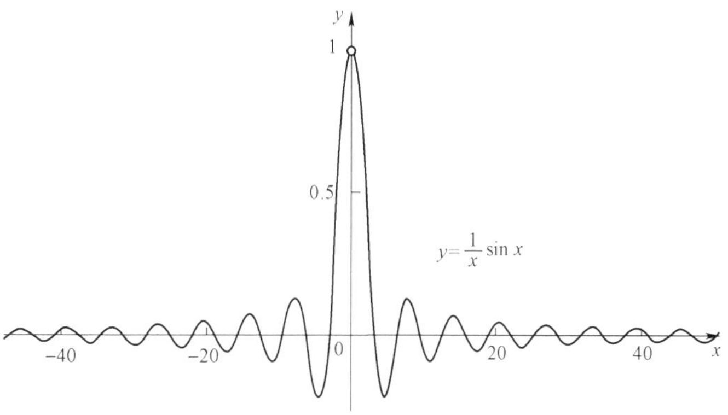

图 2－33

$\lim\limits_{x\to 0} x\sin\dfrac{1}{x}=0$，如图 2－34 所示.

当 $x\to 0$ 时，x 是无穷小量，$\sin\dfrac{1}{x}$ 是有界量.

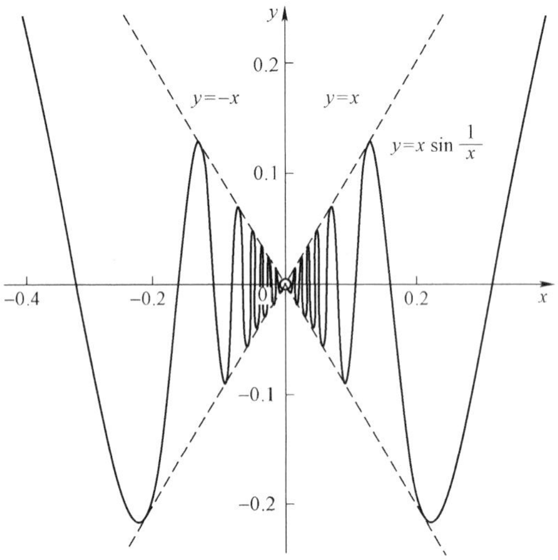

图 2－34

无穷小的比较

定义 2－2 设 $f(x)$，$g(x)$ 是当 $x\to\Omega$ 时的无穷小量（$x\to\Omega$，包括自变量的所有变化过程），且 $g(x)\neq 0$，

（1）若 $\lim\limits_{x\to\Omega}\dfrac{f(x)}{g(x)}=k\neq 0$，则称 $f(x)$，$g(x)$ 是当 $x\to\Omega$ 时的同阶无穷小量；特别当 k=1 时称作当 $x\to\Omega$ 时的等价无穷小量，记作 $f(x)\sim g(x)$；

（2）若 $\lim\limits_{x\to\Omega}\dfrac{f(x)}{g(x)}=0$，则称 $f(x)$ 是比 $g(x)$ 当 $x\to\Omega$ 时的高阶的无穷小量，记作 $f(x)=o(g(x))$；

（3）若 $\lim\limits_{x\to\Omega}\dfrac{f(x)}{g(x)}=\infty$，则称 $f(x)$ 是比 $g(x)$ 当 $x\to\Omega$ 时的低阶的无穷小量.

无穷小与无穷小的比的极限是不确定的，称作“$\dfrac{0}{0}$”的待定型.

例如：$\lim\limits_{x\to+\infty}\dfrac{1}{x}=0$，$\lim\limits_{x\to+\infty}\dfrac{1}{\sqrt{x}}=0$，$\lim\limits_{x\to+\infty}\dfrac{\frac{1}{x}}{\frac{1}{\sqrt{x}}}=\lim\limits_{x\to+\infty}\dfrac{1}{\sqrt{x}}=0$，

所以 $\dfrac{1}{x}$ 是比 $\dfrac{1}{\sqrt{x}}$ 高阶的无穷小 $(x\to+\infty)$，记 $\dfrac{1}{x}=o\left(\dfrac{1}{\sqrt{x}}\right)$.

从图 2－35 可以看出在 $x \to +\infty$ 的过程中，$\frac{1}{x}$ 比 $\frac{1}{\sqrt{x}}$ 更快地逼近于零.

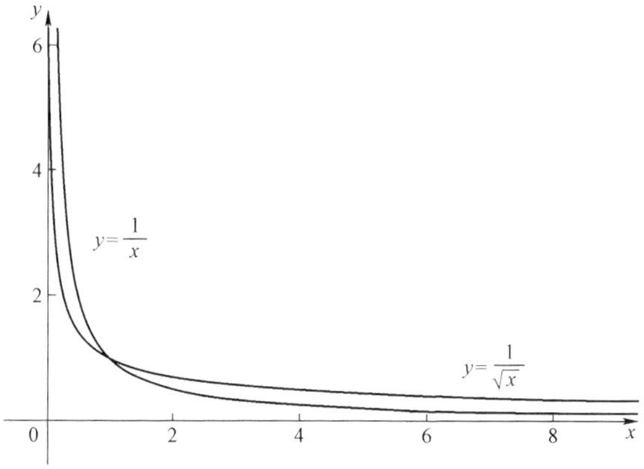

图 2－35

注意，上述关于无穷小的比较是在极限过程中考虑的，所以注意“x 趋近于什么”是重要的. 离开 x 的变化过程，比较是无意义的.

为了方便，可以定义无穷小的阶数，若 $\lim\limits_{x\to 0} f(x)=0$，$\lim\limits_{x\to 0} x^k=0(k>0)$，且 $\lim\limits_{x\to 0}\frac{f(x)}{x^k}=l\neq 0$，$k>0$ 为常数，则可称 $f(x)$ 为 x 的 k 阶无穷小.

例如，$f(x)=x+x^2$ 当 $x\to 0$ 时为一阶无穷小，因为 $\lim\limits_{x\to 0}\frac{x+x^2}{x}=\lim\limits_{x\to 0}(1+x)=1$.

又如，$g(x)=\sqrt[3]{2x^2}$ 当 $x\to 0$ 时为 $\frac{2}{3}$ 阶无穷小，因为 $\lim\limits_{x\to 0}\frac{\sqrt[3]{2x^2}}{x^{\frac{2}{3}}}=\sqrt[3]{2}$.

2. 无穷大量

定义 2－3　在自变量的某个变化过程中，绝对值无限增大的量称作无穷大量.

$\lim\limits_{x\to x_0} f(x)=\infty \Leftrightarrow \forall M>0,\exists\delta>0$，当 $0<|x-x_0|<\delta$ 时，有 $|f(x)|>M$.

$\lim\limits_{x\to\infty} f(x)=\infty \Leftrightarrow \forall M>0,\exists X>0$，当 $|x|>X$ 时，有 $|f(x)|>M$.

例：$\lim\limits_{x\to+\infty} e^x=+\infty$.

如图 2－36 所示，$\lim\limits_{x\to 0^+}\ln x=-\infty$；$\lim\limits_{x\to+\infty}\ln x=+\infty$.

如图 2－37 所示，$\lim\limits_{x\to\frac{\pi}{2}^-}\tan x=+\infty$；$\lim\limits_{x\to\frac{\pi}{2}^+}\tan x=-\infty$；$\lim\limits_{x\to\frac{\pi}{2}}\tan x=\infty$.

注意：（1）无穷大量是变量，是绝对值无限增大的量，一个非常大的数不是无穷大量.

（2）无穷大量与无穷大量的乘积还是无穷大量.

（3）无穷大量与不为零的量的乘积还是无穷大量.

如图 2－38 所示，$\lim\limits_{x\to\infty} x\sin x$ 不存在，也不是无穷大量.

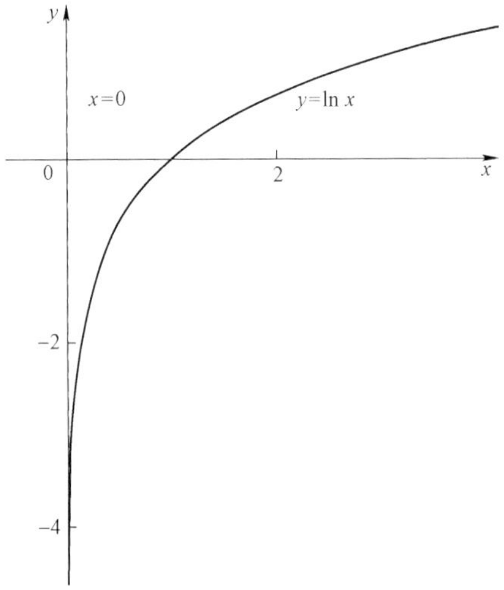

图 2－36

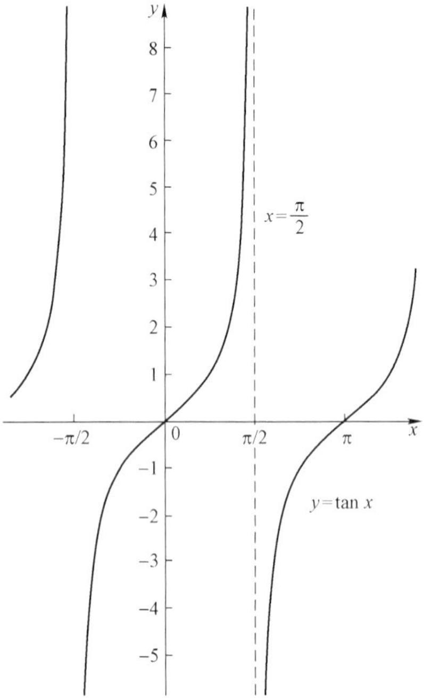

图 2－37

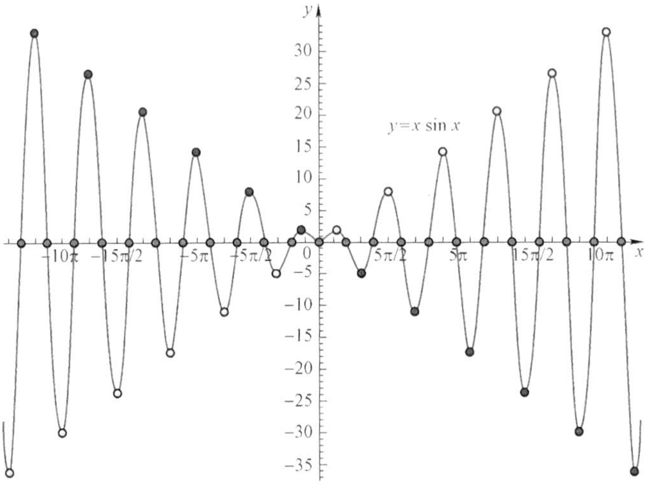

图 2－38

如图 2－39 所示，$\lim\limits_{x\to 0}\frac{1}{x}\cos\frac{1}{x}$ 不存在，也不是无穷大量.

如图 2－40 所示，$\lim\limits_{x\to\infty}x\tan x$ 不存在，也不是无穷大量.

（4）无穷大量与无穷大量的代数和不确定称作“$\infty\pm\infty$”待定型，但是两个正的无穷大量的和还是正无穷大量，两个负的无穷大量的和还是负无穷大量，正无穷大量减去负无穷大量是正无穷大量，负无穷大量减去正无穷大量是负无穷大量.

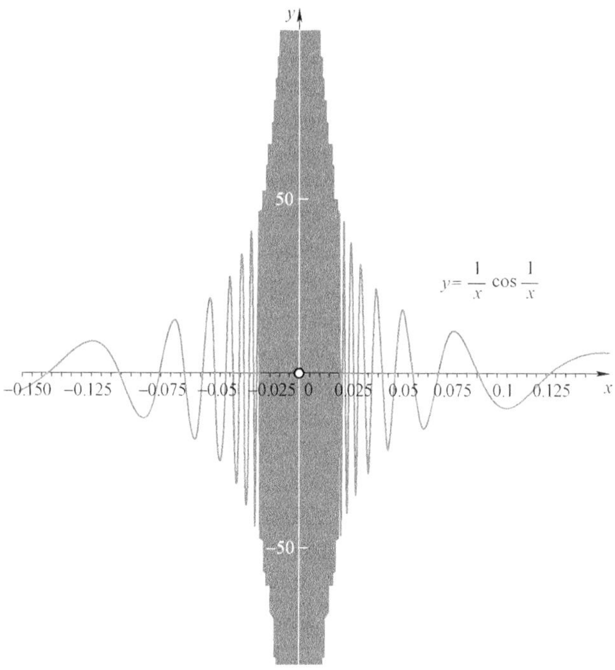

图 2－39

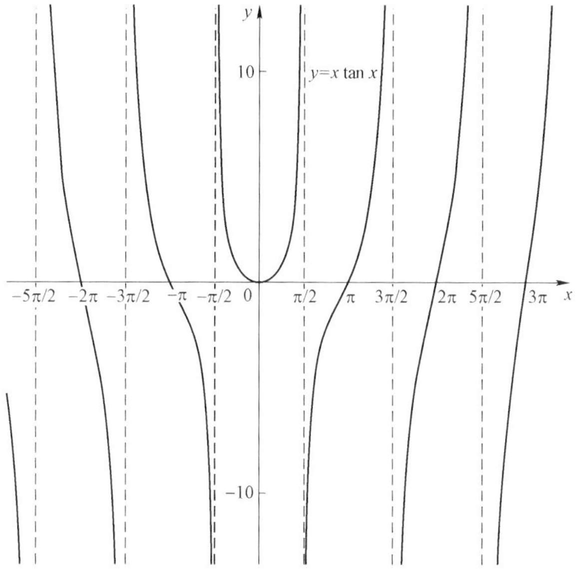

图 2－40

（5）无穷大量与无穷大量比的极限也是不确定的，称作“$\frac{\infty}{\infty}$”的待定型.

（6）无穷小量与无穷大量的乘积的极限也是不确定的，称作“$0\cdot\infty$”的待定型.

3. 无穷小量与无穷大量的关系

定理 2－11　（1）$\lim\limits_{x\to\Omega}f(x)=0\,(f(x)\neq 0)\Rightarrow\lim\limits_{x\to\Omega}\frac{1}{f(x)}=\infty$；

（2）$\lim\limits_{x\to\Omega} f(x)=\infty \Rightarrow \lim\limits_{x\to\Omega}\dfrac{1}{f(x)}=0$.

下面证明：

（1）$\lim\limits_{x\to x_0} f(x)=0(f(x)\neq 0)\Rightarrow \lim\limits_{x\to x_0}\dfrac{1}{f(x)}=\infty$.

（2）$\lim\limits_{x\to\infty} f(x)=\infty \Rightarrow \lim\limits_{x\to\infty}\dfrac{1}{f(x)}=0$.

证明：（1）$\forall M>0$，因为 $\lim\limits_{x\to x_0} f(x)=0\,(f(x)\neq 0)$，

所以对于 $\varepsilon=\dfrac{1}{M},\exists\delta>0,$ 当 $0<|x-x_0|<\delta$ 时，有 $|f(x)|<\varepsilon=\dfrac{1}{M}$，

即有 $\left|\dfrac{1}{f(x)}\right|>M$，

所以 $\lim\limits_{x\to x_0}\dfrac{1}{f(x)}=\infty$.

（2）$\forall\varepsilon>0$，因为 $\lim\limits_{x\to\infty} f(x)=\infty$，

所以对于 $M=\dfrac{1}{\varepsilon},\exists X>0$，当 $|x|>X$ 时，有 $|f(x)|>M=\dfrac{1}{\varepsilon}$，

即有 $\left|\dfrac{1}{f(x)}\right|<\varepsilon$，

所以 $\lim\limits_{x\to\infty}\dfrac{1}{f(x)}=0$.

4. 极限计算

例 2－17 求 $\lim\limits_{x\to 1}\dfrac{x^2-1}{x^2+2x-3}$.

解：是“$\dfrac{0}{0}$”的待定型，$\lim\limits_{x\to 1}\dfrac{x^2-1}{x^2+2x-3}=\lim\limits_{x\to 1}\dfrac{(x+1)(x-1)}{(x+3)(x-1)}=\lim\limits_{x\to 1}\dfrac{x+1}{x+3}=\dfrac{1}{2}$.

例 2－18 求 $\lim\limits_{x\to\infty}\dfrac{2x^3+3x^2+5}{7x^3+4x^2-1}$.

解：是“$\dfrac{\infty}{\infty}$”的待定型，$\lim\limits_{x\to\infty}\dfrac{2x^3+3x^2+5}{7x^3+4x^2-1}=\lim\limits_{x\to\infty}\dfrac{2+\dfrac{3}{x}+\dfrac{5}{x^3}}{7+\dfrac{4}{x}-\dfrac{1}{x^3}}=\dfrac{2}{7}$.

例 2－19 求 $\lim\limits_{x\to\infty}\dfrac{x+2}{x^2-1}$.

解：是“$\dfrac{\infty}{\infty}$”的待定型，$\lim\limits_{x\to\infty}\dfrac{x+2}{x^2-1}=\lim\limits_{x\to\infty}\dfrac{\dfrac{x+2}{x^2}}{\dfrac{x^2-1}{x^2}}=\lim\limits_{x\to\infty}\dfrac{\dfrac{1}{x}+\dfrac{2}{x^2}}{1-\dfrac{1}{x^2}}=\dfrac{0+0}{1-0}=0$.

例 2－20　求 $\lim\limits_{x\to\infty}\dfrac{2x^2-x+1}{x-1}$.

解：是“$\dfrac{\infty}{\infty}$”的待定型，$\lim\limits_{x\to\infty}\dfrac{2x^2-x+1}{x-1}=\lim\limits_{x\to\infty}\dfrac{\dfrac{2x^2-x+1}{x}}{\dfrac{x-1}{x}}=\lim\limits_{x\to\infty}\dfrac{2x-1+\dfrac{1}{x}}{1-\dfrac{1}{x}}=\infty$.

重要结论：$\lim\limits_{x\to\infty}\dfrac{a_0x^n+a_1x^{n-1}+\cdots+a_{n-1}x+a_n}{b_0x^m+b_1x^{m-1}+\cdots+b_{m-1}x+b_m}=\begin{cases}0, & \text{当} n<m \text{时},\\ \dfrac{a_0}{b_0}, & \text{当} n=m \text{时},\\ \infty, & \text{当} n>m \text{时},\end{cases}$

其中 $a_0x^n+a_1x^{n-1}+\cdots+a_{n-1}x+a_n$ 和 $b_0x^m+b_1x^{m-1}+\cdots+b_{m-1}x+b_m$ 均为多项式，且 $a_0b_0\neq 0$.

因此上面 3 例可以直接得到结果，$\lim\limits_{x\to\infty}\dfrac{2x^3+3x^2+5}{7x^3+4x^2-1}=\dfrac{2}{7}$，$\lim\limits_{x\to\infty}\dfrac{x+2}{x^2-1}=0$，$\lim\limits_{x\to\infty}\dfrac{2x^2-x+1}{x-1}=\infty$.

例 2－21　求 $\lim\limits_{x\to\infty}\dfrac{(x+1)(2x+1)(3x+1)(4x+1)}{5x^4}$.

解：是“$\dfrac{\infty}{\infty}$”的待定型，分子最高次幂为 4，与分母最高次幂相同，分子 x^4 的系数为 24，因此，$\lim\limits_{x\to\infty}\dfrac{(x+1)(2x+1)(3x+1)(4x+1)}{5x^4}=\dfrac{24}{5}$.

例 2－22　求 $\lim\limits_{x\to+\infty}\dfrac{x^2\arctan x}{2x^2+x}$.

解：是“$\dfrac{\infty}{\infty}$”的待定型，$\lim\limits_{x\to+\infty}\dfrac{x^2\arctan x}{2x^2+x}=\lim\limits_{x\to+\infty}\dfrac{x^2}{2x^2+x}\cdot\lim\limits_{x\to+\infty}\arctan x=\dfrac{1}{2}\cdot\dfrac{\pi}{2}=\dfrac{\pi}{4}$.

例 2－23　求 $\lim\limits_{x\to+\infty}(\sqrt{x+2}-\sqrt{x})$.

解：是“$\infty-\infty$”的待定型，

$$\lim_{x\to+\infty}(\sqrt{x+2}-\sqrt{x})=\lim_{x\to+\infty}\frac{(\sqrt{x+2}-\sqrt{x})(\sqrt{x+2}+\sqrt{x})}{\sqrt{x+2}+\sqrt{x}}=\lim_{x\to+\infty}\frac{2}{\sqrt{x+2}+\sqrt{x}}=0.$$

例 2－24　求 $\lim\limits_{x\to 2}\left(\dfrac{1}{2-x}-\dfrac{1}{4-x^2}\right)$.

解：是“$\infty-\infty$”的待定型，$\lim\limits_{x\to 2}\left(\dfrac{1}{2-x}-\dfrac{4}{4-x^2}\right)=\lim\limits_{x\to 2}\dfrac{2+x-4}{4-x^2}=\lim\limits_{x\to 2}\dfrac{x-2}{(2+x)(2-x)}=-\dfrac{1}{4}$.

习题 2.3

1. 当 $x\to 0^+$ 时，下列函数哪些是无穷小量？哪些是无穷大量？

$\sqrt[3]{x^2}$ ， $x^{-\frac{3}{2}}$， $\dfrac{1}{\sin x}$ ， $\ln x$ ， $e^{-\frac{1}{x}}$， $\cos\left(\dfrac{\pi}{2}-x\right)$， $e^{\frac{1}{x^2}}$ ， $\ln(1-x)$ ， $\dfrac{1}{\tan x}$.

2. 当 $x \to +\infty$ 时，下列函数哪些是无穷小量？哪些是无穷大量？

$\sqrt[3]{x^2}$ ， $x^{-\frac{3}{2}}$， $\dfrac{1}{x}\sin x$ ， $\ln x$ ， $1-e^{-\frac{1}{x}}$， $\dfrac{\pi}{2}-\arctan x$ ， $e^{x-\frac{1}{x^2}}$， $\dfrac{1}{\ln(x-1)}$， $\dfrac{1}{\tan\frac{1}{x}}$.

3. 计算题

（1） $\lim\limits_{x\to\infty}\dfrac{\sin x}{x}$；

（2） $\lim\limits_{x\to 0}\dfrac{\sqrt{x+9}-3}{x}$；

（3） $\lim\limits_{x\to 4}\dfrac{2-\sqrt{x}}{3-\sqrt{2x+1}}$；

（4） $\lim\limits_{x\to 1}\left(\dfrac{1}{1-x}-\dfrac{2}{1-x^2}\right)$；

（5） $\lim\limits_{x\to\infty}(\sqrt{x^2+1}-\sqrt{x^2-1})$；

（6） $\lim\limits_{n\to\infty}\dfrac{3n^2}{5n^2+2n-1}$；

（7） $\lim\limits_{h\to 0}\dfrac{\sqrt{x+h}-\sqrt{x}}{h}$；

（8） $\lim\limits_{x\to 3}\dfrac{x^2-9}{x^2-2x-3}$；

（9） $\lim\limits_{x\to 4}\dfrac{x^2-6x+8}{x^2-5x+4}$；

（10） $\lim\limits_{x\to 0}\dfrac{\sqrt{1-x}-1}{x}$；

（11） $\lim\limits_{x\to\infty}\dfrac{x^2+x}{x^4-3x^2+1}$；

（12） $\lim\limits_{n\to\infty}\dfrac{1+2+3+\cdots\cdots+(n-1)}{n^2}$；

（13） $\lim\limits_{x\to+\infty}\dfrac{\sqrt{x+\sqrt{x+\sqrt{x}}}}{\sqrt{2x+1}}$；

（14） $\lim\limits_{n\to\infty}\dfrac{(-2)^n+3^n}{(-2)^{n+1}+3^{n+1}}$；

（15）已知 $f(x)=\begin{cases}\dfrac{x-1}{2(\sqrt{x}-1)}, & x>1,\\ \dfrac{\sqrt{2-x}-\sqrt{x}}{1-x}, & 0<x<1,\end{cases}$ 求 $\lim\limits_{x\to 1}f(x)$.

2.4　两个重要极限

1. $\lim\limits_{x\to 0}\frac{\sin x}{x}=1$

由于当 $x\to 0$ 时，$\sin x, x$ 都是无穷小量，是“$\frac{0}{0}$”的待定型，极限不确定，我们用夹逼准则来证明这个极限是 1.

当 $0<x<\frac{\pi}{2}$ 时，如图 2－41 所示作单位圆，有 $\sin x = BC, x = \angle AOB, \tan x = AD$，有面积关系：

$\triangle AOB$ 的面积＜扇形 AOB 的面积＜$\triangle AOD$ 的面积，

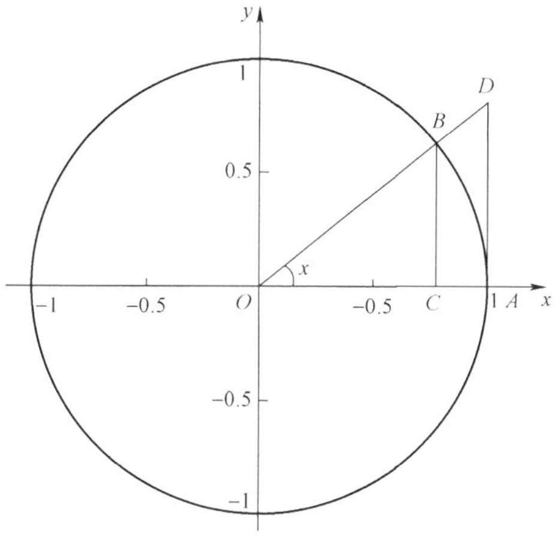

图 2－41

以三角函数表示这里的各个面积，得 $\frac{1}{2}\sin x<\frac{1}{2}x<\frac{1}{2}\tan x$，

即 $\sin x<x<\tan x$，

有 $1<\frac{x}{\sin x}<\frac{\tan x}{\sin x}$，

即 $\cos x<\frac{\sin x}{x}<1$.

由于 $\frac{\sin x}{x},\cos x,1$ 为偶函数，所以当 $-\frac{\pi}{2}<x<\frac{\pi}{2}$ 时，$\cos x<\frac{\sin x}{x}<1$ 成立，

因为 $\lim\limits_{x\to 0}\cos x=1$，$\lim\limits_{x\to 0}1=1$，由夹逼准则有 $\lim\limits_{x\to 0}\frac{\sin x}{x}=1$.

一般形式 $\lim\limits_{\varphi(x)\to 0}\frac{\sin[\varphi(x)]}{\varphi(x)}=1$.

例 2－25 求 $\lim\limits_{x\to 0}\dfrac{\sin 3x}{x}$.

解：是“$\dfrac{0}{0}$”待定型，$\lim\limits_{x\to 0}\dfrac{\sin 3x}{x}=\lim\limits_{3x\to 0}\dfrac{3\sin 3x}{3x}=3\lim\limits_{3x\to 0}\dfrac{\sin 3x}{3x}=3$.

例 2－26 求 $\lim\limits_{x\to 0}\dfrac{\sin^2 3x}{x^2}$.

解：是“$\dfrac{0}{0}$”待定型，$\lim\limits_{x\to 0}\dfrac{\sin^2 3x}{x^2}=\lim\limits_{3x\to 0}\dfrac{9\sin^2 3x}{(3x)^2}=9\lim\limits_{3x\to 0}\left(\dfrac{\sin 3x}{3x}\right)^2=9\left(\lim\limits_{3x\to 0}\dfrac{\sin 3x}{3x}\right)^2=9$.

例 2－27 求 $\lim\limits_{x\to 0}\dfrac{\tan 3x}{x}$.

解：是“$\dfrac{0}{0}$”待定型，$\lim\limits_{x\to 0}\dfrac{\tan 3x}{x}=\lim\limits_{x\to 0}\dfrac{\sin 3x}{x\cos 3x}=3\cdot\lim\limits_{x\to 0}\dfrac{\sin 3x}{3x}\cdot\lim\limits_{x\to 0}\dfrac{1}{\cos 3x}=3$.

例 2－28 求 $\lim\limits_{x\to 0}\dfrac{\sin 3x}{\tan x}$.

解：是“$\dfrac{0}{0}$”待定型，$\lim\limits_{x\to 0}\dfrac{\sin 3x}{\tan x}=\lim\limits_{x\to 0}\left[\dfrac{3\sin 3x}{3x}\cdot\dfrac{x}{\tan x}\right]=3$.

例 2－29 求 $\lim\limits_{x\to 0}\dfrac{x+\sin 3x}{x+2\sin x}$.

解：是“$\dfrac{0}{0}$”待定型，$\lim\limits_{x\to 0}\dfrac{x+\sin 3x}{x+2\sin x}=\lim\limits_{x\to 0}\dfrac{1+\dfrac{\sin 3x}{x}}{1+\dfrac{2\sin x}{x}}=\lim\limits_{x\to 0}\dfrac{1+\dfrac{3\sin 3x}{3x}}{1+\dfrac{2\sin x}{x}}=\dfrac{4}{3}$.

例 2－30 求 $\lim\limits_{x\to 0}\dfrac{\sin mx}{\sin nx}$.

解：是“$\dfrac{0}{0}$”待定型，$\lim\limits_{x\to 0}\dfrac{\sin mx}{\sin nx}=\lim\limits_{x\to 0}\dfrac{\dfrac{\sin mx}{x}}{\dfrac{\sin nx}{x}}=\lim\limits_{x\to 0}\dfrac{\dfrac{m\sin mx}{mx}}{\dfrac{n\sin nx}{nx}}=\dfrac{m}{n}$.

例 2－31 求 $\lim\limits_{x\to 0}\dfrac{\sin(x+a)-\sin a}{x}$.

解：是“$\dfrac{0}{0}$”待定型，

$$\lim_{x\to 0}\frac{\sin(x+a)-\sin a}{x}=\lim_{x\to 0}\frac{2\cos\dfrac{x+2a}{2}\sin\dfrac{x}{2}}{x}=2\cdot\lim_{x\to 0}\cos\frac{x+2a}{2}\cdot\lim_{x\to 0}\frac{\sin\dfrac{x}{2}}{2\cdot\dfrac{x}{2}}=\cos a.$$

例 2－32 求 $\lim\limits_{x\to 0}\dfrac{1-\cos x}{x^2}$.

解：是“$\frac{0}{0}$”待定型，$\lim\limits_{x\to 0}\frac{1-\cos x}{x^2}=\lim\limits_{x\to 0}\frac{2\sin^2\frac{x}{2}}{x^2}=\lim\limits_{x\to 0}\frac{2\sin^2\frac{x}{2}}{4\cdot\left(\frac{x}{2}\right)^2}=\frac{1}{2}$.

例 2－33　求 $\lim\limits_{x\to 0}\frac{x^2}{\sqrt{1+x\sin x}-\sqrt{\cos x}}$.

解：是“$\frac{0}{0}$”待定型，

$$\lim_{x\to 0}\frac{x^2}{\sqrt{1+x\sin x}-\sqrt{\cos x}}=\lim_{x\to 0}\frac{x^2(\sqrt{1+x\sin x}+\sqrt{\cos x})}{1+x\sin x-\cos x}=2\lim_{x\to 0}\frac{x^2}{1+x\sin x-\cos x}$$

$$=2\lim_{x\to 0}\frac{1}{\frac{x\sin x}{x^2}+\frac{1-\cos x}{x^2}}=2\lim_{x\to 0}\frac{1}{\frac{\sin x}{x}+\frac{2\sin^2\frac{x}{2}}{4\left(\frac{x}{2}\right)^2}}=\frac{4}{3}.$$

例 2－34　求 $\lim\limits_{x\to 1}\frac{\sin(x^2-1)}{x-1}$.

解：是“$\frac{0}{0}$”待定型，$\lim\limits_{x\to 1}\frac{\sin(x^2-1)}{x-1}=\lim\limits_{x\to 1}\frac{(x+1)\sin(x^2-1)}{(x+1)(x-1)}=\lim\limits_{x\to 1}(x+1)\lim\limits_{x\to 1}\frac{\sin(x^2-1)}{(x^2-1)}=2$.

例 2－35　求 $\lim\limits_{x\to 1}(1-x)\tan\frac{\pi}{2}x$.

解：是“$0\cdot\infty$”待定型，

$$\lim_{x\to 1}(1-x)\tan\frac{\pi}{2}x=\lim_{x\to 1}(1-x)\cot\left(\frac{\pi}{2}-\frac{\pi}{2}x\right)=\lim_{x\to 1}(1-x)\frac{\cos\left(\frac{\pi}{2}-\frac{\pi}{2}x\right)}{\sin\left(\frac{\pi}{2}-\frac{\pi}{2}x\right)}$$

$$=\lim_{x\to 1}\cos\left(\frac{\pi}{2}-\frac{\pi}{2}x\right)\cdot\lim_{x\to 1}\frac{\frac{2}{\pi}\cdot\left(\frac{\pi}{2}-\frac{\pi}{2}x\right)}{\sin\left(\frac{\pi}{2}-\frac{\pi}{2}x\right)}=\frac{2}{\pi}.$$

2. $\lim\limits_{x\to\infty}\left(1+\frac{1}{x}\right)^x=\mathrm{e}$

这是“1^∞”待定型.

（1）先证：$\lim\limits_{n\to\infty}\left(1+\frac{1}{n}\right)^n$ 存在，并记为 e.

由二项式展开，

有 $x_n=\left(1+\frac{1}{n}\right)^n$

$$=1+\frac{n}{1!}\cdot\frac{1}{n}+\frac{n(n-1)}{2!}\left(\frac{1}{n}\right)^2+\cdots+\frac{n(n-1)(n-2)\cdots2\cdot1}{n!}\left(\frac{1}{n}\right)^n$$

$$=1+1+\frac{1}{2!}\left(1-\frac{1}{n}\right)+\frac{1}{3!}\left(1-\frac{1}{n}\right)\left(1-\frac{2}{n}\right)+\cdots+\frac{1}{n!}\left(1-\frac{1}{n}\right)\left(1-\frac{2}{n}\right)\cdots\left(1-\frac{n-1}{n}\right)$$

$$<1+1+\frac{1}{2!}+\frac{1}{3!}+\cdots+\frac{1}{n!}<1+1+\frac{1}{2}+\frac{1}{2^2}+\cdots+\frac{1}{2^{n-1}}$$

$$=1+\frac{1-\left(\frac{1}{2}\right)^n}{1-\frac{1}{2}}=1+2-\frac{1}{2^{n-1}}<3,$$

所以数列$\left\{\left(1+\frac{1}{n}\right)^n\right\}$有界，

又 $x_{n+1}=\left(1+\frac{1}{n+1}\right)^{n+1}=1+1+\frac{1}{2!}\left(1-\frac{1}{n+1}\right)+\frac{1}{3!}\left(1-\frac{1}{n+1}\right)\left(1-\frac{2}{n+1}\right)+\cdots$

$$+\frac{1}{n!}\left(1-\frac{1}{n+1}\right)\left(1-\frac{2}{n+1}\right)\cdots\left(1-\frac{n-1}{n+1}\right)$$

$$+\frac{1}{(n+1)!}\left(1-\frac{1}{n+1}\right)\left(1-\frac{2}{n+1}\right)\cdots\left(1-\frac{n-1}{n+1}\right)\left(1-\frac{n}{n+1}\right).$$

把该展式与$\left(1+\frac{1}{n}\right)^n$的展式逐项比较，

易知$\left(1+\frac{1}{n+1}\right)^{n+1}>\left(1+\frac{1}{n}\right)^n$，即 $x_{n+1}>x_n$，

即数列$\left\{\left(1+\frac{1}{n}\right)^n\right\}$是单调递增的，由单调有界数列必有极限，得数列$\left\{\left(1+\frac{1}{n}\right)^n\right\}$极限存在. 通常用拉丁字母 e 代表该数列的极限，记作$\lim\limits_{n\to\infty}\left(1+\frac{1}{n}\right)^n=\mathrm{e}$.

e 是一个无理数，其前十位数字是 e≈2.718 281 828. 以 e 为底的对数称为自然对数，通常记作 $P_n x=P_{oge}x$.

（2）再用夹逼准则证明：$\lim\limits_{x\to+\infty}\left(1+\frac{1}{x}\right)^x=\mathrm{e}$.

设 $n\leqslant x<n+1$，

则有$\frac{1}{n}\geqslant\frac{1}{x}>\frac{1}{n+1}$，

有$1+\frac{1}{n}\geqslant1+\frac{1}{x}>1+\frac{1}{n+1}$，

即有 $\left(1+\frac{1}{n}\right)^{n+1}\geqslant\left(1+\frac{1}{x}\right)^x>\left(1+\frac{1}{n+1}\right)^n$，

当 $x\to+\infty$ 有 $n\to\infty$，

$$\lim_{n\to\infty}\left(1+\frac{1}{n}\right)^{n+1}=\lim_{n\to\infty}\left[\left(1+\frac{1}{n}\right)^{n}\cdot\left(1+\frac{1}{n}\right)\right]=\lim_{n\to\infty}\left(1+\frac{1}{n}\right)^{n}\cdot\lim_{n\to\infty}\left(1+\frac{1}{n}\right)=\mathrm{e}\cdot 1=\mathrm{e}\,;$$

$$\lim_{n\to\infty}\left(1+\frac{1}{n+1}\right)^{n}=\lim_{n\to\infty}\frac{\left(1+\frac{1}{n+1}\right)^{n+1}}{\left(1+\frac{1}{n+1}\right)}=\frac{\lim\limits_{n\to\infty}\left(1+\frac{1}{n+1}\right)^{n+1}}{\lim\limits_{n\to\infty}\left(1+\frac{1}{n+1}\right)}=\frac{\mathrm{e}}{1}=\mathrm{e}\,.$$

所以 $\lim\limits_{x\to+\infty}\left(1+\frac{1}{x}\right)^{x}=\mathrm{e}$.

（3）再证：$\lim\limits_{x\to-\infty}\left(1+\frac{1}{x}\right)^{x}=\mathrm{e}$.

令 $x=-(1+t)$，当 $x\to-\infty$ 时 $t\to+\infty$，

$$\begin{aligned}\lim_{x\to-\infty}\left(1+\frac{1}{x}\right)^{x}&=\lim_{t\to+\infty}\left(1-\frac{1}{1+t}\right)^{-(1+t)}=\lim_{t\to+\infty}\left(\frac{t}{1+t}\right)^{-(1+t)}\\&=\lim_{t\to+\infty}\left(\frac{1+t}{t}\right)^{1+t}=\lim_{t\to+\infty}\left(1+\frac{1}{t}\right)^{t}\cdot\left(1+\frac{1}{t}\right)=\mathrm{e}\cdot 1=\mathrm{e},\end{aligned}$$

所以 $\lim\limits_{x\to\infty}\left(1+\frac{1}{x}\right)^{x}=\mathrm{e}$.

另一种形式 $\lim\limits_{x\to 0}(1+x)^{\frac{1}{x}}=\mathrm{e}$.

一般形式 $\lim\limits_{\varphi(x)\to 0}(1+\varphi(x))^{\frac{1}{\varphi(x)}}=\mathrm{e}$.

例 2－36 求 $\lim\limits_{x\to 0}(1+2x)^{\frac{1}{x}}$.

解：是“1^{∞}”待定型，

$$\lim_{x\to 0}(1+2x)^{\frac{1}{x}}=\lim_{x\to 0}(1+2x)^{\frac{1}{2x}\cdot 2}=\lim_{x\to 0}\left[(1+2x)^{\frac{1}{2x}}\right]^{2}=\left[\lim_{x\to 0}(1+2x)^{\frac{1}{2x}}\right]^{2}=\mathrm{e}^{2}\,.$$

例 2－37 求 $\lim\limits_{x\to\infty}\left(1-\frac{1}{x}\right)^{x}$.

解：是“1^{∞}”待定型，$\lim\limits_{x\to\infty}\left(1-\frac{1}{x}\right)^{x}=\lim\limits_{x\to\infty}\left(1+\frac{1}{-x}\right)^{x}=\lim\limits_{x\to\infty}\left[\left(1+\frac{1}{-x}\right)^{-x}\right]^{-1}=\mathrm{e}^{-1}$.

例 2－38 求 $\lim\limits_{t\to\infty}\left(\frac{t}{t+1}\right)^{t}$.

解：是“1^{∞}”待定型，$\lim\limits_{t\to\infty}\left(\frac{t}{t+1}\right)^{t}=\lim\limits_{t\to\infty}\left(\frac{1}{\frac{t+1}{t}}\right)^{t}=\lim\limits_{t\to\infty}\frac{1}{\left(1+\frac{1}{t}\right)^{t}}=\frac{1}{\mathrm{e}}$.

例 2－39 求 $\lim\limits_{t\to\infty}\left(\frac{t^{2}+1}{t^{2}}\right)^{t^{2}+1}$.

解：是“1^∞”待定型，$\lim\limits_{t\to\infty}\left(\dfrac{t^2+1}{t^2}\right)^{t^2+1}=\lim\limits_{t\to\infty}\left[\left(1+\dfrac{1}{t^2}\right)^{t^2}\cdot\left(1+\dfrac{1}{t^2}\right)\right]=\lim\limits_{t\to\infty}\left(1+\dfrac{1}{t^2}\right)^{t^2}\cdot\lim\limits_{t\to\infty}\left(1+\dfrac{1}{t^2}\right)=\mathrm{e}$.

例 2－40 求 $\lim\limits_{x\to0}\left(\dfrac{1}{x+1}\right)^{\frac{1}{3x}}$.

解：是“1^∞”待定型，$\lim\limits_{x\to0}\left(\dfrac{1}{x+1}\right)^{\frac{1}{3x}}=\lim\limits_{x\to0}(1+x)^{-\frac{1}{3x}}=\lim\limits_{x\to0}(1+x)^{\frac{1}{x}\left(-\frac{1}{3}\right)}=\lim\limits_{x\to0}\left[(1+x)^{\frac{1}{x}}\right]^{-\frac{1}{3}}=\mathrm{e}^{-\frac{1}{3}}$.

例 2－41 求 $\lim\limits_{t\to\infty}\left(\dfrac{t+1}{t-1}\right)^t$.

解：是“1^∞”待定型，

$$\lim_{t\to\infty}\left(\frac{t+1}{t-1}\right)^t=\lim_{t\to\infty}\left(\frac{t-1+2}{t-1}\right)^t=\lim_{t\to\infty}\left(1+\frac{2}{t-1}\right)^{\frac{t-1}{2}\cdot\frac{2}{t-2}t}=\lim_{t\to\infty}\left[\left(1+\frac{2}{t-1}\right)^{\frac{t-1}{2}}\right]^{\frac{2t}{t-2}}=\mathrm{e}^2.$$

一般地，对于形如 $f(x)^{g(x)}$（$f(x)>0, f(x)\neq1$）的幂指函数，
如果 $\lim f(x)=a>0, \lim g(x)=b$，则 $\lim f(x)^{g(x)}=a^b$.

注意：这里三个 lim 都表示变量在同一变化过程中的极限.

例 2－42 求 $\lim\limits_{t\to\infty}\left(\dfrac{2t+3}{2t-1}\right)^{t+1}$.

解：是“1^∞”待定型，$\lim\limits_{t\to\infty}\left(\dfrac{2t+3}{2t-1}\right)^{t+1}=\lim\limits_{t\to\infty}\left(\dfrac{2t-1+4}{2t-1}\right)^{t+1}=\lim\limits_{t\to\infty}\left(1+\dfrac{4}{2t-1}\right)^{\frac{2t-1}{4}\cdot\frac{4(t+1)}{2t-1}}$

$$=\lim_{t\to\infty}\left[\left(1+\frac{4}{2t-1}\right)^{\frac{2t-1}{4}}\right]^{\frac{4(t+1)}{2t-1}}=\mathrm{e}^2.$$

例 2－43 求 $\lim\limits_{x\to0}\dfrac{\ln(1+x)}{x}$.

解：是“$\dfrac{0}{0}$”待定型，$\lim\limits_{x\to0}\dfrac{\ln(1+x)}{x}=\lim\limits_{x\to0}\ln(1+x)^{\frac{1}{x}}=\ln\mathrm{e}=1$.

例 2－44 求 $\lim\limits_{x\to+\infty}x[\ln(x-2)-\ln x]$.

解：是“$0\cdot\infty$”待定型，$\lim\limits_{x\to+\infty}x[\ln(x-2)-\ln x]=\lim\limits_{x\to+\infty}x\left(\ln\dfrac{x-2}{x}\right)=\lim\limits_{x\to+\infty}\left[\ln\left(\dfrac{x-2}{x}\right)^x\right]$

$$=\lim_{x\to+\infty}\left[\ln\left(1+\frac{-2}{x}\right)^{\frac{x}{-2}}\right]^{-2}=\ln\mathrm{e}^{-2}=-2.$$

例 2－45 求 $\lim\limits_{x\to0}(1+\tan x)^{\frac{4}{\sin2x}}$.

解：是“1^∞”待定型，

$$\lim_{x\to0}(1+\tan x)^{\frac{4}{\sin2x}}=\lim_{x\to0}(1+\tan x)^{\frac{1}{\tan x}\frac{4\tan x}{\sin2x}}=\lim_{x\to0}[(1+\tan x)^{\frac{1}{\tan x}}]^{\frac{4\sin x}{\cos x\cdot2\sin x\cos x}}=\mathrm{e}^2.$$

例 2－46　求 $\lim\limits_{x\to 0}\dfrac{a^x-1}{x}$.

解：是“$\dfrac{0}{0}$”待定型，

$$\lim_{x\to 0}\frac{a^x-1}{x}\xlongequal{令a^x-1=t}\lim_{t\to 0}\frac{t}{\log_a(1+t)}=\lim_{t\to 0}\frac{1}{\frac{1}{t}\log_a(1+t)}=\lim_{t\to 0}\frac{1}{\log_a(1+t)^{\frac{1}{t}}}=\frac{1}{\log_a \mathrm{e}}=\ln a.$$

特别地，$\lim\limits_{x\to 0}\dfrac{\mathrm{e}^x-1}{x}=1$.

几个常用的等价无穷小：

（1）$\lim\limits_{x\to 0}\dfrac{\sin x}{x}=1$，当 $x\to 0$ 时，$\sin x\sim x$.

（2）$\lim\limits_{x\to 0}\dfrac{\tan x}{x}=1$，当 $x\to 0$ 时，$\tan x\sim x$.

（3）$\lim\limits_{x\to 0}\dfrac{\arcsin x}{x}=1$，当 $x\to 0$ 时，$\arcsin x\sim x$.

（4）$\lim\limits_{x\to 0}\dfrac{\ln(1+x)}{x}=1$，当 $x\to 0$ 时，$\ln(1+x)\sim x$.

（5）$\lim\limits_{x\to 0}\dfrac{\mathrm{e}^x-1}{x}=1$，当 $x\to 0$ 时，$\mathrm{e}^x-1\sim x$.

（6）$\lim\limits_{x\to 0}\dfrac{1-\cos x}{\frac{1}{2}x^2}=1$，当 $x\to 0$ 时，$1-\cos x\sim \dfrac{1}{2}x^2$.

（7）$\lim\limits_{x\to 0}\dfrac{(1+x)^m-1}{x}=\lim\limits_{x\to 0}\dfrac{(1+x)^m-1}{\ln(1+x)^m}\cdot\dfrac{m\ln(1+x)}{x}$

$$\xlongequal{令(1+x)^m-1=y} m\lim_{y\to 0}\frac{y}{\ln(1+y)}=m.$$

所以，当 $x\to 0$ 时，$(1+x)^m-1\sim mx$.

定理 2－12（等价无穷小替换）

设 $\alpha\sim\alpha',\beta\sim\beta'$，且 $\lim\dfrac{\beta'}{\alpha'}$ 存在，则 $\lim\dfrac{\beta}{\alpha}=\lim\dfrac{\beta'}{\alpha'}$.

分析：$\lim\dfrac{\beta}{\alpha}=\lim\dfrac{\alpha'}{\alpha}\cdot\dfrac{\beta'}{\alpha'}\cdot\dfrac{\beta}{\beta'}=\lim\dfrac{\beta'}{\alpha'}$.

例 2－47　求 $\lim\limits_{x\to 0}\dfrac{\sin 2x}{\ln(1+x)}$.

解：是“$\dfrac{0}{0}$”待定型，$\lim\limits_{x\to 0}\dfrac{\sin 2x}{\ln(1+x)}=\lim\limits_{x\to 0}\dfrac{2x}{x}=2$.

例 2－48　求 $\lim\limits_{x\to\infty}x(\mathrm{e}^{\frac{1}{x}}-1)$.

解：是“$0\cdot\infty$”待定型，$\lim\limits_{x\to\infty}x\left(e^{\frac{1}{x}}-1\right)=\lim\limits_{x\to\infty}\dfrac{e^{\frac{1}{x}}-1}{\frac{1}{x}}=\lim\limits_{x\to\infty}\dfrac{\frac{1}{x}}{\frac{1}{x}}=1$.

例 2－49 求 $\lim\limits_{x\to0}\dfrac{1-\cos x}{x(\sqrt{1+x}-1)}$.

解：是“$\dfrac{0}{0}$”待定型，$\lim\limits_{x\to0}\dfrac{1-\cos x}{x(\sqrt{1+x}-1)}=\lim\limits_{x\to0}\dfrac{\frac{1}{2}x^2}{x\cdot\frac{x}{2}}=1$.

例 2－50 求 $\lim\limits_{x\to0^+}\dfrac{e^{x^3}-1}{1-\cos\sqrt{x(1-\cos x)}}$.

解：是“$\dfrac{0}{0}$”待定型，$\lim\limits_{x\to0^+}\dfrac{e^{x^3}-1}{1-\cos\sqrt{x(1-\cos x)}}=\lim\limits_{x\to0^+}\dfrac{x^3}{\frac{1}{2}x(1-\cos x)}=\lim\limits_{x\to0^+}\dfrac{x^2}{\frac{1}{2}\cdot\frac{1}{2}x^2}=4$.

例 2－51 求 $\lim\limits_{x\to0}\dfrac{\tan x-\sin x}{x^3}$.

解：是“$\dfrac{0}{0}$”待定型，$\lim\limits_{x\to0}\dfrac{\tan x-\sin x}{x^3}=\lim\limits_{x\to0}\dfrac{\tan x(1-\cos x)}{x^3}=\lim\limits_{x\to0}\dfrac{x\cdot\frac{1}{2}x^2}{x^3}=\dfrac{1}{2}$.

例 2－52 求 $\lim\limits_{x\to\infty}\left[(x+2)e^{\frac{1}{x}}-x\right]$.

解：是“$\infty-\infty$”待定型，

$$\lim_{x\to\infty}\left[(x+2)e^{\frac{1}{x}}-x\right]=\lim_{x\to\infty}\left[x\left(e^{\frac{1}{x}}-1\right)+2e^{\frac{1}{x}}\right]=\lim_{x\to\infty}\left(x\cdot\frac{1}{x}+2\right)=3.$$

例 2－53 求 $\lim\limits_{x\to0}\dfrac{\sqrt{1+x+x^2}-1}{\sin 2x}$.

解：是“$\dfrac{0}{0}$”待定型，$\lim\limits_{x\to0}\dfrac{\sqrt{1+x+x^2}-1}{\sin 2x}=\lim\limits_{x\to0}\dfrac{\frac{1}{2}(x+x^2)}{2x}=\dfrac{1}{4}$.

例 2－54 求 $\lim\limits_{x\to0}\dfrac{\ln(1+xe^x)}{\ln(x+\sqrt{1+x^2})}$.

解：是“$\dfrac{0}{0}$”待定型，

$$\lim_{x\to0}\frac{\ln(1+xe^x)}{\ln(x+\sqrt{1+x^2})}=\lim_{x\to0}\frac{xe^x}{\ln(1+x+\sqrt{1+x^2}-1)}=\lim_{x\to0}\frac{xe^x}{x+\sqrt{1+x^2}-1}$$

$$=\lim_{x\to0}\frac{xe^x(\sqrt{1+x^2}-x+1)}{(\sqrt{1+x^2}+x-1)(\sqrt{1+x^2}-x+1)}=\lim_{x\to0}\frac{x(\sqrt{1+x^2}-x+1)}{2x}=1.$$

例 2－55 已知 $\lim\limits_{x\to1}\dfrac{x^2+ax+b}{1-x}=5$，求 a,b 的值.

解：$\lim\limits_{x\to1}\dfrac{x^2+ax+b}{1-x}=-\lim\limits_{x\to1}\dfrac{x^2+ax+b}{x-1}=5$，

$$\lim_{x\to1}\frac{x^2+ax+b}{x-1}=\lim_{x\to1}\frac{(x-1)(x-6)}{x-1}=-5,$$

$$x^2-7x+6=x^2+ax+b,$$

$$a=-7,b=6.$$

例 2－56　已知 $\lim\limits_{x\to\infty}(x-\sqrt{ax^2+bx+1})=1$，求 a,b 的值.

解：$\lim\limits_{x\to\infty}(x-\sqrt{ax^2+bx+1})=\lim\limits_{x\to\infty}\dfrac{x^2-(ax^2+bx+1)}{x+\sqrt{ax^2+bx+1}}=1$，

$$1-a=0,1+\sqrt{a}=-b,$$

即 $a=1,b=-2$.

习 题 2.4

1. 计算下列极限：

（1）$\lim\limits_{x\to0}\dfrac{\sqrt{1-x}-1}{\sin4x}$；

（2）$\lim\limits_{x\to0}\left(1-\dfrac{x}{4}\right)^{\frac{1}{x}}$；

（3）$\lim\limits_{x\to\infty}\left(1-\dfrac{1}{2x}\right)^{x-2}$；

（4）$\lim\limits_{x\to0}\dfrac{e^x-1}{x^2-x}$；

（5）$\lim\limits_{x\to\infty}\left(\dfrac{x}{x+1}\right)^{x}$；

（6）$\lim\limits_{x\to1}\dfrac{x^2-1}{\ln x}$.

2. 如果 $\lim\limits_{x\to2}\dfrac{f(x)}{x^2-x-2}=1$，证明 $\lim\limits_{x\to2}f(x)=0$.

2.5　函数连续性

1. 函数在某一点连续

函数 $f(x)$ 在 $x=x_0$ 处极限存在，即 $\lim\limits_{x\to x_0}f(x)=a$

$\Leftrightarrow\forall\varepsilon>0,\exists\delta>0$，当 $0<|x-x_0|<\delta$ 时，有 $|f(x)-a|<\varepsilon$.

函数在 x_0 点是否有极限与函数在这一点是否有定义无关，$\lim\limits_{x\to x_0} f(x)=a$ 说明 x_0 点附近的函数值越来越逼近 a，如果 $f(x_0)$ 存在，而且恰好等于 a，这时函数曲线在 x_0 点就连上了，如图 2－42 所示. 我们给出连续定义.

定义 2－4 若函数 $f(x)$ 满足

（1）在 $x=x_0$ 点及其附近有定义，

（2）$\lim\limits_{x\to x_0} f(x)$ 存在，

（3）$\lim\limits_{x\to x_0} f(x)=f(x_0)$，

则称函数 $f(x)$ 在 $x=x_0$ 处连续.

连续的核心是在 x_0 点极限存在且等于 x_0 点的函数值，即 $\lim\limits_{x\to x_0} f(x)=f(x_0)$. 根据极限定义就有了连续的充要条件：

$\lim\limits_{x\to x_0} f(x)=f(x_0) \Leftrightarrow \forall\varepsilon>0,\exists\delta>0,$ 当 $|x-x_0|<\delta$ 时，有 $|f(x)-f(x_0)|<\varepsilon$.

等价形式：$\lim\limits_{x\to x_0} f(x)=f(x_0) \Leftrightarrow \lim\limits_{x\to x_0}[f(x)-f(x_0)]=0$.

$x\to x_0$ 可用 $x-x_0\to 0$ 表示，引进记号 $\Delta x=x-x_0$（自变量的改变量），则 $x=x_0+\Delta x$，记 $\Delta y=f(x)-f(x_0)=f(x_0+\Delta x)-f(x_0)$（函数改变量），

$\lim\limits_{x\to x_0} f(x)=f(x_0) \Leftrightarrow \lim\limits_{\Delta x\to 0}[f(x_0+\Delta x)-f(x_0)]=0$.

即 $\lim\limits_{x\to x_0} f(x)=f(x_0) \Leftrightarrow \lim\limits_{\Delta x\to 0}\Delta y=0$.

函数 $f(x)$ 在 $x=x_0$ 处连续反映了自变量在 x_0 点处很小的改变，函数的改变也很小，如图 2－43 所示.

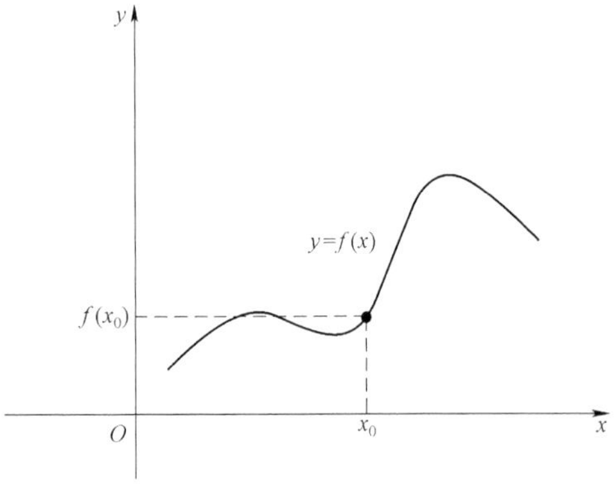

图 2－42

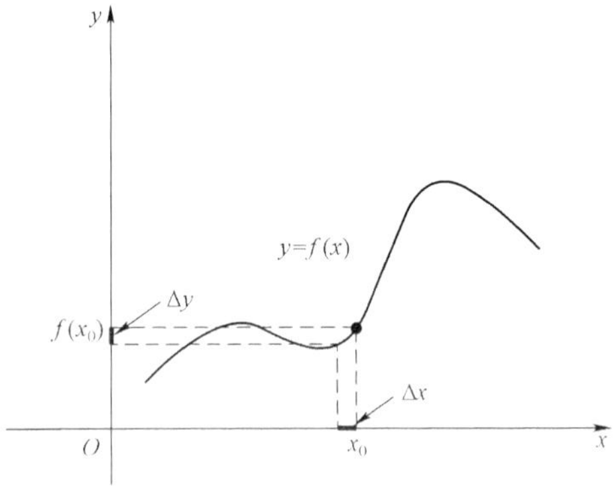

图 2－43

2. 左连续与右连续

如果函数在 x_0 点的左极限存在且等于这点的函数值，即 $f(x_0-0)=\lim\limits_{x\to x_0^-} f(x)=f(x_0)$，称 $f(x)$ 在 x_0 点左连续；如果函数在 x_0 点的右极限存在且等于这点的函数值，即 $f(x_0+0)=\lim\limits_{x\to x_0^+} f(x)=f(x_0)$，称 $f(x)$ 在 x_0 点右连续. 当且仅当函数在 x_0 点左连续且右连续时，函数在 x_0 点连续.

例如函数 $f(x)=\begin{cases}x^2, & 0\leqslant x\leqslant 1,\\ 3-x, & 1<x\leqslant 2,\end{cases}$

$\lim\limits_{x\to 1^-}f(x)=\lim\limits_{x\to 1^-}x^2=1=f(1)$，$f(x)$ 在 $x=1$ 点左连续，

$\lim\limits_{x\to 1^+}f(x)=\lim\limits_{x\to 1^+}(3-x)=2\neq f(1)$，$f(x)$ 在 $x=1$ 点不是右连续，$f(x)$ 在 $x=1$ 点不连续，如图 2－44 所示.

又如函数 $f(x)=\begin{cases}x^2, & 0\leqslant x\leqslant 1,\\ 2-x, & 1<x\leqslant 2,\end{cases}$

$\lim\limits_{x\to 1^-}f(x)=\lim\limits_{x\to 1^-}x^2=1=f(1)$，$f(x)$ 在 $x=1$ 点左连续，

$\lim\limits_{x\to 1^+}f(x)=\lim\limits_{x\to 1^+}(2-x)=1=f(1)$，$f(x)$ 在 $x=1$ 点右连续，$f(x)$ 在 $x=1$ 点连续，如图 2－45 所示.

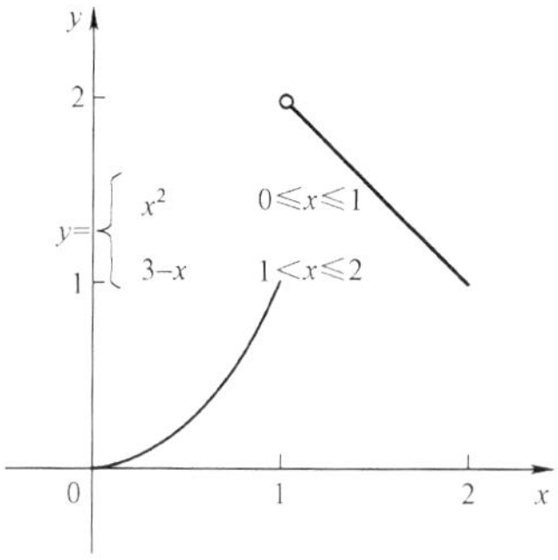

图 2－44

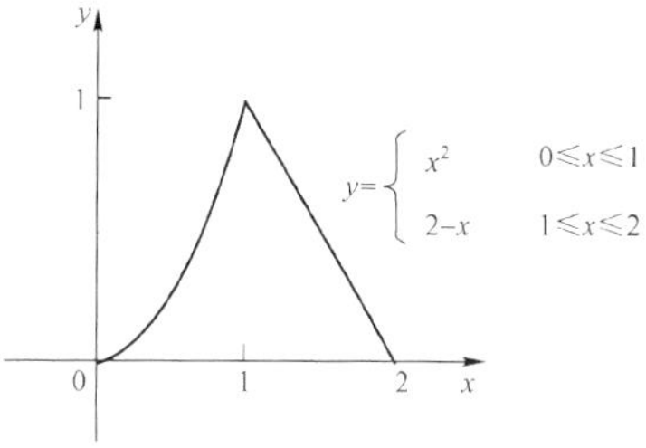

图 2－45

3. 间断点的类型

根据连续定义，$f(x_0)$ 不存在，或者 $\lim\limits_{x\to x_0}f(x)$ 不存在，或者 $\lim\limits_{x\to x_0}f(x)\neq f(x_0)$，会引起函数在 $x=x_0$ 点不连续，即函数在 x_0 点间断。将间断点的类型进行如下划分.

第一类间断点：$f(x_0+0),f(x_0-0)$ 均存在.

（1）当 $f(x_0+0)=f(x_0-0)$，即 $\lim\limits_{x\to x_0}f(x)$ 存在，称为第一类可去间断点.

可能由于 $f(x)$ 在 $x=x_0$ 处无定义，例如函数 $f(x)=\dfrac{x^2-1}{x-1}$，在 $x=1$ 处无定义，而 $\lim\limits_{x\to 1}\dfrac{x^2-1}{x-1}=\lim\limits_{x\to 1}(x+1)=2$，$x=1$ 是第一类可去间断点.

也可能由于 $\lim\limits_{x\to x_0}f(x)\neq f(x_0)$，

例如，$f(x)=\begin{cases}\dfrac{\sin x}{x}, & x\neq 0,\\ 0, & x=0,\end{cases}$ $f(0)=0$，而 $\lim\limits_{x\to 0}f(x)=\lim\limits_{x\to 0}\dfrac{\sin x}{x}=1\neq f(0)$，$x=0$ 是第一类可去间断点. 可去间断点可以通过补充定义或重新定义，使得函数在该点处连续. 如图 2－46 所示. 可以改变定义 $f(0)=1$，使 $f(x)=\begin{cases}\dfrac{\sin x}{x}, & x\neq 0,\\ 1, & x=0,\end{cases}$ 则函数在 $x=0$ 点连续.

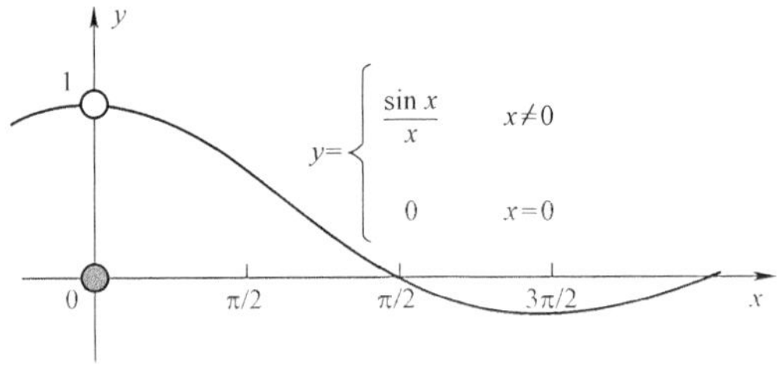

图 2－46

又如函数 $f(x)=x\sin\frac{1}{x}$，在 $x=0$ 点无定义，而 $\lim\limits_{x\to0}f(x)=\lim\limits_{x\to0}x\sin\frac{1}{x}=0$， $x=0$ 是第一类可去间断点，如图 2－47 所示.

可以补充定义 $f(0)=0$，使 $f(x)=\begin{cases}x\sin\frac{1}{x}, & x\neq0,\\ 0, & x=0,\end{cases}$ 则函数在 $x=0$ 点连续. 如图 2－48 所示.

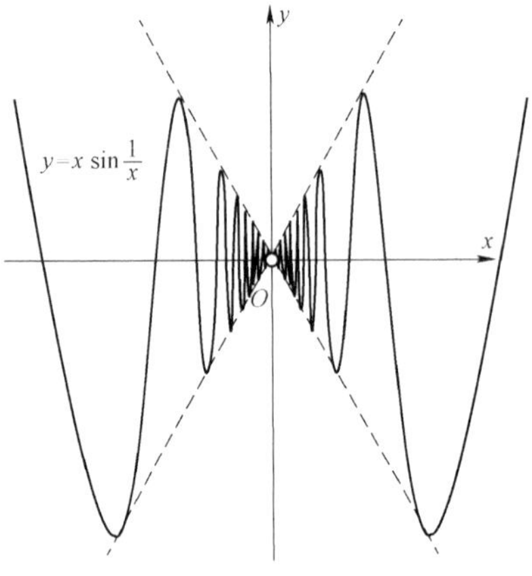

图 2－47

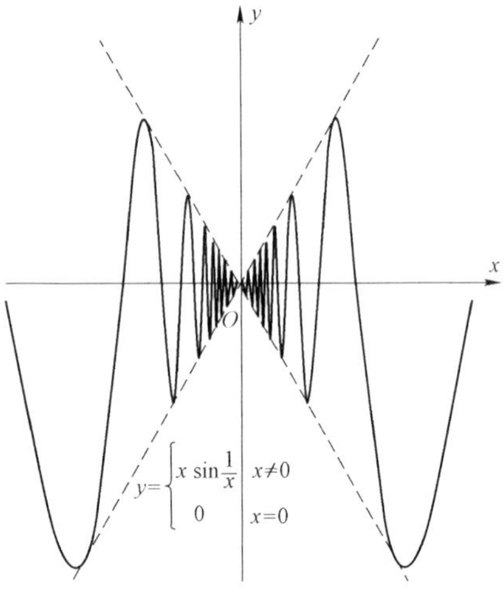

图 2－48

（2）当 $f(x_0+0)\neq f(x_0-0)$ 时，称为第一类跳跃间断点.

例如：$f(x)=\begin{cases}x^2 & 0\leqslant x\leqslant1\\ 3-x & 1<x\leqslant2\end{cases}$，有 $\lim\limits_{x\to1^-}f(x)=\lim\limits_{x\to1^-}x^2=1$，$\lim\limits_{x\to1^+}f(x)=\lim\limits_{x\to1^+}(3-x)=2$，由于 $f(1+0)\neq f(1-0)$，所以 $x=1$ 是第一类跳跃间断点. 如图 2－44 所示.

第二类间断点：$f(x_0+0),f(x_0-0)$ 至少有一个不存在.

至少有一个是无穷大为第二类无穷间断点，至少有一个震荡不存在为第二类震荡间断点. 例如函数 $f(x)=\mathrm{e}^{\frac{1}{x}}$，$\lim\limits_{x\to0^-}\mathrm{e}^{\frac{1}{x}}=0$，$\lim\limits_{x\to0^+}\mathrm{e}^{\frac{1}{x}}=\infty$，$f(0+0)$ 不存在为无穷大，所以 $x=0$ 是第二类无穷间断点. 如图 2－49 所示.

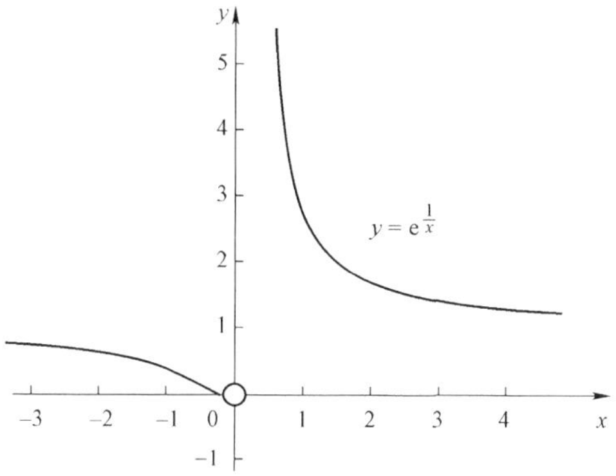

图 2－49

例如，函数 $f(x)=\dfrac{1}{x}$，由于 $\lim\limits_{x\to0}\dfrac{1}{x}=\infty$，所以 $x=0$ 是第二类无穷间断点. 如图 2－50 所示.

例如，函数 $f(x)=\sin\dfrac{1}{x}$，由于 $\lim\limits_{x\to0}\sin\dfrac{1}{x}$ 不存在，是有界震荡的，所以 $x=0$ 是第二类震荡间断点. 如图 2－51 所示.

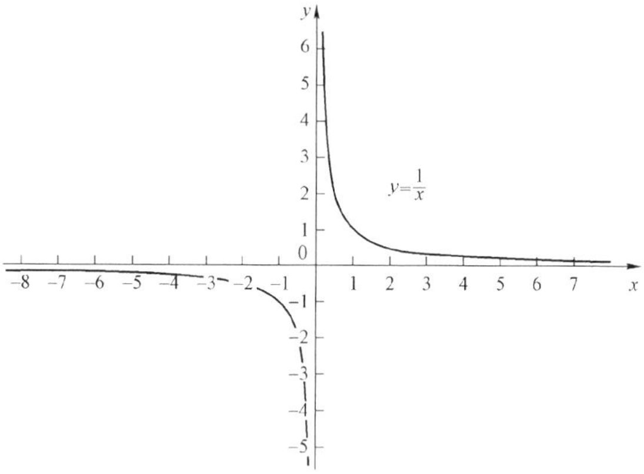

图 2－50

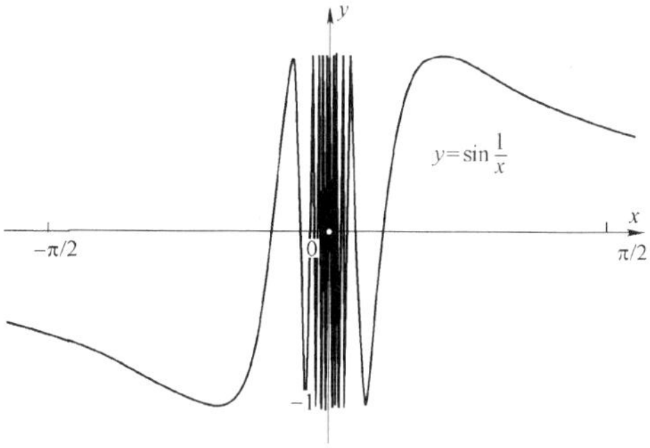

图 2－51

例如，函数 $f(x)=\dfrac{1}{x}\cdot\sin\dfrac{1}{x}$，由于 $\lim\limits_{x\to0}\left(\dfrac{1}{x}\cdot\sin\dfrac{1}{x}\right)$ 不存在，是无界振荡的，所以 $x=0$ 是第二类震荡间断点. 如图 2－52 所示.

4. 函数在区间上连续

定义 2－5　函数在开区间内连续：

若 $f(x)$ 在开区间 (a,b) 内的每一点都连续，则称 $f(x)$ 为开区间 (a,b) 上的连续函数.

例如：证明 $y=\sin x$ 在定义域内连续.

证明：$\forall x\in(-\infty,+\infty)$，只要证明正弦函数在 x 点处连续，由于 x 点的任意性，就可得到 $y=\sin x$ 在定义域内连续. 在 x 点给定改变量 Δx，得到相应的函数改变量

$\Delta y=\sin(x+\Delta x)-\sin x=2\cos\left(x+\dfrac{\Delta x}{2}\right)\sin\dfrac{\Delta x}{2}$，由于 $\left|\cos\left(x+\dfrac{\Delta x}{2}\right)\right|\leqslant1$，

于是 $|\Delta y|\leqslant 2\left|\sin\dfrac{\Delta x}{2}\right|=\left|\dfrac{\sin\dfrac{\Delta x}{2}}{\dfrac{\Delta x}{2}}\right||\Delta x|$，

因为 $\lim\limits_{\Delta x\to 0}\left|\dfrac{\sin\dfrac{\Delta x}{2}}{\dfrac{\Delta x}{2}}\right||\Delta x|=0$，

所以 $\lim\limits_{\Delta x\to 0}|\Delta y|=0$，有 $\lim\limits_{\Delta x\to 0}\Delta y=0$，所以函数在 x 点处连续，得到 $y=\sin x$ 在定义域内连续.

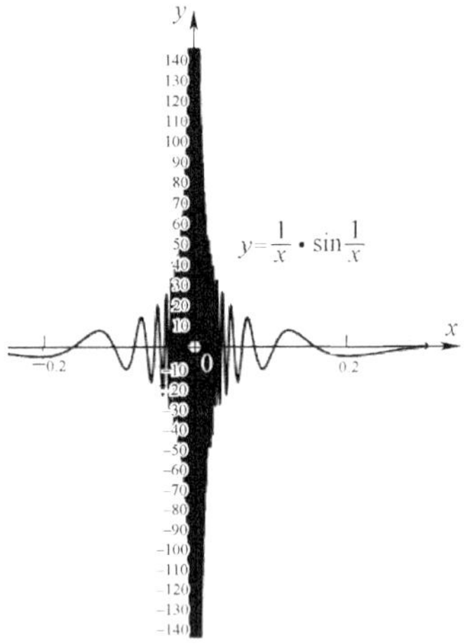

图 2－52

定义 2－6　函数在闭区间上连续：

若 $f(x)$ 在闭区间 $[a,b]$ 上满足：

（1）在开区间 (a,b) 上连续，

（2）在左端点右连续 $f(a+0)=f(a)$，

（3）在右端点左连续 $f(b-0)=f(b)$，

则称 $f(x)$ 在闭区间 $[a,b]$ 上连续.

例如 $f(x)=\dfrac{1}{x}$，在 $(0,1]$ 上连续，因为 $\forall x\in(0,1)$，在 x 点给定改变量 Δx，得到相应的函数改变量

$\Delta y=\dfrac{1}{x+\Delta x}-\dfrac{1}{x}=\dfrac{-\Delta x}{(x+\Delta x)x}$，$\lim\limits_{\Delta x\to 0}\Delta y=\lim\limits_{\Delta x\to 0}\dfrac{-\Delta x}{(x+\Delta x)x}=0$，所以函数在 x 点处连续，所以函数在 $(0,1)$ 上连续. 又 $\lim\limits_{x\to 1^-}\dfrac{1}{x}=1=f(1)$，函数在 $x=1$ 点左连续，所以 $f(x)=\dfrac{1}{x}$ 在 $(0,1]$ 上连续. 但在［0,1］上不连续，因为函数在 $x=0$ 点不是右连续的.

可以证明基本初等函数在其定义域内是连续函数.

5. 连续函数的性质

（1）若 $f(x),g(x)$ 均在点 $x=x_0$ 处连续，则 $f(x)\pm g(x)$，$f(x)\cdot g(x)$ 以及 $\dfrac{f(x)}{g(x)}$（其中 $g(x_0)\neq 0$）在点 $x=x_0$ 处也都连续.

（2）若 $f(x)$ 在点 $x=x_0$ 处连续，$f(x_0)=a$，且 $g(u)$ 在 $u=a$ 处连续，则复合函数 $g[f(x)]$ 在点 $x=x_0$ 处连续，此时有 $\lim\limits_{x\to x_0}g[f(x)]=g[\lim\limits_{x\to x_0}f(x)]=g[f(x_0)]$

或 $\lim\limits_{x\to x_0}g[f(x)]=\lim\limits_{u\to a}g(u)=g(a)=g[f(x_0)]$.

由以上结论即得：初等函数在其定义区间内任一点处都连续，由于初等函数的定义域有可能存在孤立点，因此初等函数只能说在定义区间上是连续函数. 例如函数 $y=\sqrt{x^2(x-1)^3}$ 的定义域为 $D=\{x\,|\,x=0\text{ 或 }x\geqslant 1\}$，只能说函数 $y=\sqrt{x^2(x-1)^3}$ 在区间 $[1,+\infty)$ 上连续，而不能说在定义域上连续.

例 2－57　判断函数 $f(x)=\begin{cases} e^{\frac{1}{x}}, & x<0, \\ 0, & x=0, \\ \dfrac{\ln(1+x^2)}{x}, & x>0 \end{cases}$ 是否为连续函数.

解： $f(x)$ 定义域 $(-\infty,+\infty)$，

$f(x)$ 在 $(-\infty,0),(0,+\infty)$ 内为初等函数，任一点处均连续，

$f(x)$ 在 $x=0$ 处是否连续需根据定义讨论：

（1） $f(0)=0$.

（2） $\lim\limits_{x\to0^-}f(x)=\lim\limits_{x\to0^-}e^{\frac{1}{x}}=0$， $\lim\limits_{x\to0^+}f(x)=\lim\limits_{x\to0^+}\dfrac{\ln(1+x^2)}{x}=\lim\limits_{x\to0^+}\dfrac{x^2}{x}=0$，

因为 $\lim\limits_{x\to0^-}f(x)=\lim\limits_{x\to0^+}f(x)=0$，

所以 $\lim\limits_{x\to0}f(x)=0$.

因此 $\lim\limits_{x\to0}f(x)=f(0)=0$，

所以 $f(x)$ 在 $x=0$ 处连续.

因此 $f(x)$ 在 $(-\infty,+\infty)$ 内连续，是连续函数.

（3）反函数的连续性

如果函数 $y=f(x)$ 在区间 I_x 上严格单调且连续，那么它的反函数 $x=f^{-1}(y)$ 也在对应区间 $I_y=\{y|y=f(x),x\in I_x\}$ 上严格单调且连续.

6. 闭区间上连续函数的性质

（1）最值性

闭区间 $[a,b]$ 上的连续函数 $y=f(x)$ 在 $[a,b]$ 上必有最大值和最小值，如图 2－53 所示.

（2）有界性

闭区间 $[a,b]$ 上的连续函数 $y=f(x)$ 必在 $[a,b]$ 上有界.

（3）介值性

零点存在定理： 设 $y=f(x)$ 在 $[a,b]$ 上连续，且 $f(a)\cdot f(b)<0$，则至少存在一点 ξ，使 $f(\xi)=0,a<\xi<b$. 如图 2－54 所示， $f(\xi_1)=f(\xi_2)=f(\xi_3)=0$.

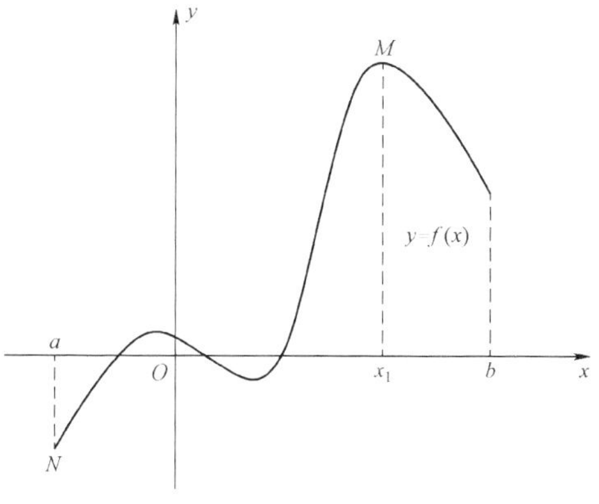

图 2－53

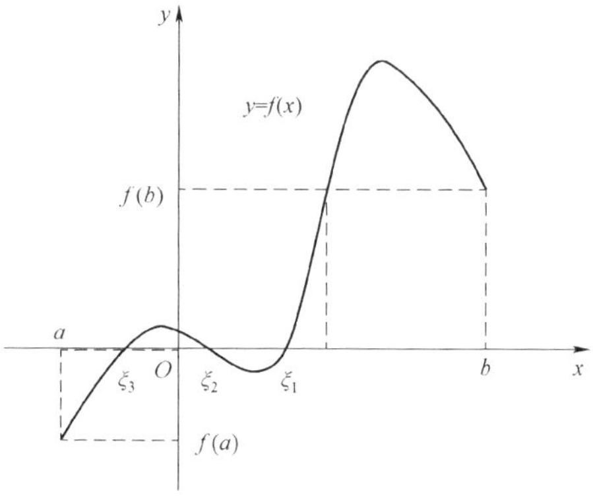

图 2－54

介值定理：设 $y=f(x)$ 在 $[a,b]$ 上连续，且 $f(a)\neq f(b)$，对于介于 $f(a)$ 与 $f(b)$ 之间的任意实数 C，则至少存在一点 $\xi\in(a,b)$，使 $f(\xi)=C$. 如图 2−55 所示，$f(\xi)=C$.

推论 2−4 设 $y=f(x)$ 在 $[a,b]$ 上连续，在 $[a,b]$ 上的最大值为 M，最小值为 N，对于介于 N 与 M 之间的任意实数 C，则至少存在一点 $\xi\in[a,b]$，使 $f(\xi)=C$. 如图 2−56 所示，$f(\xi_1)=f(\xi_2)=C$.

例 2−58 证明方程 $x=a\sin x+b$（其中 $a>0$，$b>0$）至少有一个正根，并且不超过 $a+b$.

证明：设 $f(x)=x-a\sin x-b$，在 $[0,a+b]$ 上连续，

$f(0)=-b<0$，$f(a+b)=a-a\sin(a+b)\geqslant 0$，

若（1）$f(a+b)=0$，则 $a+b$ 是方程的根，命题得证.

若（2）$f(a+b)>0$，根据零点存在定理，至少存在一点 ξ，使得 $f(\xi)=0$ $(0<\xi<a+b)$，则 ξ 是方程的根，命题得证.

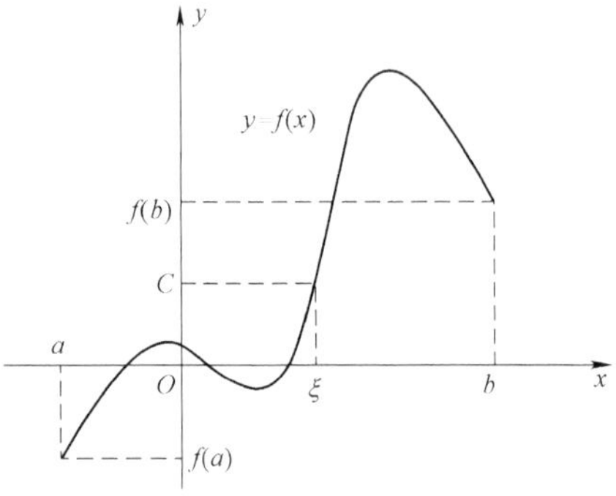

图 2−55

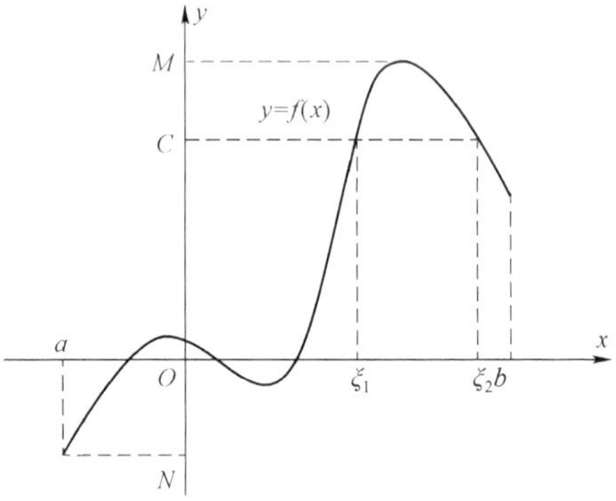

图 2−56

例 2−59 若 $y=f(x)$ 在 $[a,b]$ 上连续，$a<x_1<x_2<\cdots<x_n<b$，则在 $[x_1,x_n]$ 上必存在 ξ，使 $f(\xi)=\dfrac{f(x_1)+f(x_2)+\cdots\cdots+f(x_n)}{n}$（平均值）.

证明：$y=f(x)$ 在 $[a,b]$ 上连续，对于 $a<x_1<x_2<\cdots<x_n<b$，$y=f(x)$ 在 $[x_1,x_n]$ 上存在最大值 M 和最小值 m，有 $m\leqslant f(x_i)\leqslant M, i=1,2,\cdots,n$.

因为 $m\leqslant\dfrac{f(x_1)+f(x_2)+\cdots\cdots+f(x_n)}{n}\leqslant M$，在 $[x_1,x_n]$ 上应用介值定理，存在 $\xi\in[x_1,x_n]$，使得 $f(\xi)=\dfrac{f(x_1)+f(x_2)+\cdots+f(x_n)}{n}$.

习 题 2.5

1. 下列函数在 $x=0$ 点处是否连续？若间断，指出间断点的类型.

（1）$y=\begin{cases} x^2\sin\dfrac{1}{x}, & x\neq 0,\\ 0, & x=0;\end{cases}$

（2） $y=\begin{cases}(1+x)^{\frac{1}{x}}, & x\neq 0,\\ 1, & x=0;\end{cases}$

（3） $y=\begin{cases}\dfrac{\sin x}{|x|}, & x\neq 0,\\ 1, & x=0;\end{cases}$

（4） $y=\begin{cases}\mathrm{e}^{\frac{1}{x}}+1, & x<0,\\ 1+x, & x\geqslant 0.\end{cases}$

2. 设 $f(x)=\begin{cases}\mathrm{e}^{\frac{1}{x-1}}, & x>0,\\ \ln(1+x), & -1<x\leqslant 0,\end{cases}$ 求 $f(x)$ 的间断点，并说明间断点所属类型.

3. 设 $f(x)$ 在点 $x=2$ 处连续，且 $f(x)=\begin{cases}\dfrac{x^2-3x+2}{x-2}, & x\neq 2,\\ a, & x=2,\end{cases}$ 求 a.

习 题 二

1. 单项选择题

（1）当 $x\to 0$ 时，下列变量中为无穷小量的是（　　）.

A. $\dfrac{1}{x}$　　B. $\dfrac{\sin x}{x}$　　C. $\ln(1+x)$　　D. $\dfrac{x}{x^2}$

（2）当 $x\to 0$ 时， $y=\sin\dfrac{1}{x}$ 为（　　）.

A. 无穷小量　　B. 无穷大量

C. 有界变量但不是无穷小量　　D. 无界变量

（3）当 $x\to 1^+$ 时，下列变量中为无穷大量的是（　　）.

A. $3^{\frac{1}{x-1}}$　　B. $\dfrac{x^2-1}{x-1}$　　C. $\dfrac{1}{x}$　　D. $\dfrac{x-1}{x^2-1}$

（4）当 $n\to\infty$ 时， $n\sin\dfrac{1}{n}$ 是（　　）.

A. 无穷小量　　B. 无穷大量

C. 无界变量　　D. 有界变量

（5）设 $f(x)=\begin{cases}3x+2, & x\leqslant 0,\\ x^2-2, & x>0,\end{cases}$ 则 $\lim\limits_{x\to 0^+}f(x)=$（　　）.

A. 2　　B. 0　　C. -1　　D. -2

（6）$\lim\limits_{x\to 0}\dfrac{2x}{5\arcsin x}=$（　　）.

A. 0　　B. 不存在　　C. $\dfrac{2}{5}$　　D. 1

（7）当 $k=$（　　）时，函数 $f(x)=\begin{cases}x^2+1, & x\neq 0,\\ k, & x=0\end{cases}$ 在 $x=0$ 处连续.

A. 0　　B. 1　　C. 2　　D. -1

（8）函数 $f(x)=\dfrac{x-3}{x^2-3x+2}$ 的间断点是（　　）.

A. $x=1,x=2$　　B. $x=3$

C. $x=1,x=2,x=3$　　D. 无间断点

（9）函数 $f(x)=\begin{cases}x, & x\neq 1,\\ \dfrac{1}{2}, & x=1\end{cases}$ 的连续区间是（　　）.

A. $(-\infty,1)$　　B. $(1,+\infty)$

C. $(-\infty,1)\cup(1,+\infty)$　　D. $(-\infty,+\infty)$

（10）函数 $f(x)=\begin{cases}1, & x\geqslant 0,\\ -1, & x<0\end{cases}$ 在 $x=0$ 处（　　）.

A. 左连续　　B. 右连续

C. 连续　　D. 左、右皆不连续

（11）$f(x)$ 在点 $x=x_0$ 处有定义是 $f(x)$ 在 $x=x_0$ 处连续的（　　）.

A. 必要条件　　B. 充分条件

C. 充分必要条件　　D. 无关条件

（12）已知函数 $f(x)=\begin{cases}-2, & x\leqslant -1,\\ x-1, & -1<x<0,\\ \sqrt{1-x^2}, & 0\leqslant x<1\end{cases}$ 则 $\lim\limits_{x\to -1}f(x)$ 和 $\lim\limits_{x\to 0}f(x)$（　　）.

A. 都存在　　B. 都不存在

C. 第一个存在，第二个不存在　　D. 第一个不存在，第二个存在

2. 填空题

（1）$\lim\limits_{x\to 0}(x-\sin x)=$ ________；

（2）$\lim\limits_{x\to 0}x\cos\dfrac{1}{x}=$ __________；

（3）$\lim\limits_{x\to 2}\dfrac{x+2}{x-2}=$ __________；

（4）当 $x\to 0$ 时，$1-\cos x$ 是比 x ______ 阶的无穷小量；

（5）当 $x\to 0$ 时，$\sqrt{4+x}-2$ 与 $\sqrt{9+x}-3$ 是________（同阶、等价）无穷小量；

（6）当 $x\to 0$ 时，若 $\sin 2x$ 与 ax 是等价无穷小量，则 $a=$ ______；

（7）$\lim\limits_{x\to 0}\dfrac{1+\cos x}{x}=$____________；

（8）$\lim\limits_{x\to\infty}x\sin\dfrac{1}{x}=$____________；

（9）若 $\lim\limits_{x\to 0}\dfrac{\sin 4x}{\sin kx}=2$，则 $k=$____________；

（10）$\lim\limits_{x\to\infty}\dfrac{\sin x}{x}=$____________；

（11）$\lim\limits_{x\to\infty}\dfrac{x}{x+\sin x}=$____________；

（12）$\lim\limits_{x\to\infty}\left(1-\dfrac{2}{x}\right)^{x}=$____________；

（13）$\lim\limits_{x\to 0}\dfrac{\ln(1+3x)}{\sin 3x}=$____________；

（14）设 $f(x)=\begin{cases}\dfrac{\sin 2x}{x}, & x\neq 0,\\ a, & x=0\end{cases}$ 连续，则 $a=$__________；

（15）设 $f(x)=\begin{cases}e^{-\frac{1}{x^2}}, & x\neq 0,\\ 0, & x=0\end{cases}$ 在 $x=0$ 处________（是、不是）连续的；

（16）函数 $y=\dfrac{x^2-2x-3}{x+1}$ 的间断点是__________.

3. 判断题

（1）$x^2,\sin x,1-\cos x$ 都是当 $x\to 0$ 时的无穷小.（　　）

（2）$\dfrac{1}{1+x}$ 是 $x\to\infty$ 时的无穷小.（　　）

（3）已知当 $x\to 0$ 时，$\left(1+ax^2\right)^{\frac{1}{3}}-1$ 与 $\ln\sqrt{1+x^2}$ 是等价无穷小量，则常数 a=2.（　　）

（4）点 $x=1,x=2$ 是函数 $y=\dfrac{x^2-1}{x^2-3x+2}$ 的可去间断点.（　　）

（5）函数 $f(x)=\begin{cases}x^2, & 0\leqslant x\leqslant 1,\\ 2-x, & 1<x<2\end{cases}$ 在其定义域内连续.（　　）

4. 计算极限

（1）$\lim\limits_{x\to\infty}\dfrac{(4+3x)^2}{x(1-x^2)}$；

（2）$\lim\limits_{x\to\infty}\left(\dfrac{x^3}{2x^2-1}-\dfrac{x^2}{3x-1}\right)$；

（3）$\lim\limits_{x\to 0}\dfrac{1-e^{\tan x}}{\arcsin 2x}$；

（4）$\lim\limits_{x\to +\infty} x\left[\ln(2+x)-\ln x\right]$；

（5）$\lim\limits_{x\to 3}\left(\dfrac{1}{x-2}\right)^{\frac{1}{x-3}}$.

5. 已知 $\lim\limits_{x\to 1}\dfrac{x^2+ax+b}{\sin(x^2-1)}=3$，求 a，b 的值.

6. 设 $f(x)=\begin{cases} e^x-a, & x<0, \\ \sin x, & x\geqslant 0 \end{cases}$ 在 $(-\infty,+\infty)$ 内连续，求 a 的值.

第3章　导数与微分

3.1　导数概念

1. 引入

（1）变速直线运动的瞬时速度

一物体沿直线作变速运动，其移动距离 S 为时刻 t 的函数：$S=S(t)$. 求物体在运动过程中某时刻 $t=t_0$ 的瞬时速度 $v(t_0)$.

在时刻 $t=t_0$ 时移动的距离为 $S=S(t_0)$，在 $t=t_0+\Delta t$ 时移动的距离为 $S(t_0+\Delta t)$，在 Δt 时间内移动的距离为 $\Delta S=S(t_0+\Delta t)-S(t_0)$，时间段 $[t_0,t_0+\Delta t]$ 内的平均速度为 $\overline{v}=\frac{\Delta S}{\Delta t}=\frac{S(t_0+\Delta t)-S(t_0)}{\Delta t}$，当 $|\Delta t|$ 很小时，速度的变化不大，可以用匀速近似代替. $|\Delta t|$ 越小，平均速度 $\overline{v}$ 就越接近于时刻 t_0 的瞬时速度，当 $\Delta t\to 0$ 时的极限 $\lim\limits_{\Delta t=0}\overline{v}$ 为瞬时速度 $v(t_0)$，即有 $v(t_0)=\lim\limits_{\Delta t\to 0}\overline{v}=\lim\limits_{\Delta t\to 0}\frac{\Delta S}{\Delta t}=\lim\limits_{\Delta t\to 0}\frac{S(t_0+\Delta t)-S(t_0)}{\Delta t}$.

（2）平面曲线的切线斜率

如图 3-1 所示，设曲线 C 及 C 上的一点 M，另取 C 上一点 N，作割线 MN，当点 N 沿曲线 C 向 M 点运动时，如果割线 MN 绕点 M 旋转到和曲线 C 只有一个交点时，割线 MN 与曲线 C 在点 M 处的切线 MT 重合.

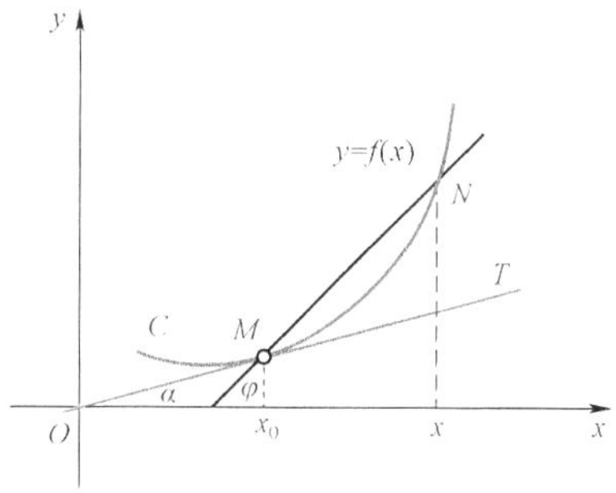

图 3-1

若图 3-1 中曲线 C 为函数 $y=f(x)$ 的图形，点 $M(x_0,y_0)$ 是曲线 C 上的点，$N(x,y)$ 为 C 上另取的一点，割线 MN 的斜率为 $k_{割}=\tan\varphi=\frac{f(x)-f(x_0)}{x-x_0}$，其中 φ 为割线 MN 的倾角，当动点 N 沿曲线 C 向 M 点移动时有 $x\to x_0$，如果当 $x\to x_0$ 时，$k_{割}=\tan\varphi=\frac{f(x)-f(x_0)}{x-x_0}$ 极限存在，那么该极限为曲线 C 在 M 点处的切线斜率，记作 $k_{切}$，则有 $k_{切}=\tan\alpha=\lim\limits_{x\to x_0}\tan\varphi=\lim\limits_{x\to x_0}\frac{f(x)-f(x_0)}{x-x_0}$. 记 $\Delta x=x-x_0$，$x=x_0+\Delta x$，当 $x\to x_0$ 时，有 $\Delta x\to 0$，因此上式可变为 $k_{切}=\tan\alpha=\lim\limits_{x\to x_0}\frac{f(x)-f(x_0)}{x-x_0}=\lim\limits_{\Delta x\to 0}\frac{f(x_0+\Delta x)-f(x_0)}{\Delta x}=\lim\limits_{\Delta x\to 0}\frac{\Delta y}{\Delta x}$.

（3）函数的变化率

以上问题中，尽管变量所代表的意义不同，但其所作的数学演算都是一样的. 即

（1）各问题中都存在一个函数 $y=f(x)$；

（2）当自变量从 x_0 改变 Δx，算出函数的改变量 $\Delta y=f(x_0+\Delta x)-f(x_0)$；

（3）求出函数改变量 Δy 和自变量改变量 Δx 之比 $\dfrac{\Delta y}{\Delta x}=\dfrac{f(x_0+\Delta x)-f(x_0)}{\Delta x}$，该比值就是在区间 $[x_0,x_0+\Delta x]$ 或 $[x_0+\Delta x,x_0]$ 上函数 y 对于自变量 x 的平均变化率；

（4）当 $\Delta x\to 0$ 时，如果这个比值的极限存在，则 $\lim\limits_{\Delta x\to 0}\dfrac{\Delta y}{\Delta x}=\lim\limits_{\Delta x\to 0}\dfrac{f(x_0+\Delta x)-f(x_0)}{\Delta x}$ 就是在点 x_0 处，函数 y 对于自变量 x 的变化率，在数学上把函数的变化率叫作函数的导数.

2. 导数的定义

定义 3－1 设函数 $y=f(x)$ 在点 x_0 的某个邻域内有定义，当自变量在点 x_0 处取得改变量 $\Delta x(\neq 0)$ 时，函数 $f(x)$ 取得相应的改变量 $\Delta y=f(x_0+\Delta x)-f(x_0)$，若当 $\Delta x\to 0$ 时，$\dfrac{\Delta y}{\Delta x}$ 的极限存在，即 $\lim\limits_{\Delta x\to 0}\dfrac{\Delta y}{\Delta x}=\lim\limits_{\Delta x\to 0}\dfrac{f(x_0+\Delta x)-f(x_0)}{\Delta x}$ 存在，则称函数 $f(x)$ 在点 x_0 处可导，并称此极限值为函数 $f(x)$ 在点 x_0 处的导数，记为 $f'(x_0)$ 或 $y'|_{x=x_0}$ 或 $\left.\dfrac{\mathrm{d}y}{\mathrm{d}x}\right|_{x=x_0}$ 或 $\left.\dfrac{\mathrm{d}f(x)}{\mathrm{d}x}\right|_{x=x_0}$.

如果 $\lim\limits_{\Delta x\to 0}\dfrac{\Delta y}{\Delta x}=\lim\limits_{\Delta x\to 0}\dfrac{f(x_0+\Delta x)-f(x_0)}{\Delta x}$ 不存在，则称函数 $f(x)$ 在点 x_0 处不可导.

导数的等价形式 $f'(x_0)=\lim\limits_{x\to x_0}\dfrac{f(x)-f(x_0)}{x-x_0}$.

因此在以上两个例子中 $v(t_0)=\lim\limits_{\Delta t\to 0}\overline{v}=\lim\limits_{\Delta t\to 0}\dfrac{\Delta S}{\Delta t}=\lim\limits_{\Delta t\to 0}\dfrac{S(t_0+\Delta t)-S(t_0)}{\Delta t}=S'(t_0)$.

$\tan\alpha=\lim\limits_{\Delta x\to 0}\tan\varphi=\lim\limits_{\Delta x\to 0}\dfrac{\Delta y}{\Delta x}=\lim\limits_{\Delta x\to 0}\dfrac{f(x_0+\Delta x)-f(x_0)}{\Delta x}=f'(x_0)$.

3. 导数的几何意义

函数 $y=f(x)$ 在点 x_0 处的导数 $f'(x_0)$，就是函数所表示的曲线在相应点 $(x_0,f(x_0))$ 处的切线的斜率.

$$f'(x_0)=\tan\alpha=\lim_{\Delta x\to 0}\tan\varphi=\lim_{\Delta x\to 0}\frac{\Delta y}{\Delta x}=\lim_{\Delta x\to 0}\frac{f(x_0+\Delta x)-f(x_0)}{\Delta x}.$$

过点 $(x_0,f(x_0))$ 的切线方程为 $y-f(x_0)=f'(x_0)(x-x_0)$；

过切点 $(x_0,f(x_0))$ 且与在点 $(x_0,f(x_0))$ 处的切线垂直的直线称法线，则

法线方程为 $y-f(x_0)=-\dfrac{1}{f'(x_0)}(x-x_0)$.

若 $f'(x_0)=0$，则切线平行于 x 轴，切线方程为 $y=f(x_0)$；

若 $y=f(x)$ 在 x_0 处的导数不存在为无穷大，此时切线垂直于 x 轴，切线方程为 $x=x_0$.

例 3－1　已知函数 $y=\frac{1}{x}$，求 $y'|_{x=1}$，并求过点(1, 1)的切线和法线方程.

解：根据导数定义有 $f'(x_0)=\lim\limits_{x\to x_0}\frac{f(x)-f(x_0)}{x-x_0}$，

因此 $y'|_{x=1}=\lim\limits_{x\to 1}\frac{\frac{1}{x}-1}{x-1}=\lim\limits_{x\to 1}\frac{\frac{1-x}{x}}{x-1}=\lim\limits_{x\to 1}\frac{-1}{x}=-1$，

过点(1, 1)切线方程为 $y-1=-(x-1)$，即 $y=-x+2$，

法线方程为 $y-1=-\frac{1}{(-1)}(x-1)$，即 $y=x$.

例 3－2　求 $y=x^2$ 在 $x=0$，$x=1$ 处的导数.

解：$f'(0)=\lim\limits_{x\to 0}\frac{f(x)-f(0)}{x-0}=\lim\limits_{x\to 0}\frac{x^2-0}{x}=\lim\limits_{x\to 0}x=0$；

$$f'(1)=\lim_{\Delta x\to 0}\frac{f(1+\Delta x)-f(1)}{\Delta x}=\lim_{\Delta x\to 0}\frac{(1+\Delta x)^2-1}{\Delta x}=\lim_{\Delta x\to 0}\frac{2\Delta x+(\Delta x)^2}{\Delta x}=\lim_{\Delta x\to 0}(2+\Delta x)=2.$$

4. 导函数

（1）开区间可导

定义 3－2　若函数 $y=f(x)$ 在区间 (a,b) 内任意一点处都可导，则称函数 $f(x)$ 在开区间 (a,b) 内可导. $\forall x\in(a,b)$，则称 $f'(x)=\lim\limits_{\Delta x\to 0}\frac{f(x+\Delta x)-f(x)}{\Delta x}$ 为 $y=f(x)$ 在 (a,b) 内的导函数，简称导数. 导函数也可用 y'、$\frac{\mathrm{d}y}{\mathrm{d}x}$ 或 $f'(x)$ 来表示.

显然，$f'(x_0)=f'(x)|_{x=x_0}$，即函数在 x_0 的导数值等于其导函数在 x_0 的函数值.

例 3－3　求 $y=\frac{1}{x}$ 的导函数，并求 $f'(1),f'(2),f'(3)$.

解：
$$f'(x)=\lim_{\Delta x\to 0}\frac{f(x+\Delta x)-f(x)}{\Delta x}=\lim_{\Delta x\to 0}\frac{\frac{1}{x+\Delta x}-\frac{1}{x}}{\Delta x}$$
$$=\lim_{\Delta x\to 0}\frac{x-(x+\Delta x)}{x\bullet(x+\Delta x)\bullet\Delta x}=\lim_{\Delta x\to 0}\frac{-1}{x(x+\Delta x)}=-\frac{1}{x^2},$$

$f'(1)=-1$，$f'(2)=-\frac{1}{4}$，$f'(3)=-\frac{1}{9}$.

（2）某点的左、右导数

极限有左、右极限之分，而函数 $f(x)$ 在点 x_0 的导数是用一个极限式来定义的，自然地，也有左导数和右导数之分.

若以 $f'_-(x_0)$ 和 $f'_+(x_0)$ 分别记函数 $f(x)$ 在点 x_0 的左导数和右导数，则有如下定义：

左导数 $f'_-(x_0)=\lim\limits_{\Delta x\to 0^-}\dfrac{\Delta y}{\Delta x}=\lim\limits_{\Delta x\to 0^-}\dfrac{f(x_0+\Delta x)-f(x_0)}{\Delta x}$ 或 $f'_-(x_0)=\lim\limits_{x\to x_0^-}\dfrac{f(x)-f(x_0)}{x-x_0}$；

右导数 $f'_+(x_0)=\lim\limits_{\Delta x\to 0^+}\dfrac{\Delta y}{\Delta x}=\lim\limits_{\Delta x\to 0^+}\dfrac{f(x_0+\Delta x)-f(x_0)}{\Delta x}$ 或 $f'_+(x_0)=\lim\limits_{x\to x_0^+}\dfrac{f(x)-f(x_0)}{x-x_0}$.

显然，当且仅当函数在一点的左右导数都存在且相等时，函数在该点可导.

定理 3－1 函数 $y=f(x)$ 在点 x_0 的左、右导数存在且相等是 $y=f(x)$ 在点 x_0 处可导的充分必要条件.

例 3－4 判断 $y=|\sin x|$ 在 $x=0$ 点处是否可导.

解： $y=|\sin x|=\begin{cases}\sin x, & 0\leqslant x<\dfrac{\pi}{2},\\ -\sin x, & -\dfrac{\pi}{2}<x<0,\end{cases}$

$$f'_-(0)=\lim_{x\to 0^-}\frac{f(x)-f(0)}{x-0}=\lim_{x\to 0^-}\frac{-\sin x-\sin 0}{x}=\lim_{x\to 0^-}\frac{-\sin x}{x}=-1$$

$$f'_+(0)=\lim_{x\to 0^+}\frac{f(x)-f(0)}{x-0}=\lim_{x\to 0^+}\frac{\sin x-\sin 0}{x}=\lim_{x\to 0^+}\frac{\sin x}{x}=1.$$

因为 $f'_-(0)\neq f'_+(0)$，

所以 $y=|\sin x|$ 在 $x=0$ 点处不可导.

（3）闭区间上可导

如果函数 $y=f(x)$ 在开区间 (a,b) 内可导，且 $f'_+(a)$ 和 $f'_-(b)$ 都存在，则称 $y=f(x)$ 在闭区间 $[a,b]$ 上可导.

5. 可导与连续的关系

定理 3－2 如果函数 $y=f(x)$ 在点 (x_0,y_0) 处可导，那么函数 $y=f(x)$ 在该点处必连续.

证明： 因为 $y=f(x)$ 在 x_0 处可导，所以 $f'(x_0)=\lim\limits_{\Delta x\to 0}\dfrac{\Delta y}{\Delta x}$，

所以 $\dfrac{\Delta y}{\Delta x}=f'(x_0)+\alpha$，其中 $\lim\limits_{\Delta x\to 0}\alpha=0$，

所以 $\Delta y=f'(x_0)\cdot\Delta x+\alpha\cdot\Delta x$，

所以 $\lim\limits_{\Delta x\to 0}\Delta y=f'(x_0)\cdot\lim\limits_{\Delta x\to 0}\Delta x+\lim\limits_{\Delta x\to 0}(\alpha\cdot\Delta x)=0$，

所以 $y=f(x)$ 在 x_0 处连续.

定理说明连续是函数可导的必要条件，即不连续一定不可导，但连续未必可导.

若 $y=f(x)$ 在 x_0 处可导，则 $y=f(x)$ 在 x_0 处连续. 反之不一定.

例 3－5 $y=|x|$ 在 $x=0$ 处连续但不可导.

解： 因为 $\lim\limits_{x\to 0}f(x)=\lim\limits_{x\to 0}|x|=0=f(0)$，所以 $y=|x|$ 在 $x=0$ 处连续，

$$f'_-(0)=\lim_{x\to 0^-}\frac{f(x)-f(0)}{x-0}=\lim_{x\to 0^-}\frac{-x-0}{x}=\lim_{\Delta x\to 0^-}(-1)=-1;$$

$$f_+'(0)=\lim_{x\to 0^+}\frac{f(x)-f(0)}{x-0}=\lim_{x\to 0^+}\frac{x-0}{x}=\lim_{x\to 0^+}1=1.$$

因为 $f_-'(0)\neq f_+'(0)$，

所以 $y=|x|$ 在 $x=0$ 点处不可导.

6. 基本初等函数导数公式

根据导数的定义，求函数 $f(x)$ 的导数的一般步骤如下：

第一步，写出函数的改变量 $\Delta y=f(x+\Delta x)-f(x)$；

第二步，计算比值 $\dfrac{\Delta y}{\Delta x}=\dfrac{f(x+\Delta x)-f(x)}{\Delta x}$；

第三步，求极限 $y'=f'(x)=\lim\limits_{\Delta x\to 0}\dfrac{f(x+\Delta x)-f(x)}{\Delta x}$.

（1）常数函数 $y=C$

1）$\Delta y=f(x+\Delta x)-f(x)=C-C=0$，

2）$\dfrac{\Delta y}{\Delta x}=\dfrac{0}{\Delta x}=0$，

3）$y'=\lim\limits_{\Delta x\to 0}\dfrac{\Delta y}{\Delta x}=0$.

所以 $(C)'=0$.

如 $(3)'=0$，$(4^2)'=0$，$(\ln 5)'=0$，$\left(\sin\dfrac{\pi}{2}\right)'=0$，$(\mathrm{e}^3)'=0$ 等.

（2）幂函数 $y=x^n$（n 为正整数）

1）$\Delta y=f(x+\Delta x)-f(x)=(x+\Delta x)^n-x^n$

$$=x^n+nx^{n-1}\Delta x+\mathrm{C}_n^2x^{n-2}(\Delta x)^2+\cdots\cdots+(\Delta x)^n-x^n$$

$$=nx^{n-1}\Delta x+\mathrm{C}_n^2x^{n-2}(\Delta x)^2+\cdots\cdots+(\Delta x)^n,$$

2）$\dfrac{\Delta y}{\Delta x}=nx^{n-1}+\mathrm{C}_n^2x^{n-2}(\Delta x)^1+\cdots\cdots+(\Delta x)^{n-1}$，

3）$y'=\lim\limits_{\Delta x\to 0}\dfrac{\Delta y}{\Delta x}=nx^{n-1}$.

所以 $(x^n)'=nx^{n-1}$.

一般地，$(x^a)'=ax^{a-1}\quad a\in\mathbf{R}$.

特别地，$\left(\dfrac{1}{x}\right)'=-\dfrac{1}{x^2}$，$(\sqrt{x})=\dfrac{1}{2\sqrt{x}}$.

（3）对数函数 $y=\log_a x\,(a>0,a\neq 1)$

1）$\Delta y=f(x+\Delta x)-f(x)=\log_a(x+\Delta x)-\log_a x=\log_a\left(1+\dfrac{\Delta x}{x}\right)$，

2）$\dfrac{\Delta y}{\Delta x}=\dfrac{\log_a\left(1+\dfrac{\Delta x}{x}\right)}{\Delta x}=\log_a\left(1+\dfrac{\Delta x}{x}\right)^{\frac{1}{\Delta x}}$，

3）$y'=\lim\limits_{\Delta x\to 0}\dfrac{\Delta y}{\Delta x}=\lim\limits_{\Delta x\to 0}\log_a\left(1+\dfrac{\Delta x}{x}\right)^{\frac{x}{\Delta x}\cdot\frac{1}{x}}=\log_a e^{\frac{1}{x}}=\dfrac{1}{x}\log_a e=\dfrac{1}{x\ln a}$.

所以 $(\log_a x)'=\dfrac{1}{x\ln a}$，特别地 $(\ln x)'=\dfrac{1}{x}$.

（4）三角函数 $y=\cos x$

1）$\Delta y=f(x+\Delta x)-f(x)=\cos(x+\Delta x)-\cos x=-2\sin\left(x+\dfrac{\Delta x}{2}\right)\sin\dfrac{\Delta x}{2}$，

2）$\dfrac{\Delta y}{\Delta x}=\dfrac{-2\sin\left(x+\dfrac{\Delta x}{2}\right)\sin\dfrac{\Delta x}{2}}{\Delta x}$，

3）$y'=\lim\limits_{\Delta x\to 0}\dfrac{\Delta y}{\Delta x}=\lim\limits_{\Delta x\to 0}\dfrac{-2\sin\left(x+\dfrac{\Delta x}{2}\right)\sin\dfrac{\Delta x}{2}}{2\cdot\dfrac{\Delta x}{2}}=-\sin x$，

所以 $(\cos x)'=-\sin x$.

同理可得 $(\sin x)'=\cos x$.

7. 反函数的导数

定理 3－3 如果函数 $x=g(y)$ 在某区间 I_y 内单调可导，且 $g'(y)\neq 0$，那么它的反函数 $y=f(x)$ 在对应的区间 I_x 内也可导，且有 $f'(x)=\dfrac{1}{g'(y)}=\dfrac{1}{g'(f(x))}$ 或 $\left[\dfrac{dy}{dx}=\dfrac{1}{\frac{dx}{dy}}\right]$.

指数函数 $y=a^x(a>0,a\neq 1)$ 的导数，指数函数 $y=a^x(a>0,a\neq 1)$ 的反函数是 $x=\log_a y$，则 $\dfrac{dx}{dy}=\dfrac{1}{y\ln a}$，

$$\frac{dy}{dx}=\frac{1}{\frac{dx}{dy}}=\frac{1}{\frac{1}{y\ln a}}=y\ln a=a^x\ln a,$$

所以 $(a^x)'=a^x\ln a$，特别地 $(e^x)'=e^x$.

反三角函数 $y=\arcsin x$ 的导数，反三角函数 $y=\arcsin x$ 的反函数是 $x=\sin y$，$y\in\left[-\dfrac{\pi}{2},\dfrac{\pi}{2}\right]$，则 $\dfrac{dx}{dy}=\cos y$，当 $y\in\left(-\dfrac{\pi}{2},\dfrac{\pi}{2}\right)$时，

$$\frac{dy}{dx}=\frac{1}{\frac{dx}{dy}}=\frac{1}{\cos y}=\frac{1}{\sqrt{1-\sin^2 y}}=\frac{1}{\sqrt{1-x^2}}.$$

所以 $(\arcsin x)'=\dfrac{1}{\sqrt{1-x^2}}$. 同理 $(\arccos x)'=-\dfrac{1}{\sqrt{1-x^2}}$.

通过以上的举例我们可得出基本初等函数的求导公式，它们在求导运算中起着非常重要的作用，必须熟练掌握，为方便起见归纳如下：

（1）常数函数　　$C'=0$（C 为常数）;

（2）幂函数　　$(x^n)'=nx^{n-1}(n\in \mathbf{R})$；$\left(\dfrac{1}{x}\right)'=-\dfrac{1}{x^2}$；$(\sqrt{x})'=\dfrac{1}{2\sqrt{x}}$；

（3）指数函数　　$(a^x)'=a^x\cdot\ln a(a>0,a\neq 1)$；$(\mathrm{e}^x)'=\mathrm{e}^x$；

（4）对数函数　　$(\log_a x)'=\dfrac{1}{x\ln a}(a>0,a\neq 1)$；$(\ln x)'=\dfrac{1}{x}$；

（5）三角函数　　$(\sin x)'=\cos x$；$(\cos x)'=-\sin x$；

（6）反三角函数　　$(\arcsin x)'=\dfrac{1}{\sqrt{1-x^2}}$；$(\arccos x)'=-\dfrac{1}{\sqrt{1-x^2}}$.

例 3－6　求曲线 $y=\sqrt{x}$ 在点 $M_0(1,1)$ 处的切线方程和法线方程.

解：因为 $(\sqrt{x})'=\dfrac{1}{2\sqrt{x}}$，点 $M_0(1,1)$ 的切线斜率 $k_1=\left.\dfrac{1}{2\sqrt{x}}\right|_{x=1}=\dfrac{1}{2}$，法线斜率 $k_2=-\dfrac{1}{k_1}=-2$，所以过点 $M_0(1,1)$ 的切线方程为 $y-1=\dfrac{1}{2}(x-1)$，即 $y=\dfrac{1}{2}x+\dfrac{1}{2}$.

过 M_0 的法线方程为 $y-1=-2(x-1)$，即 $y=-2x+3$.

习 题 3.1

1. 求下列函数的导数：

（1）$y=x^4$；　　（2）$y=\sqrt[3]{x^2}$；

（3）$y=x^3\sqrt[5]{x}$；　　（4）$y=\dfrac{1}{\sqrt[3]{x}}$.

2. 设函数 $f(x)$ 在点 x_0 处可导，试求下列各极限的值：

（1）$\lim\limits_{\Delta x\to 0}\dfrac{f(x_0-\Delta x)-f(x_0)}{\Delta x}$；　　（2）$\lim\limits_{h\to 0}\dfrac{f(x_0+h)-f(x_0-h)}{2h}$.

3. 函数 $f(x)=\begin{cases}x^2+1, & 0\leqslant x<1,\\ 3x-1, & x\leqslant 1,\end{cases}$ 在点 $x=1$ 处是否可导？

4. 函数 $f(x)=\begin{cases}x^2+1, & 0\leqslant x<1,\\ 2x-1, & x\leqslant 1,\end{cases}$ 在点 $x=1$ 处是否可导？

3.2 导数运算规则

上一节中我们介绍了导数的概念，给出了几个基本初等函数的导数公式，然而用定义求出导数是一个很繁琐的工作，本节将讨论求出导数的一般法则以及利用常用的函数求导公式来解决初等函数的求导问题.

定理 3－4 设$u=u(x)$，$v=v(x)$可导，则$u+v$可导，且有$(u+v)'=u'+v'$.

证明：设$y=u+v$，

$$\Delta y=[u(x+\Delta x)+v(x+\Delta x)]-[u(x)+v(x)]=[u(x+\Delta x)-u(x)]+[v(x+\Delta x)-v(x)],$$

$$\frac{\Delta y}{\Delta x}=\frac{u(x+\Delta x)-u(x)}{\Delta x}+\frac{v(x+\Delta x)-v(x)}{\Delta x},$$

$$y'=\lim_{\Delta x\to 0}\frac{\Delta y}{\Delta x}=\lim_{\Delta x\to 0}\frac{u(x+\Delta x)-u(x)}{\Delta x}+\lim_{\Delta x\to 0}\frac{v(x+\Delta x)-v(x)}{\Delta x}=u'(x)+v'(x).$$

此定理可以推广到有限个函数相加减的情况. 例如，若u,v,w分别可导，则

$$(u+v+w)'=u'+v'+w'.$$

如$(\sin x+\cos x-3)'=(\sin x)'+(\cos x)'-(3)'=\cos x-\sin x$.

推论 3－1 $\left[\sum_{i=1}^{n}f_i(x)\right]'=\sum_{i=1}^{n}f_i'(x)\quad \forall n\in \mathbf{N}$.

定理 3－5 设$u=u(x)$，$v=v(x)$可导，则$u\cdot v$可导，且有$(u\cdot v)'=u'\cdot v+u\cdot v'$.

证明：$\Delta y=[u(x+\Delta x)v(x+\Delta x)]-[u(x)v(x)]$

$$=u(x+\Delta x)v(x+\Delta x)-u(x)v(x+\Delta x)+u(x)v(x+\Delta x)-u(x)v(x),$$

$$\frac{\Delta y}{\Delta x}=\frac{u(x+\Delta x)-u(x)}{\Delta x}v(x+\Delta x)+u(x)\frac{v(x+\Delta x)-v(x)}{\Delta x},$$

$$y'=\lim_{\Delta x\to 0}\frac{\Delta y}{\Delta x}=\lim_{\Delta x\to 0}\frac{u(x+\Delta x)-u(x)}{\Delta x}v(x+\Delta x)+\lim_{\Delta x\to 0}u(x)\frac{v(x+\Delta x)-v(x)}{\Delta x}$$

$$=u'(x)v(x)+u(x)v'(x).$$

此定理可以推广到有限个函数相乘的情况. 例如，u,v,w分别可导，则

$$(uvw)'=u'vw+uv'w+uvw'.$$

推论 3－2 $[Cf(x)]'=Cf'(x)$（求导时，常数因子可以提出来）.

推论 3－3 $(u_1u_2\cdots\cdots u_n)'=u_1'u_2\cdots\cdots u_n+u_1u_2'\cdots\cdots u_n+\cdots\cdots+u_1u_2\cdots\cdots u_n'$.

即$\left[\prod_{i=1}^{n}f_i(x)\right]'=\sum_{i=1}^{n}\prod_{\substack{k=1\\k\neq i}}^{n}f_i'(x)f_k(x),\quad \forall n\in \mathbf{N}$.

定理 3－6 设$u=u(x)$，$v=v(x)$可导，且$v(x)\neq 0$，则$\frac{u}{v}$可导，且有$\left(\frac{u}{v}\right)'=\frac{u'v-uv'}{v^2}$.

证明：$\Delta y=\frac{u(x+\Delta x)}{v(x+\Delta x)}-\frac{u(x)}{v(x)}$

$$=\frac{u(x+\Delta x)v(x)-v(x+\Delta x)u(x)+u(x)v(x)-u(x)v(x)}{v(x+\Delta x)v(x)}$$

$$=\frac{[u(x+\Delta x)-u(x)]v(x)-u(x)[v(x+\Delta x)-v(x)]}{v(x+\Delta x)v(x)},$$

$$\frac{\Delta y}{\Delta x}=\left[\frac{u(x+\Delta x)-u(x)}{\Delta x}v(x)-u(x)\frac{v(x+\Delta x)-v(x)}{\Delta x}\right]\frac{1}{v(x+\Delta x)v(x)},$$

$$y'=\lim_{\Delta x\to 0}\frac{\Delta y}{\Delta x}=\frac{u'(x)v(x)-u(x)v'(x)}{v^2(x)}.$$

特别地，$\left(\frac{1}{v(x)}\right)'=\frac{-v'(x)}{v^2(x)}$.

例 3－7　$y=\tan x=\frac{\sin x}{\cos x}$,

$$y'=\frac{(\sin x)'\cos x-\sin x(\cos x)'}{\cos^2 x}=\frac{\cos^2 x+\sin^2 x}{\cos^2 x}=\frac{1}{\cos^2 x}=\sec^2 x.$$

$(\tan x)'=\sec^2 x$.

同理，$(\cot x)'=-\csc^2 x$.

$$(\sec x)'=\left(\frac{1}{\cos x}\right)'=\frac{-(\cos x)'}{\cos^2 x}=\frac{\sin x}{\cos^2 x}=\tan x\cdot\sec x.$$

同理，$(\csc x)'=-\csc x\cdot\cot x$.

例 3－8　$y=\arctan x$，令 $x=\tan y$，

$$y'=\frac{1}{(\tan y)'}=\frac{1}{\sec^2 y}=\frac{1}{1+\tan^2 y}=\frac{1}{1+x^2}.$$

所以 $(\arctan x)'=\frac{1}{1+x^2}$.

同理，$(\operatorname{arccot} x)'=-\frac{1}{1+x^2}$.

必须牢记基本初等函数求导公式：

（1）常数函数　　$C'=0$（C 为常数）；

（2）幂函数　　$(x^n)'=nx^{n-1}(n\in\mathbf{R})$；$\left(\frac{1}{x}\right)'=-\frac{1}{x^2}$；$(\sqrt{x})'=\frac{1}{2\sqrt{x}}$；

（3）指数函数　　$(a^x)'=a^x\cdot\ln a(a>0,a\neq 1)$；$(\mathrm{e}^x)'=\mathrm{e}^x$；

（4）对数函数 $(\log_a x)'=\dfrac{1}{x\ln a}(a>0,a\neq 1)$；$(\ln x)'=\dfrac{1}{x}$；

（5）三角函数 $(\sin x)'=\cos x$； $(\cos x)'=-\sin x$；

$(\tan x)'=\sec^2 x$； $(\cot x)'=-\csc^2 x$；

$(\sec x)'=\sec x\cdot\tan x$； $(\csc x)'=-\csc x\cdot\cot x$；

（6）反三角函数 $(\arcsin x)'=\dfrac{1}{\sqrt{1-x^2}}$； $(\arccos x)'=-\dfrac{1}{\sqrt{1-x^2}}$；

$(\arctan x)'=\dfrac{1}{1+x^2}$； $(\operatorname{arccot} x)'=-\dfrac{1}{1+x^2}$.

例 3－9 求下列函数的导数：

（1） $y=x^2+2^x$； （2） $y=\sqrt{x}-\ln x$；

（3） $y=(x^2+1)(x-1)$； （4） $y=\dfrac{1-x}{x^2}+x^2$.

解：（1） $y'=(x^2+2^x)'=(x^2)'+(2^x)'=2x+2^x\ln 2$.

（2） $y'=(\sqrt{x}-\ln x)'=(\sqrt{x})'-(\ln x)'=\dfrac{1}{2\sqrt{x}}-\dfrac{1}{x}$.

（3） $y'=[(x^2+1)(x-1)]'=(x^3-x^2+x-1)'$

$=(x^3)'-(x^2)'+(x)'-(1)'=3x^2-2x+1$.

也可以 $y'=[(x^2+1)(x-1)]'=(x^2+1)'(x-1)+(x^2+1)(x-1)'$

$=2x(x-1)+(x^2+1)=3x^2-2x+1$

（4） $y'=\left(\dfrac{1-x}{x^2}+x^2\right)'=\left(\dfrac{1}{x^2}-\dfrac{1}{x}+x^2\right)'=(x^{-2}-x^{-1}+x^2)'$

$=(x^{-2})'-(x^{-1})'+(x^2)'=-2x^{-3}+x^{-2}+2x=-\dfrac{2}{x^3}+\dfrac{1}{x^2}+2x$.

也可以 $y'=\left(\dfrac{1-x}{x^2}+x^2\right)'=\left(\dfrac{1-x}{x^2}\right)'+(x^2)'=\dfrac{(1-x)'x^2-(1-x)(x^2)'}{x^4}+2x$

$=\dfrac{-x^2-(1-x)2x}{x^4}+2x=\dfrac{-x-(1-x)2}{x^3}+2x=\dfrac{x-2}{x^3}+2x$.

例 3－10 求曲线 $y=x^3-\dfrac{1}{x}$ 上点(1, 0)处的切线方程和法线方程.

解： $y'=\left(x^3-\dfrac{1}{x}\right)'=(x^3)'-\left(\dfrac{1}{x}\right)'=3x^2+\dfrac{1}{x^2}$，

将 $x=1$ 代入导函数得 $y'|_{x=1}=4$，

即曲线 $y=x^3-\dfrac{1}{x}$ 上点(1, 0)处的切线斜率为 4，从而其切线方程为 $y-0=4(x-1)$，即

$y=4x-4$．曲线 $y=x^3-\frac{1}{x}$ 上点 $(1,0)$ 处的法线斜率为 $-\frac{1}{4}$，从而其法线方程为 $y-0=-\frac{1}{4}(x-1)$，即 $y=-\frac{1}{4}x+\frac{1}{4}$．

例3－11 设 $y=\frac{2x^3-3x+4}{\sqrt{x}}$，求 y'．

解：先化简得 $y=2x^{\frac{5}{2}}-3x^{\frac{1}{2}}+4x^{-\frac{1}{2}}$，于是

$$y'=2\times\frac{5}{2}x^{\frac{3}{2}}-3\times\frac{1}{2}x^{-\frac{1}{2}}+4\times\left(-\frac{1}{2}\right)x^{-\frac{3}{2}}=5x^{\frac{3}{2}}-\frac{3}{2}x^{-\frac{1}{2}}-2x^{-\frac{3}{2}}.$$

例3－12 求下列函数的导数：

（1）$y=x^2e^x$；（2）$y=\sqrt{x}\sin x$；（3）$y=x\ln x$．

解：（1）$y'=(x^2e^x)'=(x^2)'e^x+x^2(e^x)'=2xe^x+x^2e^x=(2x+x^2)e^x$；

（2）$y'=(\sqrt{x}\sin x)'=(\sqrt{x})'\sin x+\sqrt{x}(\sin x)'=\frac{\sin x}{2\sqrt{x}}+\sqrt{x}\cos x$；

（3）$y'=(x\ln x)'=(x)'\ln x+x(\ln x)'=1\cdot\ln x+x\cdot\frac{1}{x}=\ln x+1$．

例3－13 求下列函数的导数：

（1）$y=\frac{\sin x}{x}$；（2）$y=\frac{x^2}{\ln x}$．

解：（1）$y'=\left(\frac{\sin x}{x}\right)'=\frac{(\sin x)'\cdot x-\sin x\cdot(x)'}{x^2}=\frac{x\cos x-\sin x\cdot 1}{x^2}=\frac{x\cos x-\sin x}{x^2}$；

（2）$y'=\left(\frac{x^2}{\ln x}\right)'=\frac{(x^2)'\cdot\ln x-x^2\cdot(\ln x)'}{(\ln x)^2}=\frac{2x\cdot\ln x-x^2\cdot\frac{1}{x}}{\ln^2 x}=\frac{x(2\ln x-1)}{\ln^2 x}$．

例3－14 求下列函数的导数：

（1）$y=x^2\ln x+2\sqrt{x}\cos x+\pi$；

（2）$y=e^x(\sin x+\cos x)$；

（3）$y=\frac{e^x+\arcsin x}{\cos x}$；

（4）$y=x\sin x\ln x$．

解：（1）$y'=(x^2\ln x+2\sqrt{x}\cos x+\pi)'=(x^2\ln x)'+(2\sqrt{x}\cos x)'+\pi'$

$$=(x^2)'\ln x+x^2(\ln x)'+(2\sqrt{x})'\cos x+2\sqrt{x}(\cos x)'$$

$$=2x\ln x+x+\frac{\cos x}{\sqrt{x}}-2\sqrt{x}\sin x.$$

（2）$y'=(e^x)'(\sin x+\cos x)+e^x(\sin x+\cos x)'$

$$=e^x(\sin x+\cos x)+e^x(\cos x-\sin x).$$

（3） $y'=\left(\dfrac{e^x+\arcsin x}{\cos x}\right)'=\dfrac{(e^x+\arcsin x)'\cos x-(e^x+\arcsin x)(\cos x)'}{\cos^2 x}$

$=\dfrac{\left(e^x+\dfrac{1}{\sqrt{1-x^2}}\right)\cos x+(e^x+\arcsin x)\sin x}{\cos^2 x}$.

（4） $y'=(x\sin x\ln x)'=(x)'\sin x\ln x+x(\sin x)'\ln x+x\sin x(\ln x)'$

$=\sin x\ln x+x\cos x\ln x+\sin x$.

习 题 3.2

1. 已知曲线 $y=x+\dfrac{1}{x}$ 上一点 $A\left(2,\dfrac{5}{2}\right)$，求

（1）点 A 处切线的斜率；

（2）点 A 处的切线方程.

2. 求下列函数的导数：

（1） $y=\dfrac{4}{x^5}+\dfrac{7}{x^4}-\dfrac{2}{x}+12$；

（2） $y=5x^3-2^x+3e^x$；

（3） $y=2\tan x+\sec x-1$；

（4） $y=\sin x\cos x$；

（5） $y=x^2\ln x$；

（6） $y=3e^x\cos x$；

（7） $y=\dfrac{\ln x}{x}$；

（8） $y=\dfrac{e^x}{x^2}+\ln 3$；

（9） $y=x^2\ln x\cos x$；

（10） $y=\dfrac{1+\sin x}{1+\cos x}$.

3. 求下列函数在给定点处的导数：

（1） $y=\sin x-\cos x$，求 $y'\big|_{x=\frac{\pi}{6}}$ 和 $y'\big|_{x=\frac{\pi}{4}}$；

（2） $y=x\sin x+\dfrac{1}{2}\cos x$，求 $\dfrac{dy}{dx}\Big|_{x=\frac{\pi}{4}}$；

（3） $f(x)=\dfrac{3}{5-x}+\dfrac{x^2}{5}$，求 $f'(0)$ 和 $f'(2)$.

3.3 复合函数求导法则

定理 3－7 $y=f(u)$ 可导，$u=g(x)$ 可导，则 $y=f[g(x)]$ 可导，且 $\dfrac{dy}{dx}=\dfrac{dy}{du}\cdot\dfrac{du}{dx}$.

证明：因为 $y=f(u)$ 可导，

所以 $f'(u)=\lim\limits_{\Delta u\to 0}\dfrac{\Delta y}{\Delta u}$，

有 $\dfrac{\Delta y}{\Delta u}=f'(u)+\alpha$，其中 $\lim\limits_{\Delta u\to 0}\alpha=0,\Delta u\neq 0$，

所以 $\Delta y=f'(u)\Delta u+\alpha\Delta u$，

$$\frac{\Delta y}{\Delta x}=f'(u)\frac{\Delta u}{\Delta x}+\alpha\frac{\Delta u}{\Delta x}.$$

因为 $u=g(x)$ 可导，所以 $u=g(x)$ 连续，有 $\lim\limits_{\Delta x\to 0}\Delta u=0$，

所以 $\lim\limits_{\Delta x\to 0}\dfrac{\Delta y}{\Delta x}=f'(u)g'(x)$，

$$\frac{\mathrm{d}y}{\mathrm{d}x}=f'(u)g'(x)=\frac{\mathrm{d}y}{\mathrm{d}u}\cdot\frac{\mathrm{d}u}{\mathrm{d}x}.$$

复合函数的求导法则一般称为链式法则，即因变量对自变量求导等于因变量对中间变量求导乘以中间变量对自变量求导，它也适用于多层复合的情况.

对于初等函数求导时，关键是要能够把所给函数分解为由哪些基本初等函数经过复合或运算构成，利用求导的复合或运算规则及基本初等函数的求导公式便可求其导数.

例 3－15　已知 $y=\ln\sin x$，求 $\dfrac{\mathrm{d}y}{\mathrm{d}x}$.

解：∵　$y=\ln\sin x$ 可以看作由 $y=\ln u$，$u=\sin x$ 两个基本初等函数复合而成，

∴　$\dfrac{\mathrm{d}y}{\mathrm{d}x}=\dfrac{\mathrm{d}y}{\mathrm{d}u}\cdot\dfrac{\mathrm{d}u}{\mathrm{d}x}=\dfrac{\mathrm{d}\ln u}{\mathrm{d}u}\cdot\dfrac{\mathrm{d}\sin x}{\mathrm{d}x}=\dfrac{1}{u}\cdot\cos x=\dfrac{1}{\sin x}\cdot\cos x=\cot x$.

例 3－16　已知 $y=\mathrm{e}^{x^3}$，求 $\dfrac{\mathrm{d}y}{\mathrm{d}x}$.

解：∵　$y=e^{x^3}$ 可以看作由 $y=\mathrm{e}^u,u=x^3$ 两个基本初等函数复合而成，

∴　$\dfrac{\mathrm{d}y}{\mathrm{d}x}=\dfrac{\mathrm{d}y}{\mathrm{d}u}\dfrac{\mathrm{d}u}{\mathrm{d}x}=\mathrm{e}^u\cdot 3x^2=3x^2\mathrm{e}^{x^3}$.

例 3－17　求下列函数的导数：

（1）$y=(1-2x)^4$；　　（2）$y=\dfrac{1}{1+\sin x}$；　　（3）$y=\sqrt{1-x^2}$.

解：（1）令 $u=1-2x$，$y=u^4$，则 $y'=\dfrac{\mathrm{d}y}{\mathrm{d}u}\dfrac{\mathrm{d}u}{\mathrm{d}x}=4u^3\cdot(-2)=-8(1-2x)^3$；

（2）令 $u=1+\sin x$，$y=u^{-1}$，则 $y'=\dfrac{\mathrm{d}y}{\mathrm{d}u}\dfrac{\mathrm{d}u}{\mathrm{d}x}=(-1)u^{-2}\cdot\cos x=-\dfrac{\cos x}{(1+\sin x)^2}$；

（3）令 $u=1-x^2$，$y=u^{\frac{1}{2}}$，则 $y'=\dfrac{\mathrm{d}y}{\mathrm{d}u}\dfrac{\mathrm{d}u}{\mathrm{d}x}=\dfrac{1}{2}u^{-\frac{1}{2}}\cdot(-2x)=-\dfrac{-x}{\sqrt{1-x^2}}=\dfrac{x}{\sqrt{1-x^2}}$.

当比较熟悉链式法则后，中间变量在求导过程中无需写出，可以直接写出函数对中

间变量的求导结果，重要的是必须清楚每一步对哪个变量求导.

例 3－18 已知 $y=\mathrm{e}^{-3x^2}$，求 $\dfrac{\mathrm{d}y}{\mathrm{d}x}$.

解： $y'=\mathrm{e}^{-3x^2}\cdot(-3x^2)'=\mathrm{e}^{-3x^2}\cdot(-6x)=-6x\mathrm{e}^{-3x^2}$.

例 3－19 已知 $y=\sqrt{a^2-x^2}$，求 y'.

解： $y'=\left[(a^2-x^2)^{\frac{1}{2}}\right]'=\dfrac{1}{2}(a^2-x^2)^{\frac{1}{2}-1}\cdot(a^2-x^2)'=\dfrac{1}{2}(a^2-x^2)^{-\frac{1}{2}}\cdot(-2x)=-\dfrac{x}{\sqrt{a^2-x^2}}$.

例 3－20 已知 $y=(x^2+1)^5$，求 $\dfrac{\mathrm{d}y}{\mathrm{d}x}$.

解： $\dfrac{\mathrm{d}y}{\mathrm{d}x}=5(x^2+1)^4\cdot(x^2+1)'=5(x^2+1)^4\cdot 2x=10x(x^2+1)^4$.

例 3－21 已知 $y=\ln|x|$，求 y'.

解： 当 $x>0$ 时，$y'=(\ln x)'=\dfrac{1}{x}$；当 $x<0$ 时，$y'=[\ln(-x)]'=\dfrac{1}{(-x)}\cdot(-1)=\dfrac{1}{x}$，

所以 $y'=(\ln|x|)'=\dfrac{1}{x}$.

例 3－22 已知 $y=\ln\sqrt{\dfrac{1+x^2}{1-x^2}}$，求 y'.

解： 由对数性质，有 $y=\dfrac{1}{2}[\ln(1+x^2)-\ln(1-x^2)]$，则

$$y'=\frac{1}{2}\{[\ln(1+x^2)]'-\ln[(1-x^2)]'\}=\frac{1}{2}\left(\frac{2x}{1+x^2}-\frac{-2x}{1-x^2}\right)=\frac{2x}{1-x^4}.$$

例 3－23 已知 $y=\sin nx\cdot\sin^n x$（n 为常数），求 y'.

解：
$$\begin{aligned}y'&=(\sin nx)'\sin^n x+\sin nx\cdot(\sin^n x)'\\&=\cos nx\cdot n\cdot\sin^n x+\sin nx\cdot n\sin^{n-1}x\cdot\cos x\\&=n\sin^{n-1}x(\cos nx\cdot\sin x+\sin nx\cdot\cos x)\\&=n\sin^{n-1}x\cdot\sin(n+1)x.\end{aligned}$$

例 3－24 已知 $y=\mathrm{e}^{\sin\frac{1}{x}}$，求 y'.

解： $y'=\mathrm{e}^{\sin\frac{1}{x}}\cdot\cos\dfrac{1}{x}\cdot\left(-\dfrac{1}{x^2}\right)=-\dfrac{1}{x^2}\cos\dfrac{1}{x}\mathrm{e}^{\sin\frac{1}{x}}$.

例 3－25 已知 $y=\mathrm{e}^{\sin x^2}\arctan\sqrt{x^2-1}$，求 y'.

解：
$$\begin{aligned}y'&=\mathrm{e}^{\sin x^2}\cos x^2\cdot 2x\cdot\arctan\sqrt{x^2-1}+\mathrm{e}^{\sin x^2}\frac{1}{1+(\sqrt{x^2-1})^2}\cdot\frac{2x}{2\sqrt{x^2-1}}\\&=\mathrm{e}^{\sin x^2}\left(\cos x^2\cdot 2x\cdot\arctan\sqrt{x^2-1}+\frac{1}{x}\cdot\frac{1}{\sqrt{x^2-1}}\right).\end{aligned}$$

例 3－26　已知 $f(x)$ 可导，求下列函数的导数 y'.

（1） $y=\mathrm{e}^{[f(x)]^2}$；　　（2） $y=[xf(x^2)]^2$.

解：（1） $y'=\mathrm{e}^{[f(x)]^2}2f(x)f'(x)$.

（2） $y'=2[xf(x^2)]\cdot[f(x^2)+xf'(x^2)\cdot 2x]$.

例 3－27　已知 $\varphi(x)=a^{f^2(x)}$，且 $f'(x)=\dfrac{1}{f(x)\ln a}$，证明：$\varphi'(x)=2\varphi(x)$.

证明：$\varphi'(x)=a^{f^2(x)}\ln a\cdot 2f(x)\cdot f'(x)=2a^{f^2(x)}=2\varphi(x)$.

习 题 3.3

1. 求下列函数的导数：

（1） $y=(1+x^2)^5$；

（2） $y=\sin nx$；

（3） $y=\sqrt{x^2-a^2}$；

（4） $y=\arcsin\dfrac{x}{2}$；

（5） $y=\log_a(1+x^2)$；

（6） $y=\ln\sqrt{a^2-x^2}$；

（7） $y=\sin x^n$；

（8） $y=\sin^n x$；

（9） $y=\left(\arctan\dfrac{x}{2}\right)^2$；

（10） $y=\tan^2(1+2x^2)$；

（11） $y=\ln\tan\dfrac{x}{2}$；

（12） $y=x^2\sin\dfrac{1}{x}$；

（13） $y=\lg(x-\sqrt{x^2-a^2})$；

（14） $y=\dfrac{1}{\cos^n x}$.

2. 已知 $f(x)$ 可导，求下列函数的导数 y'：

（1） $y=[\ln f(x)]^2$；　　（2） $y=\sin[xf^2(x^2)]$.

3. 设 $f(x)$ 在 $(-\infty,+\infty)$ 内可导，且 $F(x)=f(x^2-1)+f(1-x^2)$，证明：$F'(1)=F'(-1)$.

3.4　隐函数与高阶导数

1. 隐函数的导数

由 $y=f(x)$ 形式给出的函数称为显函数，由 $F(x,y)=0$ 形式给出的称为隐函数. 例如，$y=\sqrt[3]{x}$，$y=\sin x-5x$ 为显函数，$x-y^3=0$，$x^2+y^2=1$，$\mathrm{e}^x+\mathrm{e}^y-xy=0$ 都为隐函数.

对于隐函数求导，可以采用这样的方法：首先在等式两边同时对 x 求导，遇到 y 时将其当作中间变量，利用复合函数的求导法则（即先对 y 求导，再乘以 y 对 x 的导数 y'）得到一个含有 y' 的方程式，解出 y' 即可.

例 3－28 求由方程 $y=x+\ln y$ 所确定的隐函数 $y=y(x)$ 的导数.

解：等式两边对 x 求导，有 $y'=1+\dfrac{y'}{y}$，即 $\left(1-\dfrac{1}{y}\right)y'=1$，解得 $y'=\dfrac{y}{y-1}$.

例 3－29 设 $y=y(x)$ 由 $x^2+y^2-xy=1$ 确定，求 y'.

解：等式两边对 x 求导，有 $2x+2yy'-y-xy'=0$，即 $(2y-x)y'=y-2x$，

解得 $y'=\dfrac{y-2x}{2y-x}$.

例 3－30 求由方程 $y^2-2axy+b=0$ 所确定的隐函数 $y=y(x)$ 的导数.

解：等式两边对 x 求导，有 $2yy'-2ay-2axy'=0$，即 $(2y-2ax)y'=2ay$，

解得 $y'=\dfrac{ay}{y-ax}$.

例 3－31 求由方程 $y=1+xe^y$ 所确定的隐函数 $y=y(x)$ 的导数.

解：等式两边对 x 求导，有 $y'=\mathrm{e}^y+x\mathrm{e}^y y'$，即 $(1-x\mathrm{e}^y)y'=\mathrm{e}^y$，解得 $y'=\dfrac{\mathrm{e}^y}{1-x\mathrm{e}^y}$.

例 3－32 求曲线 $y^3+y^2=2x$ 在点 $(1,1)$ 处的切线方程和法线方程.

解：点 $(1,1)$ 在曲线上即 $(1,1)$ 为切点，切线斜率为 $y'|_{x=1}$，

等式两边对 x 求导，有 $3y^2y'+2yy'=2$，解得 $y'=\dfrac{2}{3y^2+2y}$，

于是得点 $(1,1)$ 处切线斜率为 $y'|_{(1,1)}=\dfrac{2}{5}$，

得切线方程为 $y-1=\dfrac{2}{5}(x-1)$，即 $2x-5y+3=0$.

法线方程为 $y-1=-\dfrac{5}{2}(x-1)$，即 $5x+2y-7=0$.

2. 取对数求导法

在求导运算中，常会遇到下列两类函数的求导问题，一类是幂指函数，即形如 $[f(x)]^{g(x)}$ 的函数，一类是一系列因式的乘、除、乘方、开方所构成的函数. 解决这两类函数的求导通常采用取对数求导法，即先对等号两边同时取对数，再依据隐函数的求导法则进行求导.

例 3－33 求 $y=x^{\sin x}$（$x>0$）的导数.

解：先等号两边取对数，得 $\ln y=\sin x\cdot\ln x$，再依据隐函数的求导法则求导得

$$\frac{1}{y}\cdot y'=\cos x\cdot\ln x+\sin x\cdot\frac{1}{x},$$

解得 $y'=y\cdot\left(\cos x\cdot\ln x+\dfrac{\sin x}{x}\right)=x^{\sin x}\left(\cos x\cdot\ln x+\dfrac{\sin x}{x}\right)$.

例 3－34 求 $y=\sqrt{\dfrac{(x-1)(x-2)}{(x-3)(x-4)}}$（$x>4$）的导数.

解：先等号两边取对数，得 $\ln y=\frac{1}{2}[\ln(x-1)+\ln(x-2)-\ln(x-3)-\ln(x-4)]$，

再依据隐函数的求导法得 $y'=\frac{y}{2}\left(\frac{1}{x-1}+\frac{1}{x-2}-\frac{1}{x-3}-\frac{1}{x-4}\right)$，

解得 $y'=\frac{1}{2}\sqrt{\frac{(x-1)(x-2)}{(x-3)(x-4)}}\cdot\left(\frac{1}{x-1}+\frac{1}{x-2}-\frac{1}{x-3}-\frac{1}{x-4}\right)$.

3. 高阶导数

如果函数 $y=f(x)$ 的导数 $y'=f'(x)$ 仍是 x 的可导函数，就称 $y'=f'(x)$ 的导数为函数 $y=f(x)$ 的二阶导数，记作 $y''=(y')'$ 或 $f''(x)=[f'(x)]'$，或 $\frac{\mathrm{d}^2y}{\mathrm{d}x^2}=\frac{\mathrm{d}}{\mathrm{d}x}\left(\frac{\mathrm{d}y}{\mathrm{d}x}\right)$.

类似地，二阶导数的导数叫作三阶导数，三阶导数的导数叫作四阶导数，……，一般地，函数 $y=f(x)$ 的 $n-1$ 阶导数的导数叫作 n 阶导数. 分别记作

$$y''',y^{(4)},\cdots,y^{(n)}，或\frac{\mathrm{d}^3y}{\mathrm{d}x^3},\frac{\mathrm{d}^4y}{\mathrm{d}x^4},\cdots,\frac{\mathrm{d}^ny}{\mathrm{d}x^n}.$$

且有 $y^{(n)}=[y^{(n-1)}]'$，或 $\frac{\mathrm{d}^ny}{\mathrm{d}x^n}=\frac{\mathrm{d}}{\mathrm{d}x}\left(\frac{\mathrm{d}^{(n-1)}y}{\mathrm{d}x^{n-1}}\right)$.

$y=f(x)$ 具有 n 阶导数，也就是说 $y=f(x)$ 为 n 阶可导. 二阶及二阶以上的导数统称为高阶导数.

求高阶导数并不需要新的方法，只要逐阶求导，直到所要求的阶数导数即可，所以仍可用前面学过的求导方法来计算高阶导数.

例 3－35　$y=-x+1$，求 y''.

解：$y'=-1, y''=0$.

例 3－36　设 $y=a^x$，求 $y^{(n)}$.

解：$\because$ $y=a^x$，　$y'=a^x\ln a$，　$y''=a^x(\ln a)^2,\cdots$，

$\therefore$ $y^{(n)}=a^x(\ln a)^n$，即 $(a^x)^{(n)}=a^x(\ln a)^n$.

特别地：$(\mathrm{e}^x)^{(n)}=\mathrm{e}^x$.

例 3－37　设 $y=x^{\mu}$　$(x>0)$，μ 为常数，求 $y^{(n)}$.

解：$\because$　$y'=\mu x^{\mu-1}$，　$y''=\mu(\mu-1)x^{\mu-2}$，　$y'''=\mu(\mu-1)(\mu-2)x^{\mu-3},\cdots$，

$\therefore$ $y^{(n)}=\mu(\mu-1)(\mu-2)\cdots(\mu-n+1)x^{\mu-n}$，

即　$(x^{\mu})^{(n)}=\mu(\mu-1)(\mu-2)\cdots(\mu-n+1)x^{\mu-n}$，

当 $\mu=n$ 时，　$(x^n)^{(n)}=n(n-1)(n-2)\cdots3\cdot2\cdot1=n!$.

显然，$(x^n)^{(n+1)}=0$.

例 3－38　求 n 次多项式 $y=a_0x^n+a_1x^{n-1}+\cdots+a_n$ 的各阶导数.

解：$y'=na_0x^{n-1}+(n-1)a_1x^{n-1}+\cdots+a_{n-1}$，

$y''=n(n-1)a_0x^{n-2}+(n-1)(n-2)a_1x^{n-3}+\cdots+2a_{n-2}$，

可见每经过一次求导运算，多项式的次数就降低一次，继续求导得 $y^{(n)}=n!a_0$，这是一个常数，因而 $y^{(n+1)}=y^{(n+2)}=\cdots=0$．也就是说，$n$ 次多项式的一切高于 n 阶的导数都是零.

例 3－39 求 $y=\sin(x+y)$ 的二阶导数.

解：$y'=\cos(x+y)(x+y)'=\cos(x+y)(1+y')$，（1）

解得 $y'=\dfrac{\cos(x+y)}{1-\cos(x+y)}$.（2）

（1）式两端对 x 求导，得

$$y''=-\sin(x+y)(1+y')^2+y''\cos(x+y),$$

解得 $y''=\dfrac{\sin(x+y)}{\cos(x+y)-1}(1+y')^2$，（3）

将（2）代入（3）得：$y''=\dfrac{\sin(x+y)}{\cos(x+y)-1}\cdot\left[1+\dfrac{\cos(x+y)}{1-\cos(x+y)}\right]^2=\dfrac{\sin(x+y)}{[\cos(x+y)-1]^3}$.

例 3－40 设 $y=y(x)$ 由方程 $x-y+\dfrac{1}{2}\sin y=0$ 确定，求 $\dfrac{\mathrm{d}^2y}{\mathrm{d}x^2}$.

解：等式两边对 x 求导 $1-y'+\dfrac{1}{2}\cos y\cdot y'=0$，解得 $\dfrac{\mathrm{d}y}{\mathrm{d}x}=\dfrac{2}{2-\cos y}$，

$$\frac{\mathrm{d}^2y}{\mathrm{d}x^2}=\frac{\mathrm{d}}{\mathrm{d}x}\left(\frac{\mathrm{d}y}{\mathrm{d}x}\right)=\frac{\mathrm{d}}{\mathrm{d}x}\left(\frac{2}{2-\cos y}\right)=\frac{-2\sin y\dfrac{\mathrm{d}y}{\mathrm{d}x}}{(2-\cos y)^2}=\frac{-4\sin y}{(2-\cos y)^3}.$$

由此可见，求隐函数的二阶导数的步骤是：首先利用隐函数的求导法则求出一阶导数，其次对含有一阶导数的方程（视 y, y' 都为 x 的函数）两边同时再对 x 求一阶导，便可得到二阶导数，如果整理的 y'' 中含有 y'，那么把 y' 的表达式回代入 y'' 中即可.

习 题 3.4

1. 求由下列方程所确定的隐函数的导数：

（1）$y^2+2xy+3=0$；　　（2）$x=\sin xy^2$；

（3）$x^2y=\mathrm{e}^{x+y}$；　　（4）$y=1+x\mathrm{e}^{xy}$；

（5）$2^x+2^y=2^{x+y}$；　　（6）$y=\sec(x+y)$.

2. 求由下列函数的导数：

（1）$y=\left(\dfrac{x-1}{x+1}\right)^{\sin x}$；　　（2）$y=x^{2x}$；

（3）$y=\sqrt{x\sin x\sqrt{1-\mathrm{e}^x}}$；　　（4）$y=\dfrac{(x-1)^2(4-3x)}{(x+1)^3}$.

3. 求下列函数的二阶导数：

（1）$y=x^5+4x^3+2x$；　（2）$y=e^{3x-2}$；　（3）$y=x\sin x$；

（4）$y=e^{-t}\sin t$；　（5）$y=\sqrt{1-x^2}$；　（6）$y=\ln(1-x^2)$；

（7）$y=\tan x$；　（8）$y=\dfrac{1}{x^2+1}$；　（9）$y=xe^{x^2}$.

4. 设 $f(x)=(3x+1)^{10}$，求 $f'''(0)$.

5. 设 $g'(x)$ 连续，且 $f(x)=(x-a)^2g(x)$，求 $f''(a)$.

3.5　微分及其运算

函数的导数表示函数在某点的变化率，它描述了函数变化的快慢程度，在实际问题中，有时还需要讨论当自变量取得一个微小改变量时，函数取得相应改变量的大小，这就是函数的微分的问题. 本节主要学习微分概念及其运算法则与基本公式，掌握微分的计算.

我们先看一个具体例子.

设有一个边长为 x 的正方形，其面积用 S 表示，显然 $S=x^2$. 如果边长 x 取得一个改变量 Δx，面积 S 则相应地取得改变量 $\Delta S=(x+\Delta x)^2-x^2=2x\Delta x+(\Delta x)^2$，包括两部分：第一部分 $2x\Delta x$ 是 Δx 的线性函数，在图 3－2 中为阴影部分的两个矩形面积之和. 而第二部分 $(\Delta x)^2$，当 $\Delta x\to 0$ 时，是比 Δx 高阶的无穷小量. 因此，当 $|\Delta x|$ 很小时，我们可以用第一部分 $2x\Delta x$ 近似地表示 ΔS，而将第二部分忽略掉，其差 $\Delta S-2x\Delta x=(\Delta x)^2$ 是一个比 Δx 高阶的无穷小量. 为对函数改变量的线性主部进行研究，我们给出如下微分的概念.

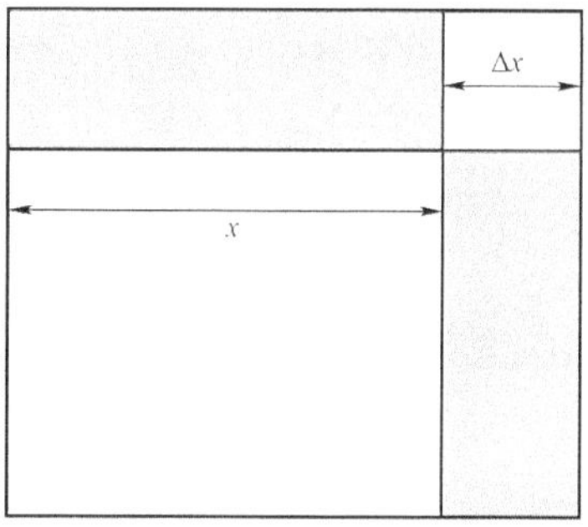

图 3－2

1. 微分的定义

考虑函数 $f(x)$，当自变量由 x 变到 $x+\Delta x$，相应的函数 y 的改变量 $\Delta y=f(x+\Delta x)-f(x)$，如果可以表示成 $\Delta y=A\Delta x+o(\Delta x)$，其中 A 是（仅依赖于 x）不依赖于 Δx 的常数，则称 $A\cdot\Delta x$ 为 $f(x)$ 的微分，记作 dy 或 $df(x)$，即 $dy=df(x)=A\cdot\Delta x$，此时称 $f(x)$ 在 x 点可微. 当 $|\Delta x|$ 很小时，$\Delta y\approx dy=A\cdot\Delta x$.

若给定函数 $y=f(x)$ 在点 x 处可导，根据导数定义有 $\lim\limits_{\Delta x\to 0}\dfrac{\Delta y}{\Delta x}=f'(x)$，由极限定理知，$\dfrac{\Delta y}{\Delta x}=f'(x)+\alpha$，其中 α 是当 $\Delta x\to 0$ 时的无穷小量，因此 $\Delta y=f'(x)\Delta x+\alpha\cdot\Delta x$，表明函数的增量可以表示为两项之和，第一项 $f'(x)\Delta x$ 是 Δx 的线性函数且 $f'(x)$ 与 Δx 无关，第二项 $a\Delta x$ 是当 $\Delta x\to 0$ 时比 Δx 高阶的无穷小量. 因此，当函数 $y=f(x)$ 在任意点 x 处可导时，

函数 $y=f(x)$ 在任意点 x 都可微分，且 $y=f(x)$ 在任意点 x 的微分为 $\mathrm{d}y=f'(x)\Delta x$.

例 3－41 求函数 $y=x^2$ 在 $x=1$， $\Delta x=0.1$ 时的改变量及微分.

解： $\because$ $\Delta y=(x+\Delta x)^2-x^2=(1.1)^2-1^2=0.21$， $y'|_{x=1}=2x|_{x=1}=2$，

$\therefore$ $\mathrm{d}y\Big|_{\substack{x=1\\ \Delta x=0.1}}=y'\Delta x\Big|_{\substack{x=1\\ \Delta x=0.1}}=2\times0.1=0.2$.

2. 函数可导性与可微性的关系

定理 3－8 函数 $f(x)$ 在 x 点可微的充分必要条件是 $f(x)$ 在 x 点可导.

证明： 如果 $f(x)$ 在 x 点可微，则 $\Delta y=A\Delta x+o(\Delta x)$，

$$\frac{\Delta y}{\Delta x}=A+\frac{o(\Delta x)}{\Delta x},$$

$$\lim_{\Delta x\to0}\frac{\Delta y}{\Delta x}=A=f'(x),$$

所以 $f(x)$ 在 x 点可导.

如果 $f(x)$ 在 x 点可导，则 $f'(x)=\lim\limits_{\Delta x\to0}\dfrac{\Delta y}{\Delta x}$，

所以 $\dfrac{\Delta y}{\Delta x}=f'(x)+\alpha$， $\lim\limits_{\Delta x\to0}\alpha=0$，

$\Delta y=f'(x)\Delta x+\alpha\Delta x=A\Delta x+o(\Delta x)$，所以 $f(x)$ 在 x 点可微.

由定理可知，可导必可微，可微必可导，且 $\mathrm{d}y=\mathrm{d}f(x)=f'(x)\cdot\Delta x$.

注： 自变量的微分 $\mathrm{d}x=1\cdot\Delta x=\Delta x$，习惯上，将 Δx 用自变量的微分 $\mathrm{d}x$ 表示，

有 $\mathrm{d}y=\mathrm{d}f(x)=f'(x)\cdot\mathrm{d}x$，

有 $\dfrac{\mathrm{d}y}{\mathrm{d}x}=f'(x)$.

函数的微分 $\mathrm{d}y$ 与自变量的微分 $\mathrm{d}x$ 之商等于该函数的导数，因此，导数又叫微商. 微分与导数虽然有着密切的联系，但它们是有区别的，导数是函数在一点处的变化率，而微分是函数在一点处由自变量增量所引起的函数变化量的主要部分；导数的值只与 x 有关，而微分的值与 x 和 Δx 都有关.

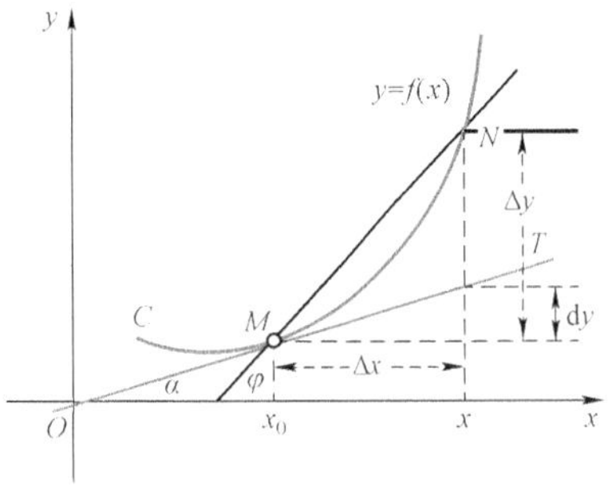

图 3－3

3. 微分的几何意义

函数在 x 点的微分 $\mathrm{d}y=f'(x)\cdot\Delta x$，表现为相应于 Δx 过 (x,y) 点的切线的纵坐标的改变量，如图 3－3 所示.

4. 微分的计算

方法一： 根据 $\mathrm{d}y=\mathrm{d}f(x)=f'(x)\cdot\mathrm{d}x$，可先求出导数，再乘以 $\mathrm{d}x$ 得到 $\mathrm{d}y$.

方法二： 利用微分的运算法则和基本初等函数的微分公式.

基本初等函数的微分公式

（1） $\mathrm{d}(C)=0$（C 为常数）； （2） $\mathrm{d}(x^n)=nx^{n-1}\mathrm{d}x$；

（3） $\mathrm{d}(\sin x)=\cos x\mathrm{d}x$；　（4） $\mathrm{d}(\cos x)=-\sin x\mathrm{d}x$；

（5） $\mathrm{d}(\tan x)=\sec^2 x\mathrm{d}x$；　（6） $\mathrm{d}(\cot x)=-\csc^2 x\mathrm{d}x$；

（7） $\mathrm{d}(\sec x)=\sec x\tan x\mathrm{d}x$；　（8） $\mathrm{d}(\csc x)=-\csc x\cot x\mathrm{d}x$；

（9） $\mathrm{d}(a^x)=a^x\ln a\mathrm{d}x$；　（10） $\mathrm{d}(\mathrm{e}^x)=\mathrm{e}^x\mathrm{d}x$；

（11） $\mathrm{d}(\log_a x)=\dfrac{1}{x\ln a}\mathrm{d}x$；　（12） $\mathrm{d}(\ln x)=\dfrac{1}{x}\mathrm{d}x$；

（13） $\mathrm{d}(\arcsin x)=\dfrac{1}{\sqrt{1-x^2}}\mathrm{d}x$；　（14） $\mathrm{d}(\arccos x)=-\dfrac{1}{\sqrt{1-x^2}}\mathrm{d}x$；

（15） $\mathrm{d}(\arctan x)=\dfrac{1}{1+x^2}\mathrm{d}x$；　（16） $\mathrm{d}(\mathrm{arccot}\, x)=-\dfrac{1}{1+x^2}\mathrm{d}x$.

函数的和、差、积、商的微分法则

若 $f(x),g(x)$ 可微，有

（1） $\mathrm{d}[f(x)\pm g(x)]=\mathrm{d}[f(x)]\pm \mathrm{d}[g(x)]$；

（2） $\mathrm{d}[f(x)g(x)]=g(x)\mathrm{d}[f(x)]+f(x)\mathrm{d}[g(x)]$；

（3） $\mathrm{d}[Cf(x)]=C\mathrm{d}[f(x)]$；

（4） $\mathrm{d}\left[\dfrac{f(x)}{g(x)}\right]=\dfrac{g(x)\mathrm{d}[f(x)]-f(x)\mathrm{d}[g(x)]}{g^2(x)}$（其中 $g(x)\neq 0$）.

复合函数的微分法则（微分形式的不变性）

如果函数 $y=f(u)$ 与 $u=g(x)$ 都可导（可微），则复合函数 $y=f[g(x)]$ 可微，而且 $\mathrm{d}y=y'\mathrm{d}x=f'(u)g'(x)\mathrm{d}x$，由于 $\mathrm{d}u=g'(x)\mathrm{d}x$，因此 $\mathrm{d}y=f'(u)g'(x)\mathrm{d}x=f'(u)\mathrm{d}u$. 即对于函数 $y=f(u)$，无论 u 是自变量还是中间变量，微分形式 $\mathrm{d}y=f'(u)\mathrm{d}u$ 保持不变，这个性质称为微分形式的不变性.

例 3－42　求下列函数的微分.

（1） $y=-x^3\mathrm{e}^{2x}$；（2） $y=\arctan\dfrac{1}{x}$；（3） $y=\dfrac{x+1}{x^2+1}$.

解：（1） $y'=-3x^2\mathrm{e}^{2x}-2x^3\mathrm{e}^{2x}=-x^2\mathrm{e}^{2x}(3+2x)$， $\mathrm{d}y=y'\mathrm{d}x=-x^2\mathrm{e}^{2x}(3+2x)\mathrm{d}x$.

（2） $y'=\dfrac{-\dfrac{1}{x^2}}{1+\dfrac{1}{x^2}}=-\dfrac{1}{1+x^2}$， $\mathrm{d}y=\dfrac{\mathrm{d}x}{1+x^2}$.

（3） $\mathrm{d}y=\mathrm{d}\left(\dfrac{x+1}{x^2+1}\right)=\dfrac{(x^2+1)\mathrm{d}(x+1)-(x+1)\mathrm{d}(x^2+1)}{(x^2+1)^2}$

$$=\frac{(x^2+1)\mathrm{d}x-(x+1)\cdot 2x\mathrm{d}x}{(x^2+1)^2}=\frac{1-2x-x^2}{(x^2+1)^2}\mathrm{d}x.$$

例 3－43　在下列等式左端的括号内填入适当的函数，使等式成立：

（1） $\mathrm{d}(\quad)=\cos\omega t\mathrm{d}t$；　（2） $\mathrm{d}(\sin x^2)=(\quad)\mathrm{d}(\sqrt{x})$.

解：（1）因为 $\mathrm{d}(\sin\omega t)=\omega\cos\omega t\mathrm{d}t$，

所以 $\cos\omega t\mathrm{d}t=\frac{1}{\omega}\mathrm{d}(\sin\omega t)=\mathrm{d}\left(\frac{1}{\omega}\sin\omega t\right)=\mathrm{d}\left(\frac{1}{\omega}\sin\omega t+C\right)=\cos\omega t\mathrm{d}t$.

（2）因为 $\frac{\mathrm{d}(\sin x^2)}{\mathrm{d}(\sqrt{x})}=\frac{2x\cos x^2\mathrm{d}x}{\frac{1}{2\sqrt{x}}\mathrm{d}x}=4x\sqrt{x}\cos x^2$ ，

所以 $\mathrm{d}(\sin x^2)=(4x\sqrt{x}\cos x^2)\mathrm{d}(\sqrt{x})$.

例 3－44 设 $y=\cos\sqrt{x}$ ，求 $\mathrm{d}y$.

解：（方法一）用公式 $\mathrm{d}y=f'(x)\mathrm{d}x$ ，得

$$\mathrm{d}y=(\cos\sqrt{x})'\mathrm{d}x=-\frac{1}{2\sqrt{x}}\sin\sqrt{x}\mathrm{d}x .$$

（方法二）用一阶微分形式的不变性，得

$$\mathrm{d}y=\mathrm{d}(\cos\sqrt{x})=-\sin\sqrt{x}\mathrm{d}\sqrt{x}=-\sin\sqrt{x}\frac{1}{2\sqrt{x}}\mathrm{d}x=-\frac{1}{2\sqrt{x}}\sin\sqrt{x}\mathrm{d}x .$$

例 3－45 设 $y=\mathrm{e}^{\cos x}$ ，求 $\mathrm{d}y$.

解：（方法一）用公式 $\mathrm{d}y=f'(x)\mathrm{d}x$ ，得

$$\mathrm{d}y=(\mathrm{e}^{\cos x})'\mathrm{d}x=-\mathrm{e}^{\cos x}\sin x\mathrm{d}x .$$

（方法二）用一阶微分形式的不变性，得

$$\mathrm{d}y=\mathrm{d}\mathrm{e}^{\cos x}=\mathrm{e}^{\cos x}\mathrm{d}\cos x=-\mathrm{e}^{\cos x}\sin x\mathrm{d}x .$$

例 3－46 求 $y=\frac{\sin 2x}{x^2}$ 的微分 $\mathrm{d}y$.

解：$\mathrm{d}y=\frac{x^2\mathrm{d}\sin 2x-\sin 2x\mathrm{d}x^2}{x^4}=\frac{2x^2\cos 2x\mathrm{d}x-2x\sin 2x\mathrm{d}x}{x^4}=\frac{2x^2\cos 2x-2x\sin 2x}{x^4}\mathrm{d}x$.

例 3－47 求 $y=\mathrm{e}^{-\frac{u^2}{2}}$ 的微分 $\mathrm{d}y$.

解：$\mathrm{d}y=\mathrm{e}^{-\frac{u^2}{2}}\mathrm{d}\left(-\frac{u^2}{2}\right)=\mathrm{e}^{-\frac{u^2}{2}}(-u)\mathrm{d}u=-u\mathrm{e}^{-\frac{u^2}{2}}\mathrm{d}u$.

例 3－48 $x^2+y^2=1$ 确定的函数的微分 $\mathrm{d}y$ ，并在 $\left(\frac{3}{5},\frac{4}{5}\right)$ 点计算相应于 $\Delta x=0.01$ 的微分.

解：$\mathrm{d}(x^2+y^2)=0$ ，$2x\mathrm{d}x+2y\mathrm{d}y=0$ ，

$$\mathrm{d}y=-\frac{x}{y}\mathrm{d}x ,\quad \mathrm{d}y\Big|_{\substack{x=\frac{3}{5}\\ \Delta x=0.01}}=-\frac{\frac{3}{5}}{\frac{4}{5}}\times 0.01=-0.007\,5 .$$

例 3－49 求方程 $x^2+2xy-y^2=\ln 2$ 确定的隐函数 $y=f(x)$ 的微分 $\mathrm{d}y$ 及导数 $\frac{\mathrm{d}y}{\mathrm{d}x}$.

解：对方程两边求微分，得 $2x\mathrm{d}x+2(y\mathrm{d}x+x\mathrm{d}y)-2y\mathrm{d}y=0$，

解得微分 $\mathrm{d}y=\dfrac{y+x}{y-x}\mathrm{d}x$，得到导数 $\dfrac{\mathrm{d}y}{\mathrm{d}x}=\dfrac{y+x}{y-x}$.

例 3－50　求 $\mathrm{e}^{\sqrt{x^2+y^2}}=\sin(xy)$ 的微分 $\mathrm{d}y$.

解：对方程两边求微分，$\mathrm{e}^{\sqrt{x^2+y^2}}\mathrm{d}\sqrt{x^2+y^2}=\cos(xy)\mathrm{d}xy$，

$$\mathrm{e}^{\sqrt{x^2+y^2}}\cdot\frac{1}{2\sqrt{x^2+y^2}}\mathrm{d}(x^2+y^2)=\cos(xy)(y\mathrm{d}x+x\mathrm{d}y),$$

$$\mathrm{e}^{\sqrt{x^2+y^2}}\cdot\frac{1}{2\sqrt{x^2+y^2}}(2x\mathrm{d}x+2y\mathrm{d}y)=\cos(xy)(y\mathrm{d}x+x\mathrm{d}y),$$

解得 $\mathrm{d}y=\dfrac{y\sqrt{x^2+y^2}\cos(xy)-x\mathrm{e}^{\sqrt{x^2+y^2}}}{y\mathrm{e}^{\sqrt{x^2+y^2}}-x\sqrt{x^2+y^2}\cos(xy)}\mathrm{d}x$.

习 题 3.5

1. 将适当的函数填入下列括号内，使等式成立.

（1）$\mathrm{d}(\quad)=5x\mathrm{d}x$；　（2）$\mathrm{d}(\quad)=\sec^2 x\mathrm{d}x$；　（3）$\mathrm{d}(\quad)=\dfrac{1}{1+x^2}\mathrm{d}x$；

（4）$\mathrm{d}(\quad)=\dfrac{1}{x^2}\mathrm{d}x$；　（5）$\mathrm{d}(\quad)=\dfrac{1}{\sqrt{x}}\mathrm{d}x$；　（6）$\mathrm{d}(\quad)=\sin\omega x\mathrm{d}x$；

（7）$\mathrm{d}(\quad)=\mathrm{e}^{-2x}\mathrm{d}x$；　（8）$\mathrm{d}(\quad)=\dfrac{1}{2x}\mathrm{d}x$.

2. 求下列函数的微分：

（1）$y=\ln x+2\sqrt{x}$；　（2）$y=x\sin 2x$；　（3）$y=\dfrac{x^2}{\mathrm{e}^{2x}}$；

（4）$y=\ln\sqrt{1-x^3}$；　（5）$y=(\mathrm{e}^x+\mathrm{e}^{-x})^3$；　（6）$y=\sqrt{x-\sqrt{x}}$；

（7）$y=\arctan\dfrac{1-x^2}{1+x^2}$；　（8）$y=\mathrm{e}^x+\sqrt{1-\mathrm{e}^{2x}}\arccos(\mathrm{e}^x)$.

3. 已知 $y=x^3-1$，在点 $x=2$ 处计算当 Δx 分别为 1，0.1，0.01 时的 Δy 及 $\mathrm{d}y$ 的值.

4. 求方程 $xy=\mathrm{e}^{x+y}$ 所确定的函数 $y=y(x)$ 的微分 $\mathrm{d}y$.

5. 求由方程 $\sqrt{x^2+y^2}=\mathrm{e}^{\arctan\frac{y}{x}}$ 所确定的函数 y 的微分.

习　题　三

1. 选择题

（1）若 $\lim\limits_{\Delta x\to 0}\dfrac{f(x_0+\Delta x)-f(x_0)}{\Delta x}=k$，则 $\lim\limits_{\Delta x\to 0}\dfrac{f(x_0+2\cdot\Delta x)-f(x_0)}{\Delta x}$ 等于（　　）.

A. $2k$　　B. k　　C. $\dfrac{1}{2}k$　　D. 以上都不是

（2）设 $f(x)=\begin{cases}x, & x<0,\\ \ln(1+x), & x\geqslant 0,\end{cases}$ 则 $f(x)$ 在 $x=0$ 处（　　）.

A. 可导　　B. 连续但不可导　　C. 不连续　　D. 无意义

（3）曲线 $y=\dfrac{1}{x}$ 在点 $(-1,-1)$ 处的切线方程为（　　）.

A. $y=x+1$　　B. $y=x-1$　　C. $y=-x-3$　　D. $y=-x-2$

（4）设函数 $f(x)$ 在 x_0 可导，则 $\lim\limits_{h\to 0}\dfrac{f(x_0+2h)-f(x_0-2h)}{h}=$（　　）.

A. $\dfrac{1}{4}f'(x_0)$　　B. $\dfrac{1}{2}f'(x_0)$　　C. $f'(x_0)$　　D. $4f'(x_0)$

（5）函数 $f(x)=\begin{cases}0, & x\leqslant 0,\\ \dfrac{1}{x}, & x>0,\end{cases}$ 在点 $x=0$ 处不连续，是因为（　　）.

A. $f(0+0)\neq f(0)$　　B. $f(0-0)\neq f(0)$

C. $f(0+0)$ 不存在　　D. $f(0-0)$ 不存在

（6）函数 $f(x)$ 在 $x=x_0$ 处连续是 $f(x)$ 在 x_0 处可导的（　　）.

A. 充分不必要条件　　B. 必要不充分条件

C. 充分必要条件　　D. 既不充分也不必要条件

（7）函数 $f(x)=\dfrac{|x|}{x}$ 在 $x=0$ 处（　　）.

A. 连续但不可导　　B. 连续且可导

C. 极限存在但不连续　　D. 不连续也不可导

（8）函数 $f(x)=\begin{cases}1, & x\geqslant 0,\\ -1, & x<0,\end{cases}$ 在 $x=0$ 处（　　）.

A. 左连续　　B. 右连续　　C. 连续　　D. 左、右皆不连续

（9）设 $f(0)=0$，且 $\lim\limits_{x\to 0}\dfrac{f(x)}{x}$ 存在，则 $\lim\limits_{x\to 0}\dfrac{f(x)}{x}=$（　　）.

A. $f'(x)$　　B. $f'(0)$　　C. $f(0)$　　D. $\dfrac{1}{2}f'(0)$

（10）设 $f(x)=\begin{cases} x^2+1, & -1<x\leqslant 0, \\ 1, & 0<x\leqslant 2, \end{cases}$ 则 $f(x)$ 在点 $x=0$ 处（　　）.

A. 可导　　B. 连续但不可导　　C. 不连续　　D. 无定义

（11）下列结论不正确的是（　　）.

A. 若 $y=3$，则 $y'=0$　　B. 若 $f(x)=3x+1$，则 $f'(1)=3$

C. 若 $y=-\sqrt{x}+x$，则 $y'=-\dfrac{1}{2\sqrt{x}}+1$　　D. 若 $y=\sin x+\cos x$，则 $y'=\cos x+\sin x$

（12）函数 $y=\dfrac{x}{1-\cos x}$ 的导数是（　　）.

A. $y'=\dfrac{1-\cos x-x\sin x}{1-\cos x}$　　B. $y'=\dfrac{1-\cos x-x\sin x}{(1-\cos x)^2}$

C. $y'=\dfrac{1-\cos x+\sin x}{(1-\cos x)^2}$　　D. $y'=\dfrac{1-\cos x+x\sin x}{(1-\cos x)^2}$

（13）若函数 $f(x)=ax^4+bx^2+c$ 满足 $f'(1)=2$，则 $f'(-1)$ 等于（　　）.

A. -1　　B. -2　　C. 2　　D. 0

（14）设曲线 $y=\dfrac{x+1}{x-1}$ 在点(3, 2)处的切线与直线 $ax+y+1=0$ 垂直，则 a 等于（　　）.

A. 2　　B. $\dfrac{1}{2}$　　C. $-\dfrac{1}{2}$　　D. -2

（15）设函数 $f(x)=g(x)+x^2$，曲线 $y=g(x)$ 在点 $(1, g(1))$ 处的切线方程为 $y=2x+1$，则曲线 $y=f(x)$ 在点 $(1, f(1))$ 处切线的斜率为（　　）.

A. 4　　B. $-\dfrac{1}{4}$　　C. 2　　D. $-\dfrac{1}{2}$

（16）函数 $y=\dfrac{1}{(3x-1)^2}$ 的导数是（　　）.

A. $\dfrac{6}{(3x-1)^3}$　　B. $\dfrac{6}{(3x-1)^2}$　　C. $-\dfrac{6}{(3x-1)^3}$　　D. $-\dfrac{6}{(3x-1)^2}$

（17）函数 $y=\sin\left(3x+\dfrac{\pi}{4}\right)$ 的导数为（　　）.

A. $3\sin\left(3x+\dfrac{\pi}{4}\right)$　　B. $3\cos\left(3x+\dfrac{\pi}{4}\right)$　　C. $3\sin^2\left(3x+\dfrac{\pi}{4}\right)$　　D. $3\cos^2\left(3x+\dfrac{\pi}{4}\right)$

（18）曲线 $y=x^n$ 在 $x=2$ 处的导数是 12，则 $n=$（　　）.

A. 1　　B. 2　　C. 3　　D. 4

（19）函数 $y=\cos 2x+\sin\sqrt{x}$ 的导数为（　　）.

A. $-2\sin 2x+\dfrac{\cos\sqrt{x}}{2\sqrt{x}}$　　B. $2\sin 2x+\dfrac{\cos\sqrt{x}}{2\sqrt{x}}$

C. $-2\sin 2x+\dfrac{\sin\sqrt{x}}{2\sqrt{x}}$　　D. $2\sin 2x-\dfrac{\cos\sqrt{x}}{2\sqrt{x}}$

（20）过点 $P(1,2)$，曲线 $y=2\mathrm{e}^{2x-2}$ 的切线方程是（　　）.

A. $4x-y-2=0$　　B. $4x+y-2=0$

C. $4x+y=0$　　D. $4x-y+2=0$

2. 填空题

（1）设 $f(x)$ 在 x_0 处可导，则 $\lim\limits_{\Delta x\to 0}\dfrac{f(x_0-\Delta x)-f(x_0)}{\Delta x}=$__________.

（2）若 $f(x)=\begin{cases}x^2, & x\leqslant 1,\\ ax+b, & x>1,\end{cases}$ 在 $x=1$ 处可导，则 $a=$______，$b=$______.

（3）已知 $f(x)=\begin{cases}x^2, & x\geqslant 0,\\ -x^2, & x<0,\end{cases}$ 则 $f'(0)=$__________.

（4）设 $f(x)$ 在 x_0 处可导，且 $f'(x_0)=A$，则 $\lim\limits_{h\to 0}\dfrac{f(x_0+2h)-f(x_0-3h)}{h}$ 用 A 的代数式表示为______________.

（5）曲线 $y=x^3+1$ 在 $(-1,0)$ 处的切线方程是______________.

（6）曲线 $y=x+\mathrm{e}^x$ 在点 $(0,1)$ 处的切线方程是________________.

（7）设 $y=x^2 2^x+\mathrm{e}^{\sqrt{2}}$，则 $y'=$__________________.

（8）设 $y=x^{\mathrm{e}}+\mathrm{e}^x+\ln x+\mathrm{e}^{\mathrm{e}}$，则 $y'=$___________________.

（9）曲线 $y=\sin 3x$ 在点 $P\left(\dfrac{\pi}{3},0\right)$ 处切线的斜率为________________.

（10）函数 $y=x\sin 2x\cos 3x$ 的导数是__________________________________.

（11）函数 $y=\sqrt{\cos\left(2x-\dfrac{\pi}{3}\right)}$ 的导数为______________________________.

（12）函数 $y=\cos^3\dfrac{1}{x}$ 的导数是__________________________.

（13）$f(x)=\ln\sqrt{1+x^2}$，则 $f'(0)=$_________________.

3. 判断题（对的请打“√”，错的请打“×”）

（1）若函数 $f(x)$ 在 x_0 点处可导，则 $f'(x_0)=[f(x_0)]'$.（　　）

（2）若 $f(x)$ 在 x_0 处可导，则 $\lim\limits_{x\to x_0}f(x)$ 一定存在.（　　）

（3）函数 $f(x)=x|x|$ 是定义区间上的可导函数.（　　）

（4）函数 $f(x)=|x|$ 在其定义域内可导.（　　）

（5）若 $f(x)$ 在 $[a,b]$ 上连续，则 $f(x)$ 在 (a,b) 内一定可导.（　　）

（6）若 $f(x)$ 在 x_0 点不可导，则 $f(x)$ 在 x_0 点处不连续.（　　）

（7）函数 $f(x)=x|x|$ 在点 $x=0$ 处不可导.（　　）

4. 求下列函数的导数：

（1） $y=\ln\dfrac{1+\sqrt{x}}{1-\sqrt{x}}$；　　（2） $y=\operatorname{arccot}\dfrac{2x}{1-x^2}$；

（3） $y=\dfrac{x}{\sqrt{1-x^2}}$；　　（4） $y=x\sqrt{1-x^2}+\arcsin x$；

（5） $y=\sin\sqrt{x}+\sqrt{\cos x}+\sin(\cos x)$；　　（6） $y=(2+3x^2)\sqrt{1+5x^2}$；

（7） $e^{x+2y}=\cos x^2 y^2$；　　（8） $y=\dfrac{(x-1)^5}{(x+1)^2}\sqrt[3]{\dfrac{3-2x}{(2+x)^4}}$.

5. 已知 $f(x)$ 可导，求下列函数的微分：

（1） $y=e^{f(\sin x)}$；

（2） $y=\tan[f^3(\sqrt{x})]$.

6. 求下列函数二阶导数：

（1） $y=(1+x^2)\operatorname{arccot}x$；

（2） $y=x^2e^{x^3}$.

7. 已知函数 $f(x)=\begin{cases}x^2\sin\dfrac{1}{x}, & x\neq 0,\\ 0, & x=0,\end{cases}$ 求 $f'(x)$.

第 4 章　微分中值定理与导数的应用

4.1　微分中值定理

微分中值定理建立了函数的导数与函数之间的联系，它由若干个定理构成.

1. 罗尔定理

定理 4－1　罗尔定理：若函数 $f(x)$ 满足：

（1）在闭区间 $[a,b]$ 上连续，

（2）在开区间 (a,b) 内可导，

（3）$f(a)=f(b)$，

则在 (a,b) 内至少存在一点 ξ，使 $f'(\xi)=0$.

证明：因为 $f(x)$ 在 $[a,b]$ 上连续，所以 $f(x)$ 在 $[a,b]$ 上必定取得最大值 M 和最小值 m，

（1）当 $M=m$ 时，$f(x)\equiv M$，则 $f'(x)=0$，定理成立；

（2）当 $M>m$ 时，$f(x)$ 不恒为常数，因为 $f(a)=f(b)$，

所以 M，m 中至少有一个点不等于 $f(a)=f(b)$，不妨设 $m\neq f(a)$，

那么在 (a,b) 内至少存在一点 ξ，使 $m=f(\xi)$，下面证明 $f'(\xi)=0$，

因为 $f(x)$ 在 (a,b) 内可导，所以 $f'(\xi)$ 存在，

即 $f'(\xi)=\lim\limits_{\Delta x\to 0}\dfrac{f(\xi+\Delta x)-f(\xi)}{\Delta x}$.

因为 $m=f(\xi)$ 是 $f(x)$ 在 $[a,b]$ 上的最小值，所以不论 Δx 是正还是负只要 $\xi+\Delta x\in[a,b]$，总有 $f(\xi+\Delta x)\geqslant f(\xi)$，即 $f(\xi+\Delta x)-f(\xi)\geqslant 0$，

当 $\Delta x>0$ 时，$\dfrac{f(\xi+\Delta x)-f(\xi)}{\Delta x}\geqslant 0$，$f'_+(\xi)=\lim\limits_{\Delta x\to 0^+}\dfrac{f(\xi+\Delta x)-f(\xi)}{\Delta x}\geqslant 0$，

当 $\Delta x<0$ 时，$\dfrac{f(\xi+\Delta x)-f(\xi)}{\Delta x}\leqslant 0$，$f'_-(\xi)=\lim\limits_{\Delta x\to 0^-}\dfrac{f(\xi+\Delta x)-f(\xi)}{\Delta x}\leqslant 0$，

因为 $f'_-(\xi)=f'_+(\xi)$，所以 $f'(\xi)=f'_-(\xi)=f'_+(\xi)=0$.

如图 4－1 所示，存在 $\xi_1\in(a,b),\xi_2\in(a,b)$，使得 $f'(\xi_1)=0,f'(\xi_2)=0$. 从几何上来看罗尔定理，由于 $f(a)=f(b)$，连接 $(a,f(a)),(b,f(b))$ 两个点，得到曲线的割线是水平的，因此罗尔定理也可以描述成，函数 $f(x)$ 满足罗尔定理的条件，则至少存在 $\xi\in(a,b)$，使得在曲线上点 $(\xi,f(\xi))$ 的切线是水平的，也可以说平行于连接两个端点的割线.

例 4－1　不求出导数，判断函数 $f(x)=(x-1)(x-2)(x-3)$ 的导数有几个实根，及其所在范围.

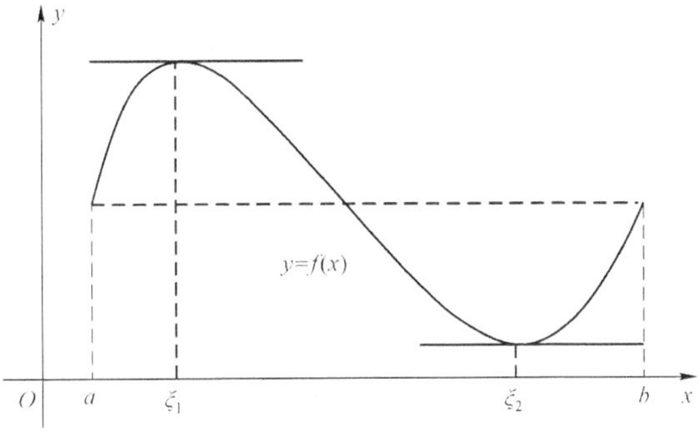

图 4－1

解：因为 $f(1)=f(2)=f(3)=0$，

$f(x)$ 在 $[1,2]$，$[2,3]$ 上满足罗尔定理条件，

所以在 $(1,2)$ 内至少存在一点 ξ_1，使 $f'(\xi_1)=0$，即 ξ_1 是 $f'(x)=0$ 的一个实根，

在 $(2,3)$ 内至少存在一点 ξ_2，使 $f'(\xi_2)=0$，即 ξ_2 是 $f'(x)=0$ 的一个实根.

$f'(x)$ 为二次多项式，只能有两个实根，分别在 $(1,2)$，$(2,3)$ 内.

例 4－2 证明方程 $x^3+x-1=0$ 有一个正根.

证明：（1）首先证明存在性.

令 $f(x)=x^3+x-1$，则 $f(x)$ 在 $[0,1]$ 上连续，在 $(0,1)$ 内可导，

且 $f(0)=-1, f(1)=1$，

所以在 $(0,1)$ 内至少存在一点 ξ，使 $f(\xi)=0$，

即方程 $x^3+x-1=0$ 至少有一个正根介于 0 与 1 之间.

（2）再证唯一性.

假设：存在两个不等的正根 x_1, x_2，且 $x_1 < x_2$，即 $f(x_1)=f(x_2)=0$，

在 $[x_1,x_2]$ 上应用罗尔定理，有 $f'(\xi)=0$，$\xi\in(x_1,x_2)$，

即 $3\xi^2+1=0$，这是不可能的，因此假设不成立，

所以方程 $x^3+x-1=0$ 仅有一个正根.

由于要求 $f(a)=f(b)$，使得罗尔定理的应用受到限制，当 $f(a)\neq f(b)$ 时，如图 4－2 所示，连接 $(a,f(a)),(b,f(b))$ 两个点的割线的斜率为 $\dfrac{f(b)-f(a)}{b-a}$，则至少存在 $\xi\in(a,b)$，使得在曲线上点 $(\xi,f(\xi))$ 的切线平行于连接两个端点的割线，即 $f'(\xi)=\dfrac{f(b)-f(a)}{b-a}$，这就是拉格朗日中值定理.

2. 拉格朗日中值定理

定理 4－2 如果函数 $f(x)$ 满足在 $[a,b]$ 上连续，在 (a,b) 内可导，则在 (a,b) 内至少存在一点 ξ，使得 $f'(\xi)=\dfrac{f(b)-f(a)}{b-a}$.

分析：如图 4－2 所示，存在 $\xi_1\in(a,b)$，$\xi_2\in(a,b)$，使得 $f'(\xi_1)=\dfrac{f(b)-f(a)}{b-a}$，$f'(\xi_2)=$

$\frac{f(b)-f(a)}{b-a}$. 连接曲线上两个端点 $(a,f(a)),(b,f(b))$ 割线方程 $y-f(a)=\frac{f(b)-f(a)}{b-a}(x-a)$，割线的高度为 $y=f(a)+\frac{f(b)-f(a)}{b-a}(x-a)$，如果用函数的高度减去割线的高度构造一个新的函数，即设 $\varphi(x)=f(x)-f(a)-\frac{f(b)-f(a)}{b-a}(x-a)$，则 $\varphi(a)=\varphi(b)=0$，就可以应用罗尔定理来证明了.

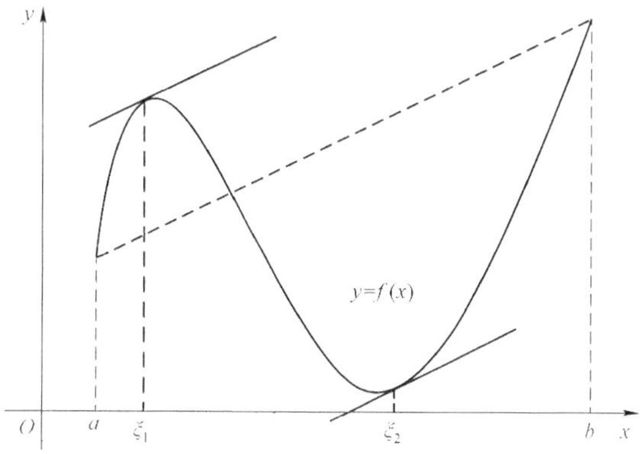

图 4－2

证明：引进辅助函数 $\varphi(x)=f(x)-f(a)-\frac{f(b)-f(a)}{b-a}(x-a)$，

易知：（1）$\varphi(x)$ 在 $[a,b]$ 上连续，

（2）$\varphi(x)$ 在 (a,b) 内可导，

（3）$\varphi(a)=\varphi(b)=0$，

由罗尔定理，至少存在一点 $\xi\in(a,b)$，使 $\varphi'(\xi)=0$，

$\phi'(x)=f'(x)-\frac{f(b)-f(a)}{b-a}$，即 $\varphi'(\xi)=f'(\xi)-\frac{f(b)-f(a)}{b-a}=0$，即 $f'(\xi)=\frac{f(b)-f(a)}{b-a}$.

例 4－3　证明：当 $x>0$ 时，$\frac{x}{1+x}<\ln(1+x)<x$.

证明：设 $f(x)=\ln(1+x)$，$\forall x>0$，在 $[0,x]$ 上满足拉格朗日中值定理的条件，

$\exists\xi\in(0,x)$ 使得 $f'(\xi)=\frac{f(x)-f(0)}{x-0}$

即 $\frac{1}{1+\xi}=\frac{\ln(1+x)}{x}$，

所以 $\ln(1+x)=\frac{x}{1+\xi}$.

因为 $0<\xi<x$，所以 $\frac{x}{1+x}<\frac{x}{1+\xi}<x$，

所以 $\frac{x}{1+x}<\ln(1+x)<x$.

注：由于 $f'(\xi)=\dfrac{f(b)-f(a)}{b-a}=\dfrac{f(a)-f(b)}{a-b}$，拉格朗日中值定理中，可不考虑 a 和 b 大小，都有 $f'(\xi)=\dfrac{f(b)-f(a)}{b-a}$.

拉格朗日中值定理的多种形式：

（1）$f'(\xi)=\dfrac{f(b)-f(a)}{b-a}$，$\xi$ 介于 a,b 之间；

（2）$f(x_1)-f(x_2)=f'(\xi)(x_1-x_2)$，$\xi$ 介于 x_1,x_2 之间；

（3）$f(x_2)-f(x_1)=f'[x_1+\theta(x_2-x_1)](x_2-x_1)$，$\theta\in(0,1)$；

（4）$f(x_0+\Delta x)-f(x_0)=f'(x_0+\theta\Delta x)\Delta x$，$\theta\in(0,1)$；

（5）$\Delta y=f'(x_0+\theta\Delta x)\Delta x$，$\theta\in(0,1)$.

推论 4－1 若 $f(x)$ 在区间 I 上的导数恒为零，那么 $f(x)$ 在区间 I 上是一个常数.

证明：在区间 I 上任意取两点 $x_1\neq x_2(x_1<x_2)$，
在 $[x_1,x_2]$ 上满足拉格朗日中值定理的条件，
所以 $f(x_2)-f(x_1)=f'(\xi)(x_2-x_1)=0$，$\xi\in(x_1,x_2)$，
所以 $f(x_1)=f(x_2)$，由于 x_1,x_2 的任意性，所以 $f(x)\equiv C$.

推论 4－2 若两函数 $f(x)$ 与 $g(x)$ 在区间 I 上成立 $f'(x)\equiv g'(x)$，则在区间 I 上有 $f(x)=g(x)+C$（C 为常数）.

证明：令 $F(x)=f(x)-g(x)$，$F'(x)=f'(x)-g'(x)\equiv 0$，由推论 1 有 $F(x)\equiv C$，
即 $f(x)=g(x)+C$（C 为常数）.

例 4－4 证明等式 $\arcsin x+\arccos x=\dfrac{\pi}{2},\ x\in[-1,1]$.

证明：设 $f(x)=\arcsin x+\arccos x$，则在 $(-1,1)$ 上，

$f'(x)=\dfrac{1}{\sqrt{1-x^2}}-\dfrac{1}{\sqrt{1-x^2}}=0$，由推论有 $f(x)=\arcsin x+\arccos x=C$，

令 $x=0$，得 $C=\dfrac{\pi}{2}$，又 $f(\pm1)=\dfrac{\pi}{2}$，所以 $\arcsin x+\arccos x=\dfrac{\pi}{2},\ x\in[-1,1]$.

3. 柯西中值定理

将拉格朗日中值定理向两个函数推广，得到柯西中值定理.

定理 4－3 若 $f(x)$ 与 $g(x)$ 在 $[a,b]$ 上连续，在 (a,b) 内可导，且 $g'(x)\neq 0$，则在 (a,b) 至少存在一点 ξ，使 $\dfrac{f(b)-f(a)}{g(b)-g(a)}=\dfrac{f'(\xi)}{g'(\xi)}$.

证明：引进辅助函数 $\varphi(x)=f(x)-f(a)-\dfrac{f(b)-f(a)}{g(b)-g(a)}[g(x)-g(a)]$，

可验证，$\varphi(x)$ 满足罗尔定理的条件，

因为 $\varphi'(x)=f'(x)-\dfrac{f(b)-f(a)}{g(b)-g(a)}g'(x)$，

所以$\phi'(\xi)=f'(\xi)-\dfrac{f(b)-f(a)}{g(b)-g(a)}g'(\xi)=0$，$\xi\in(a,b)$，

即$\dfrac{f(b)-f(a)}{g(b)-g(a)}=\dfrac{f'(\xi)}{g'(\xi)}$，$\xi\in(a,b)$.

习 题 4.1

1. 验证函数$f(x)=x^2+2$在区间$[-1,1]$上满足罗尔定理的条件，并求出满足$f'(\xi)=0$的点ξ.

2. 验证函数$f(x)=x^2+3x-2$在区间$[0,2]$上满足拉格朗日中值定理的条件，并求出满足$f'(\xi)=\dfrac{f(2)-f(1)}{2-1}$的点$\xi$.

3. 证明：方程$x^3+12x-3=0$有一个正根.

4. 证明：等式成立：$\arctan x+\operatorname{arccot} x=\dfrac{\pi}{2},x\in(-\infty,+\infty)$.

4.2　洛必达法则

求极限时，在不满足极限运算规则时，极限不能确定，需要对待定型的极限进行确定.

1. 待定型

（1）比值型

$\lim\dfrac{f(x)}{g(x)}$，其中$f(x)\to 0,g(x)\to 0$，简记为“$\dfrac{0}{0}$”型，

$\lim\dfrac{f(x)}{g(x)}$，其中$f(x)\to\infty,g(x)\to\infty$，简记为“$\dfrac{\infty}{\infty}$型”.

（2）乘积型

$\lim f(x)g(x)$，其中$f(x)\to 0,g(x)\to\infty$，简记为“$0\cdot\infty$”型.

（3）加减型

$\lim[f(x)\pm g(x)]$，其中$f(x)\to\infty,g(x)\to\infty$，简记为“$\infty\pm\infty$”型.

（4）幂指型

$\lim f(x)^{g(x)}$，其中$f(x)\to 1,g(x)\to\infty$，简记为“1^∞”型，

$\lim f(x)^{g(x)}$，其中$f(x)\to 0,g(x)\to 0$，简记为“0^0”型，

$\lim f(x)^{g(x)}$，其中$f(x)\to+\infty,g(x)\to 0$，简记为“∞^0”型.

例 4－5　求$\lim\limits_{x\to x_0}\dfrac{\arcsin x-\arcsin x_0}{e^x-e^{x_0}}$.

解：是“$\frac{0}{0}$”待定型，对于函数 $\arctan x$ 和 e^x，在以 x,x_0 为端点的区间上利用柯西中值定理，有 $\lim\limits_{x\to x_0}\dfrac{\arcsin x-\arcsin x_0}{e^x-e^{x_0}}=\lim\limits_{x\to x_0}\dfrac{\frac{1}{\sqrt{1-\xi^2}}}{e^{\xi}}$，$\xi$ 介于 x,x_0 之间，当 $x\to x_0$ 时，有 $\xi\to x_0$，

所以 $\lim\limits_{x\to x_0}\dfrac{\arcsin x-\arcsin x_0}{e^x-e^{x_0}}=\lim\limits_{\xi\to x_0}\dfrac{\frac{1}{\sqrt{1-\xi^2}}}{e^{\xi}}=\dfrac{1}{e^{x_0}\sqrt{1-x_0^2}}$.

把这种思想推广到一般情形，就得到洛必达法则.

2. 洛必达法则求极限

定理 4－4 设（1）$\lim\limits_{x\to a}\dfrac{f(x)}{g(x)}$ 为“$\frac{0}{0}$”待定型，即 $\lim\limits_{x\to a}f(x)=0,\ \lim\limits_{x\to a}g(x)=0$，

（2）在 $0<|x-a|<\delta$ 内，$f'(x),g'(x)$ 存在，且 $g'(x)\neq 0$，

（3）$\lim\limits_{x\to a}\dfrac{f'(x)}{g'(x)}$ 存在（或为无穷），

则 $\lim\limits_{x\to a}\dfrac{f(x)}{g(x)}=\lim\limits_{x\to a}\dfrac{f'(x)}{g'(x)}$.

证明：在空心邻域 $0<|x-a|<\delta$ 内任取一点 x，
在以 a，x 为端点的开区间内，$f'(x),g'(x)$ 存在，
由于 $\lim\limits_{x\to a}f(x)=0,\ \lim\limits_{x\to a}g(x)=0$，补充定义 $f(a)=0,g(a)=0$，
则 $f(x)$ $g(x)$ 在以 a，x 为端点的闭区间上连续，因为 $g'(x)\neq 0$，

利用柯西中值定理有 $\dfrac{f(x)-f(a)}{g(x)-g(a)}=\dfrac{f(x)}{g(x)}=\dfrac{f'(\xi)}{g'(\xi)}$，其中 ξ 介于 a 与 x 之间，

当 $x\to a$ 时 $\xi\to a$，因为 $\lim\limits_{x\to a}\dfrac{f'(x)}{g'(x)}$ 存在（或为无穷），

所以 $\lim\limits_{x\to a}\dfrac{f(x)}{g(x)}=\lim\limits_{\xi\to a}\dfrac{f'(\xi)}{g'(\xi)}$.

对于 $x\to\infty$ 的极限过程，也有类似的洛必达法则，如果是“$\frac{\infty}{\infty}$”型，也有类似的洛必达法则，设 $x\to a$ 或 $x\to\infty$ 时，$\lim\dfrac{f(x)}{g(x)}$ 为“$\frac{0}{0}$”型或“$\frac{\infty}{\infty}$”型，且 $\lim\dfrac{f'(x)}{g'(x)}$ 存在（或为无穷），则 $\lim\dfrac{f(x)}{g(x)}=\lim\dfrac{f'(x)}{g'(x)}$.

例 4－6 求 $\lim\limits_{x\to 0}\dfrac{e^x-e^{-x}}{\sin x}$.

解：是“$\frac{0}{0}$”的待定型，利用洛必达法则有 $\lim\limits_{x\to 0}\dfrac{e^x-e^{-x}}{\sin x}=\lim\limits_{x\to 0}\dfrac{e^x+e^{-x}}{\cos x}=2$.

例 4－7　求 $\lim\limits_{x\to 0^+}\dfrac{\ln x}{\cot x}$.

解：是“$\dfrac{\infty}{\infty}$”的待定型，$\lim\limits_{x\to 0^+}\dfrac{\ln x}{\cot x}=\lim\limits_{x\to 0^+}\dfrac{\dfrac{1}{x}}{-\csc^2 x}=\lim\limits_{x\to 0^+}\dfrac{-\sin^2 x}{x}=\lim\limits_{x\to 0^+}\dfrac{-x^2}{x}=0$.

例 4－8　求 $\lim\limits_{x\to 1}\dfrac{x^3-3x+2}{x^3-x^2-x+1}$.

解：如果是“$\dfrac{0}{0}$”或者“$\dfrac{\infty}{\infty}$”的待定型，可以多次利用洛必达法则，只要最后导数比的极限存在或为无穷就可得到结果，$\lim\limits_{x\to 1}\dfrac{x^3-3x+2}{x^3-x^2-x+1}=\lim\limits_{x\to 1}\dfrac{3x^2-3}{3x^2-2x-1}=\lim\limits_{x\to 1}\dfrac{6x}{6x-2}=\dfrac{3}{2}$.

例 4－9　求 $\lim\limits_{x\to +\infty}\dfrac{x}{\ln x}$.

解：是“$\dfrac{\infty}{\infty}$”的待定型，$\lim\limits_{x\to +\infty}\dfrac{x}{\ln x}=\lim\limits_{x\to +\infty}\dfrac{1}{\dfrac{1}{x}}=\lim\limits_{x\to +\infty}x=\infty$.

例 4－10　$\lim\limits_{x\to +\infty}\dfrac{x}{e^x}$.

解：是“$\dfrac{\infty}{\infty}$”的待定型，$\lim\limits_{x\to +\infty}\dfrac{x}{e^x}=\lim\limits_{x\to +\infty}\dfrac{1}{e^x}=0$.

说明：当 $x\to +\infty$ 时，$\ln x, x, e^x$ 都是无穷大量，但是它们逼近无穷的速度不同，e^x 逼近无穷最快，$\ln x$ 逼近无穷最慢.

一般：$\lim\limits_{x\to +\infty}\dfrac{x^n}{e^{ax}}=\lim\limits_{x\to +\infty}\dfrac{nx^{n-1}}{ae^{ax}}=\cdots\cdots=\lim\limits_{x\to +\infty}\dfrac{n!}{a^n e^{ax}}=0\ (a>0)$，

$$\lim_{x\to +\infty}\frac{x^n}{\ln^a x}=\lim_{x\to +\infty}\frac{nx^{n-1}}{a(\ln^{a-1}x)\dfrac{1}{x}}=\lim_{x\to +\infty}\frac{nx^n}{a\ln^{a-1}x}=\cdots\cdots=\infty\ (a>0).$$

结论：当 $x\to +\infty$ 时，对数函数 $\log_a x(a>1)$、幂函数 $x^a(a>0)$、指数函数 $a^x(a>1)$ 都是无穷大量，但是它们逼近无穷的速度不同，指数函数逼近无穷最快，对数函数逼近无穷最慢.

例 4－11　求 $\lim\limits_{x\to 0}\dfrac{x-x\cos x}{x-\sin x}$.

解：$\lim\limits_{x\to 0}\dfrac{x-x\cos x}{x-\sin x}=\lim\limits_{x\to 0}\dfrac{x(1-\cos x)}{x-\sin x}=\lim\limits_{x\to 0}\dfrac{x\cdot\dfrac{1}{2}x^2}{x-\sin x}=\lim\limits_{x\to 0}\dfrac{\dfrac{3}{2}x^2}{1-\cos x}=\lim\limits_{x\to 0}\dfrac{\dfrac{3}{2}x^2}{\dfrac{1}{2}x^2}=3$.

例 4－12　求 $\lim\limits_{x\to \infty}\dfrac{x+\sin x}{x+\cos x}$.

解：$\lim\limits_{x\to \infty}\dfrac{x+\sin x}{x+\cos x}=\lim\limits_{x\to \infty}\dfrac{1+\cos x}{1-\sin x}$，由于 $\lim\limits_{x\to \infty}\dfrac{1+\cos x}{1-\sin x}$ 极限不存在，也不是无穷大，洛必

达法则失效，不能断定 $\lim\limits_{x\to\infty}\dfrac{x+\sin x}{x+\cos x}$ 不存在.

实际上 $\lim\limits_{x\to\infty}\dfrac{x+\sin x}{x+\cos x}=\lim\limits_{x\to\infty}\dfrac{1+\dfrac{\sin x}{x}}{1+\dfrac{\cos x}{x}}=1$.

所以利用洛必达法则时，要注意定理的条件，适用于"$\dfrac{0}{0}$"型，"$\dfrac{\infty}{\infty}$"型，而且 $\lim\dfrac{f'(x)}{g'(x)}$ 存在（无穷大），若 $\lim\dfrac{f'(x)}{g'(x)}$ 不存在也不是无穷大，并不能说明 $\lim\dfrac{f(x)}{g(x)}$ 不存在，而要改用其他方法计算.

例 4－13 求 $\lim\limits_{x\to\frac{\pi}{2}}\dfrac{\sec x}{\tan x}$.

解： $\lim\limits_{x\to\frac{\pi}{2}}\dfrac{\sec x}{\tan x}=\lim\limits_{x\to\frac{\pi}{2}}\dfrac{\sec x\cdot\tan x}{\sec^2 x}=\lim\limits_{x\to\frac{\pi}{2}}\dfrac{\tan x}{\sec x}$，

若用洛必达法则，造成循环，不宜求出极限，用其他方法计算，

$\lim\limits_{x\to\frac{\pi}{2}}\dfrac{\sec x}{\tan x}=\lim\limits_{x\to\frac{\pi}{2}}\dfrac{\cos x}{\cos x\cdot\sin x}=\lim\limits_{x\to\frac{\pi}{2}}\dfrac{1}{\sin x}=1$.

对于其他类型待定型求极限问题要转型，再利用洛必达法则计算.

（1）"$0\cdot\infty$"型

求 $\lim f(x)g(x)$ 时，如果 $\lim f(x)=0$，$\lim g(x)=\infty$，是"$0\cdot\infty$"待定型，

通过变换：$\lim f(x)g(x)=\lim\dfrac{f(x)}{\dfrac{1}{g(x)}}$，将"$0\cdot\infty$"型转换成"$\dfrac{0}{0}$"型，或者，

通过变换：$\lim f(x)g(x)=\lim\dfrac{g(x)}{\dfrac{1}{f(x)}}$，将"$0\cdot\infty$"型转换成"$\dfrac{\infty}{\infty}$"型.

转换成哪种形式，要看极限能否计算出来.

（2）"$\infty\pm\infty$"型

求 $\lim[f(x)\pm g(x)]$ 时，如果 $\lim f(x)=\infty$，$\lim g(x)=\infty$，是"$\infty\pm\infty$"待定型，

有时可通过通分：$\lim[f(x)\pm g(x)]=\lim\left[\dfrac{1}{\dfrac{1}{f(x)}}\pm\dfrac{1}{\dfrac{1}{g(x)}}\right]=\lim\dfrac{\dfrac{1}{g(x)}\pm\dfrac{1}{f(x)}}{\dfrac{1}{f(x)}\cdot\dfrac{1}{g(x)}}$，

将"$\infty\pm\infty$"型转换成"$\dfrac{0}{0}$"型，有时可提取公因式转换成"$0\cdot\infty$"型，再转换成比值型，有时根据函数的性质转换成比值型.

（3）幂指型（"1^∞"、"0^0"、"∞^0"）

通过变换：$\lim f(x)^{g(x)}=\lim e^{\ln f(x)^{g(x)}}=e^{\lim g(x)\cdot\ln f(x)}$ 转换成乘积型，再转换成比值型.

例 4－14 求 $\lim\limits_{x\to 0^+} x^2\ln x$.

解：是“$0\cdot\infty$”的待定型，$\lim\limits_{x\to 0^+} x^2\ln x=\lim\limits_{x\to 0^+}\dfrac{\ln x}{x^{-2}}=\lim\limits_{x\to 0^+}\dfrac{\frac{1}{x}}{-2x^{-3}}=\lim\limits_{x\to 0^+}\dfrac{x^2}{-2}=0$.

例 4－15 求 $\lim\limits_{x\to\frac{\pi}{2}^+}\left(\dfrac{\pi}{2}-x\right)\tan x$.

解：$\lim\limits_{x\to\frac{\pi}{2}^+}\left(\dfrac{\pi}{2}-x\right)\tan x=\lim\limits_{x\to\frac{\pi}{2}^+}\dfrac{\frac{\pi}{2}-x}{\cot x}=\lim\limits_{x\to\frac{\pi}{2}^+}\dfrac{-1}{-\csc^2 x}=\lim\limits_{x\to\frac{\pi}{2}^+}\sin^2 x=1$.

例 4－16 求 $\lim\limits_{x\to 0^+}\mathrm{e}^{-\frac{1}{\sin x}}\ln x$.

解：
$$\lim\limits_{x\to 0^+}\mathrm{e}^{-\frac{1}{\sin x}}\ln x=\lim\limits_{x\to 0^+}\frac{\ln x}{\mathrm{e}^{\csc x}}=\lim\limits_{x\to 0^+}\frac{\frac{1}{x}}{\mathrm{e}^{\csc x}\cdot(-\csc x\cot x)}$$
$$=\lim\limits_{x\to 0^+}\frac{\sin^2 x}{-\mathrm{e}^{\csc x}\cdot x\cdot\cos x}=\lim\limits_{x\to 0^+}\frac{x}{-\mathrm{e}^{\csc x}\cos x}=0.$$

例 4－17 求 $\lim\limits_{x\to 1}\left(\dfrac{x}{x-1}-\dfrac{1}{\ln x}\right)$.

解：是“$\infty\pm\infty$”的待定型，通分变成比值型，
$$\lim\limits_{x\to 1}\left(\frac{x}{x-1}-\frac{1}{\ln x}\right)=\lim\limits_{x\to 1}\frac{x\ln x-x+1}{(x-1)\ln x}$$
$$=\lim\limits_{x\to 1}\frac{\ln x+1-1}{\ln x+\frac{x-1}{x}}=\lim\limits_{x\to 1}\frac{x\ln x}{x\ln x+x-1}=\lim\limits_{x\to 1}\frac{\ln x+1}{\ln x+1+1}=\frac{1}{2}.$$

例 4－18 求 $\lim\limits_{x\to\infty}\left[x-x^2\ln\left(1+\dfrac{1}{x}\right)\right]$.

解：是“$\infty\pm\infty$”的待定型，提取公因式变成乘积型，
$$\lim\limits_{x\to\infty}\left[x-x^2\ln\left(1+\frac{1}{x}\right)\right]=\lim\limits_{x\to\infty}x^2\left[\frac{1}{x}-\ln\left(1+\frac{1}{x}\right)\right]=\lim\limits_{x\to\infty}\frac{\frac{1}{x}-\ln\left(1+\frac{1}{x}\right)}{\frac{1}{x^2}}$$
$$\underline{\underline{\text{令}t=\frac{1}{x}}}\ \lim\limits_{t\to 0}\frac{t-\ln(1+t)}{t^2}=\lim\limits_{t\to 0}\frac{1-\frac{1}{1+t}}{2t}=\lim\limits_{t\to 0}\frac{1}{2(1+t)}=\frac{1}{2}.$$

例 4－19 求 $\lim\limits_{x\to+\infty}[x\ln x-x\ln(1+x)]$.

解：是“$\infty\pm\infty$”的待定型，提取公因式，利用对数性质变成乘积型，
$$\lim\limits_{x\to+\infty}[x\ln x-x\ln(1+x)]=\lim\limits_{x\to+\infty}x[\ln x-\ln(1+x)]$$

$$=\lim_{x\to+\infty}x\ln\frac{x}{1+x}=\lim_{x\to+\infty}\ln\frac{1}{\left(1+\frac{1}{x}\right)^{x}}=\ln\frac{1}{\mathrm{e}}=-1.$$

例 4－20 求 $\lim\limits_{n\to\infty}\sqrt[n]{n}$.

解： $\lim\limits_{n\to\infty}\sqrt[n]{n}=\lim\limits_{n\to\infty}n^{\frac{1}{n}}$，是"$\infty^0$"的待定型，

因为 $\lim\limits_{x\to+\infty}\sqrt[x]{x}=\lim\limits_{x\to+\infty}x^{\frac{1}{x}}=\lim\limits_{x\to+\infty}\mathrm{e}^{\frac{1}{x}\ln x}=\mathrm{e}^{\lim\limits_{x\to+\infty}\frac{\ln x}{x}}=\mathrm{e}^{\lim\limits_{x\to+\infty}\frac{1}{x}}=1$，

所以 $\lim\limits_{n\to\infty}\sqrt[n]{n}=1$.

例 4－21 求 $\lim\limits_{x\to0^+}x^x$.

解： 是"0^0"的待定型， $\lim\limits_{x\to0^+}x^x=\lim\limits_{x\to0^+}\mathrm{e}^{x\ln x}=\mathrm{e}^{\lim\limits_{x\to0^+}\frac{\ln x}{\frac{1}{x}}}=\mathrm{e}^{\lim\limits_{x\to0^+}\frac{\frac{1}{x}}{-\frac{1}{x^2}}}=\mathrm{e}^{\lim\limits_{x\to0^+}(-x)}=\mathrm{e}^0=1$.

例 4－22 求 $\lim\limits_{x\to1}x^{\frac{1}{1-x}}$.

解： 是"1^∞"的待定型， $\lim\limits_{x\to1}x^{\frac{1}{1-x}}=\lim\limits_{x\to1}\mathrm{e}^{\frac{1}{1-x}\ln x}=\mathrm{e}^{\lim\limits_{x\to1}\frac{\ln x}{1-x}}=\mathrm{e}^{\lim\limits_{x\to1}\frac{\frac{1}{x}}{-1}}=\mathrm{e}^{-1}=\frac{1}{\mathrm{e}}$.

例 4－23 求 $\lim\limits_{x\to+\infty}(\mathrm{e}^x+x)^{\frac{1}{x}}$.

解： 是"∞^0"的待定型， $\lim\limits_{x\to+\infty}(\mathrm{e}^x+x)^{\frac{1}{x}}=\lim\limits_{x\to+\infty}\mathrm{e}^{\frac{1}{x}\ln(\mathrm{e}^x+x)}=\mathrm{e}^{\lim\limits_{x\to+\infty}\frac{\ln(\mathrm{e}^x+x)}{x}}=\mathrm{e}^{\lim\limits_{x\to+\infty}\frac{\mathrm{e}^x+1}{\mathrm{e}^x+x}}=\mathrm{e}$.

习 题 4.2

利用洛必达法则求下列函数极限：

1. $\lim\limits_{x\to2}\frac{x-2}{x^4-2^4}$；

2. $\lim\limits_{x\to0}\frac{3^x-1}{4^x-1}$；

3. $\lim\limits_{x\to1}\frac{\ln x}{x^2+x-2}$；

4. $\lim\limits_{x\to0}\frac{\sin x-x}{x^2-x}$；

5. $\lim\limits_{x\to0^+}x\ln x$；

6. $\lim\limits_{x\to+\infty}\frac{\ln(x^2+x)}{\mathrm{e}^{2x}}$；

7. $\lim\limits_{x\to 0}\dfrac{\ln\cos 2x}{\ln\cos 3x}$；

8. $\lim\limits_{x\to 0}\dfrac{x-\sin x}{\tan^3 x}$；

9. $\lim\limits_{x\to 0}\left(\dfrac{1}{x}-\dfrac{1}{\sin x}\right)$；

10. $\lim\limits_{x\to 0}\left(\dfrac{1}{e^x-1}-\dfrac{1}{x}\right)$；

11. $\lim\limits_{x\to 0}\left(\dfrac{1}{\ln(1+x)}-\dfrac{1}{x}\right)$；

12. $\lim\limits_{x\to \frac{\pi}{2}}\dfrac{\ln\sin x}{(\pi-2x)^2}$；

13. $\lim\limits_{x\to 1}x^{\frac{1}{1-\sin x}}$；

14. $\lim\limits_{x\to 0^+}x^{\tan x}$；

15. $\lim\limits_{x\to 0^+}\left(\dfrac{1}{x}\right)^{\tan x}$.

4.3　函数的极值与拐点

1. 函数单调性的判定

我们可以通过图像观察导数的符号与单调性的关系.

如图 4－3 所示，单调递增函数 $f(x)$ 的图像，通过观察在曲线上每一点的切线的倾角都是锐角，曲线上每一点的切线的斜率大于零，即曲线上每一点的导数大于零.

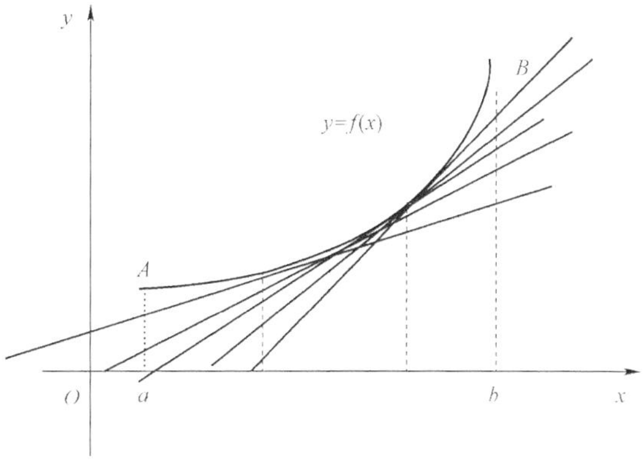

图 4－3

如图 4－4 所示，单调递减函数 $f(x)$ 的图像，通过观察在曲线上每一点的切线的倾角都是钝角，曲线上每一点的切线的斜率小于零，即曲线上每一点的导数小于零.

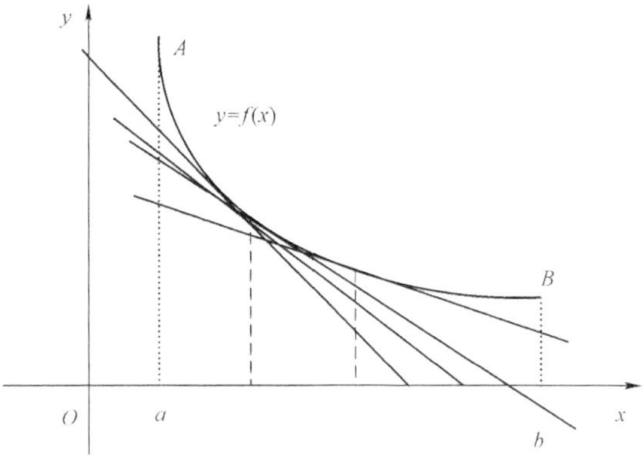

图 4－4

定理 4－5 设函数 $f(x)$ 在区间 (a,b) 内可导，如果 $x\in(a,b)$ 时，恒有 $f'(x)<0$，则 $f(x)$ 在 (a,b) 内单调递减；如果 $x\in(a,b)$ 时，恒有 $f'(x)>0$，则 $f(x)$ 在 (a,b) 内单调递增.

证明：在区间 (a,b) 内任取两点 x_1，x_2，且 $x_1<x_2$，

则由拉格朗日中值定理有 $f(x_2)-f(x_1)=f'(\xi)(x_2-x_1)$，$\xi\in(x_1,x_2)$.

如果 $x\in(a,b)$ 时 $f'(x)>0$，则 $f'(\xi)>0$，有 $f(x_2)-f(x_1)>0$，

即 $f(x_2)>f(x_1)$，所以函数 $f(x)$ 在 (a,b) 内单调递增.

如果 $x\in(a,b)$ 时 $f'(x)<0$，则 $f'(\xi)>0$，有 $f(x_2)-f(x_1)<0$，

即 $f(x_2)<f(x_1)$，所以函数 $f(x)$ 在 (a,b) 内单调递减.

例 4－24 判定函数 $f(x)=3x^2-3x$ 的单调性.

解：$f'(x)=6x-3=3(2x-1)$，当 $x\in\left(-\infty,\frac{1}{2}\right),f'(x)<0$，在区间 $\left(-\infty,\frac{1}{2}\right)$ 上 $f(x)=3x^2-3x$ 单调递减，当 $x\in\left(\frac{1}{2},+\infty\right),f'(x)>0$，在区间 $\left(\frac{1}{2},+\infty\right)$ 上 $f(x)=3x^2-3x$ 单调递增，函数在 $x=\frac{1}{2}$ 处导数为零，由于函数在 $x=\frac{1}{2}$ 处连续，也可以说函数在区间 $\left(-\infty,\frac{1}{2}\right]$ 上 $f(x)=3x^2-3x$ 单调递减，在区间 $\left[\frac{1}{2},+\infty\right)$ 上 $f(x)=3x^2-3x$ 单调递增.

函数可导，若单调递减，则 $f'(x)\leqslant 0$，若单调递增，则 $f'(x)\geqslant 0$.

例 4－25 判定函数 $f(x)=x^3$ 的单调性.

解：$f'(x)=3x^2$，当 $x\in(-\infty,0),f'(x)>0$，在区间 $(-\infty,0]$ 上 $f(x)=x^3$ 单调递增，当 $x\in(0,+\infty),f'(x)>0$，在区间 $[0,+\infty)$ 上 $f(x)=x^3$ 单调递增，函数在 $x=0$ 处导数为零. 因此在区间 $(-\infty,+\infty)$ 上 $f(x)=x^3$ 单调递增.

注意：如果在区间 (a,b) 内，$f'(x)\geqslant 0$（或 $f'(x)\leqslant 0$），但等号只在有限点处成立，则函数 $f(x)$ 在 (a,b) 内仍是单调增加的（或单调减少的）.

结论：在导数为零的点，单调性可能改变也可能不改变.

例 4－26　判定 $y=\sqrt[3]{x^2}$ 的单调性.

解：$f'(x)=\left(x^{\frac{2}{3}}\right)'=\frac{2}{3}x^{-\frac{1}{3}}=\frac{2}{3\sqrt[3]{x}}$，当 $x\in(-\infty,0), f'(x)<0$，在区间 $(-\infty,0]$ 上 $y=\sqrt[3]{x^2}$ 单调递减，当 $x\in(0,+\infty), f'(x)>0$，在区间 $[0,+\infty)$ 上 $y=\sqrt[3]{x^2}$ 单调递增，函数在 $x=0$ 处导数不存在.

结论：导数不存在的点也有可能引起单调性的改变.

由以上例题可以看出，许多函数在其定义域上不是单调的，但可将定义域分割成若干个小区间，函数在各个小区间上是单调的，称为单调区间. 如何确定单调区间呢？只要找出导数为零的点和导数不存在的点，将定义域划分成单调区间，判定单调性即可.

例 4－27　求函数 $f(x)=x-\frac{3}{2}x^{\frac{2}{3}}$ 的单调区间并判断单调性.

解：函数的定义域为 $(-\infty,+\infty)$，

$$f'(x)=1-x^{-\frac{1}{3}}=\frac{\sqrt[3]{x}-1}{\sqrt[3]{x}},$$

令 $f'(x)=0$ 得到导数为零的点是 $x=1, x=0$ 为导数不存在的点，可列表划分定义域，判断导数符号，得到单调性，如表 4－1 所示.

表 4－1

x	$(-\infty,0)$	0	$(0,1)$	1	$(1,+\infty)$
$f'(x)$	+	不存在	–	0	+
$f(x)$	单调递增		单调递减		单调递增

单调递增区间：$(-\infty,0]$，$[1,+\infty)$，

单调递减区间：$[0,1]$.

$x=0, x=1$ 是 $f(x)$ 单调性变化的点，这两个点叫极值点，极值点的函数值称作极值.

2. 极值

定义 4－1　如果函数 $f(x)$ 在区间 (a,b) 内有定义，对于 $x_0\in(a,b)$，如果存在点 x_0 的一个邻域，对于这个邻域内的任何点 x，除了点 x_0 外，有 $f(x)<f(x_0)$ 均成立，则称 $f(x_0)$ 是函数 $f(x)$ 的极大值，如果存在点 x_0 的一个邻域，对于这个邻域内的任何点 x，除了点 x_0 外，有 $f(x)>f(x_0)$ 均成立，则称 $f(x_0)$ 是函数 $f(x)$ 的极小值.

函数的极大值，极小值统称为极值，使函数取得极值的点称为极值点.

注意：（1）极值是一个局部概念.

（2）边界点不是极值点.

极值点处的导数要么不存在，若存在则导数必为零.

定理 4－6　（极值点的必要条件）

设函数 $f(x)$ 在点 x_0 处具有导数，且在 x_0 处取得极值，那么函数在 x_0 处的导数 $f'(x_0)=0$.

证明： 假设 $f(x_0)$ 为极大值，在 x_0 的某个邻域内，对于任何点 x，除了 x_0 外，$f(x)<f(x_0)$ 均成立，即 $f(x)-f(x_0)<0$，由于 $f'(x_0)$ 存在，

当 $x<x_0$ 时，$\dfrac{f(x)-f(x_0)}{x-x_0}>0$，由极限的保号性，有 $f'(x_0)=\lim\limits_{x\to x_0^-}\dfrac{f(x)-f(x_0)}{x-x_0}\geqslant 0$，

当 $x>x_0$ 时，$\dfrac{f(x)-f(x_0)}{x-x_0}<0$，由极限的保号性，有 $f'(x_0)=\lim\limits_{x\to x_0^-}\dfrac{f(x)-f(x_0)}{x-x_0}\leqslant 0$，

所以 $f'(x_0)=0$

极值点处，要么导数不存在，要么导数为零，导数为零的点称为驻点. 反过来，只有导数不存在的点和驻点才有可能成为极值点，但是不一定就是极值点，如 $y=x^3$ 在 $x=0$ 点，需要具体进行判定.

定理 4－7 （极值判定方法一）

设函数 $f(x)$ 在点 x_0 的某个空心邻域 $(x_0-\delta,x_0)\cup(x_0,x_0+\delta)$ 内连续且可导（但 $f'(x_0)$ 可以不存在），

（1）如果当 $x\in(x_0-\delta,x_0)$ 时 $f'(x)>0$，而当 $x\in(x_0,x_0+\delta)$ 时 $f'(x)<0$，则函数 $f(x)$ 在点 x_0 处取极大值；

（2）如果当 $x\in(x_0-\delta,x_0)$ 时 $f'(x)<0$，而当 $x\in(x_0,x_0+\delta)$ 时 $f'(x)>0$，则函数 $f(x)$ 在点 x_0 处取极小值.

（3）如果当 $x\in(x_0-\delta,x_0)$ 时和当 $x\in(x_0,x_0+\delta)$ 时 $f'(x)$ 不变号，则函数 $f(x)$ 在点 x_0 处无极值.

例 4－27 中在表 4－1 中可以加入极值情况，如表 4－2 所示.

表 4－2

x	$(-\infty,0)$	0	$(0,1)$	1	$(1,+\infty)$
$f'(x)$	$+$	不存在	$-$	0	$+$
$f(x)$	单调递增	极大值 $f(0)=0$	单调递减	极小值 $f(1)=-\dfrac{1}{2}$	单调递增

单调递增区间：$(-\infty,0]$，$[1,+\infty)$，

单调递减区间：$[0,1]$，

在 $x=0$ 处取得极大值 $f(0)=0$，在 $x=1$ 处取得极小值 $f(1)=-\dfrac{1}{2}$.

求函数 $f(x)$ 的极值的一般步骤：

（1）确定函数 $f(x)$ 的定义域，

（2）求出 $f(x)$ 的全部驻点，和导数 $f'(x)$ 不存在的点，并用这两种点按从小到大的顺序把定义域划分成若干个子区间，

（3）列表，判定函数的单调性，极值.

例 4－28　判断函数 $f(x)=(x^2-1)^3+1$ 的单调性并求极值.

解:（1）定义域 $(-\infty,+\infty)$，

（2）$f'(x)=3(x^2-1)^2 2x=6x(x-1)^2(x+1)^2$，求得驻点 $x_1=-1, x_2=0, x_3=1$，没有导数不存在的点，

（3）列表讨论，如表 4－3 所示.

表 4－3

x	$(-\infty,-1)$	-1	$(-1,0)$	0	$(0,1)$	1	$(1,+\infty)$
$f'(x)$	$-$	0	$-$	0	$+$	0	$+$
$f(x)$	单调递减		单调递减	极小值 $f(0)=0$	单调递增		单调递增

单调递增区间：$[0,+\infty)$，

单调递减区间：$(-\infty,0]$，

在 $x=0$ 处取得极小值 $f(0)=0$.

如果 $f'(x_0)=0$ 而 $f''(x_0)\neq 0$，那么我们可以用 $f''(x_0)$ 的符号来判定 $f(x_0)$ 是否为极值.

定理 4－8　（极值的判定方法二）

设 $f'(x_0)=0$，$f''(x_0)\neq 0$ 存在，

（1）当 $f''(x_0)>0$ 时，则 $f(x_0)$ 为 $f(x)$ 的极小值，

（2）当 $f''(x_0)<0$ 时，则 $f(x_0)$ 为 $f(x)$ 的极大值.

证明:（1）由导数定义及 $f'(x_0)=0$ 和 $f''(x_0)>0$，

知 $f''(x_0)=\lim\limits_{x\to x_0}\dfrac{f'(x)-f'(x_0)}{x-x_0}=\lim\limits_{x\to x_0}\dfrac{f'(x)}{x-x_0}>0$，

由极限的保号性，存在点 x_0 的某个空心邻域，使得在该空心邻域内恒有 $\dfrac{f'(x)}{x-x_0}>0$，当 $x<x_0$ 时 $f'(x_0)<0$，当 $x>x_0$ 时 $f'(x_0)>0$，所以 $f(x_0)$ 为极小值.

（2）同理可证.

在例 4－27 中，由于 $f''(x)=\dfrac{1}{3}x^{-\frac{4}{3}}$，$f''(1)=\dfrac{1}{3}>0$，所以 $x=1$ 为极小值点，而 $x=0$ 点，由于导数不存在，不能用方法二判定. 因此判定方法二的应用具有局限性，判定 $x=x_0$ 点是否为极值点，要求 $f'(x_0)=0$ 且 $f''(x_0)\neq 0$.

例 4－29　当 $x>0$ 时，证明：$1+x\ln(x+\sqrt{1+x^2})>\sqrt{1+x^2}$.

证明：令 $f(x)=1+x\ln(x+\sqrt{1+x^2})-\sqrt{1+x^2}$，

$$f'(x)=\ln(x+\sqrt{1+x^2})+x\cdot\frac{1+\dfrac{2x}{2\sqrt{1+x^2}}}{x+\sqrt{1+x^2}}-\frac{2x}{2\sqrt{1+x^2}}=\ln(x+\sqrt{1+x^2}),$$

在 $(0,+\infty)$ 内 $f'(x)>0$，而 $f(x)$ 在 $[0,+\infty)$ 上连续，

$\therefore$ $f(x)$ 在 $[0,+\infty)$ 上单调递增，

$\therefore$ 当 $x>0$ 时，有 $f(x)>f(0)=0$，
$\therefore 1+x\ln(x+\sqrt{1+x^2})-\sqrt{1+x^2}>0$，
即 $1+x\ln(x+\sqrt{1+x^2})>\sqrt{1+x^2}$.

3. 函数的最值

（1）闭区间上连续函数的最值

根据闭区间上连续函数的性质，闭区间上连续函数一定存在最值，最值只可能在端点或极值点处取得，而极值只可能在导数不存在或导数为零的点处取得，因此闭区间上的最值只可能在端点或导数不存在或导数为零的点处取得，对这些点的函数值进行比较就可以得到最值.

对闭区间 $[a,b]$ 上的连续函数 $f(x)$：

方法：求出驻点和导数不存在点的函数值，及 $f(a)$，$f(b)$，进行比较，最大的就是最大值，最小的就是最小值.

例 4－30 求函数 $y=2x^3+3x^2-12x+14$ 在区间 $[-3,4]$ 上的最大值与最小值.

解： $f'(x)=6x^2+6x-12=6(x+2)(x-1)$，解方程 $f'(x)=0$，解得 $x_1=-2, x_2=1$，
计算 $f(-3)=23, f(-2)=34, f(1)=7, f(4)=142$，
比较得最大值 $f(4)=142$，最小值 $f(1)=7$.

（2）开区间的最值问题

连续函数在开区间不一定存在最大值或最小值.

如果连续函数在开区间存在唯一的极小值，而没有极大值，此时极小值就是函数在开区间内的最小值，如图 4－5 所示，如果开区间存在唯一的极大值，而没有极小值，此时极大值就是函数在开区间内的最大值，如图 4－6 所示. 很多求最值的实际问题，属于此种类型，对这种类型的问题，可以用求极值的方法来解决.

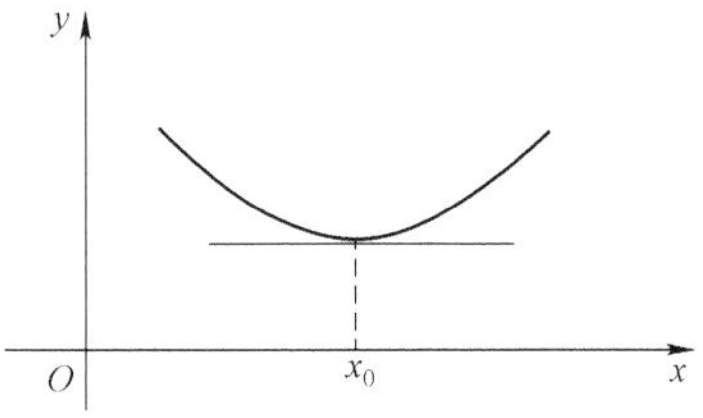

图 4－5

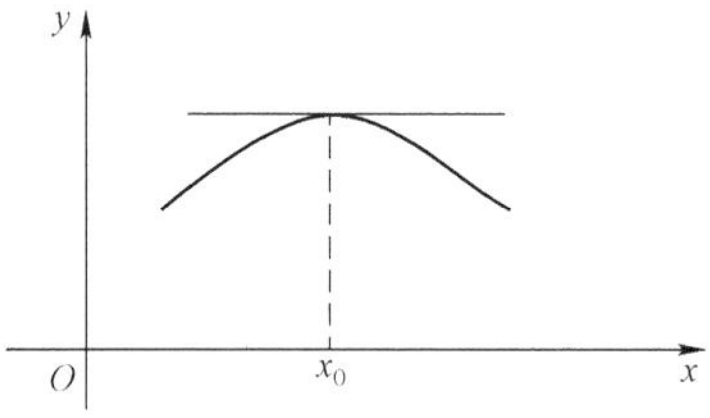

图 4－6

例 4－31 求数列 $\left\{\dfrac{\sqrt{n}}{n+10\,000}\right\}$ 的最大项.

解： 令 $f(x)=\dfrac{\sqrt{x}}{x+10\,000}$，$x\in(0,+\infty)$，

$$f'(x)=\frac{\dfrac{1}{2\sqrt{x}}(x+10\,000)-\sqrt{x}}{(x+10\,000)^2}=\frac{10\,000-x}{2\sqrt{x}(x+10\,000)^2},$$

令 $f'(x)=0$，解得 $x=10\,000$.

当 $0<x<10\,000$ 时，$f'(x)>0$；当 $x>10\,000$ 时，$f'(x)<0$.

$x=10\,000$ 是唯一的极大值点，所以 $f(x)$ 在 $x=10\,000$ 时取得最大值，为 $f(10\,000)=\dfrac{1}{200}$，数列 $\left\{\dfrac{\sqrt{n}}{n+10\,000}\right\}$ 的最大项是 $\dfrac{1}{200}$，是在第 10 000 项取得的.

例 4－32　证明：$2x\arctan x\geqslant\ln(1+x^2)$.

证明：令 $f(x)=2x\arctan x-\ln(1+x^2)$，$x\in(-\infty,+\infty)$，

$f'(x)=2\arctan x+\dfrac{2x}{1+x^2}-\dfrac{2x}{1+x^2}=2\arctan x$，$x=0$ 是导数为零的点，

当 $x\in(-\infty,0)$ 时，$f'(x)<0$，当 $x\in(0,+\infty)$ 时，$f'(x)>0$，

$x=0$ 是唯一的极小值点，$\therefore x=0$ 是函数的最小值点，

$\therefore f(x)\geqslant f(0)=0$，即 $2x\arctan x-\ln(1+x^2)\geqslant 0$，

$\therefore 2x\arctan x\geqslant\ln(1+x^2)$.

4. 曲线的凹凸性与拐点

如图 4－7 所示，如何研究曲线的弯曲方向？

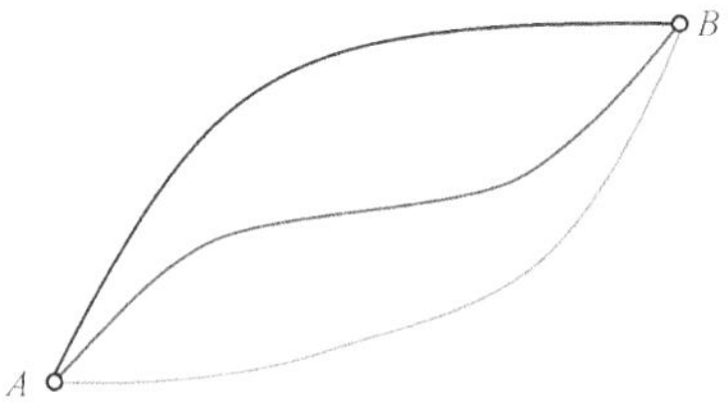

图 4－7

如图 4－8 所示，若 $f(x)$ 的图形在闭区间上是向上凸的，那么连接曲线上任意两点 $(x_1,f(x_1)),(x_2,f(x_2))$ 的弦总位于这两点间的弧段的下方，也就是曲线在弦之上，即在 x_1 与 x_2 之间弦上任意一点的函数值小于曲线上相应的函数值，不妨取 x_1 与 x_2 的中点 $\dfrac{x_1+x_2}{2}$，则有 $f\left(\dfrac{x_1+x_2}{2}\right)>\dfrac{f(x_1)+f(x_2)}{2}$.

如图 4－9 所示，若 $f(x)$ 的图形在闭区间上是向上凹的，那么连接曲线上任意两点 $(x_1,f(x_1)),(x_2,f(x_2))$ 的弦总位于这两点间的弧段的上方，也就是曲线在弦之下，即在 x_1 与 x_2 之间弦上任意一点的函数值大于曲线上相应的函数值，不妨取 x_1 与 x_2 的中点 $\dfrac{x_1+x_2}{2}$，则有 $f\left(\dfrac{x_1+x_2}{2}\right)<\dfrac{f(x_1)+f(x_2)}{2}$.

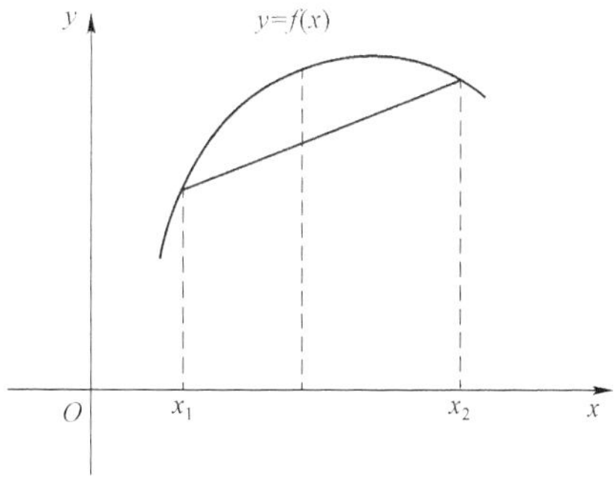

图 4－8

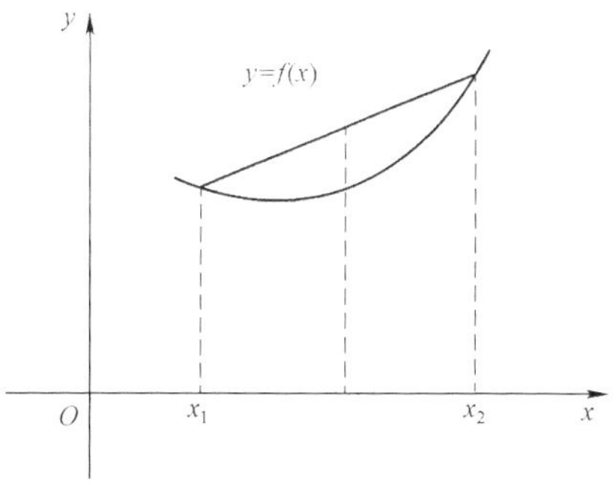

图 4－9

因此，曲线的凹凸性可以用连接曲线弧上任意两点的弦的中点与曲线弧上对应点的

位置关系描述.

定义 4－2 设 $f(x)$ 在 $[a,b]$ 上连续，如果对 (a,b) 内任意两点 x_1,x_2，恒有 $f\left(\dfrac{x_1+x_2}{2}\right)>\dfrac{f(x_1)+f(x_2)}{2}$，那么称 $f(x)$ 在 $[a,b]$ 上的图形是上凸的，如果恒有 $f\left(\dfrac{x_1+x_2}{2}\right)<\dfrac{f(x_1)+f(x_2)}{2}$，那么称 $f(x)$ 在 $[a,b]$ 上的图形是上凹的.

如图 4－10 所示，从几何图形上看：函数 $f(x)$ 是上凸的，从 x_1 到 x_2，曲线的切线的倾角越来越小，即切线的斜率越来越小，即 $f'(x)$ 单调递减，从而有 $f''(x)<0$.

如图 4－11 所示，从几何图形上看：函数 $f(x)$ 是上凹的，从 x_1 到 x_2，曲线的切线的倾角越来越大，即切线的斜率越来越大，即 $f'(x)$ 单调递增，从而有 $f''(x)>0$.

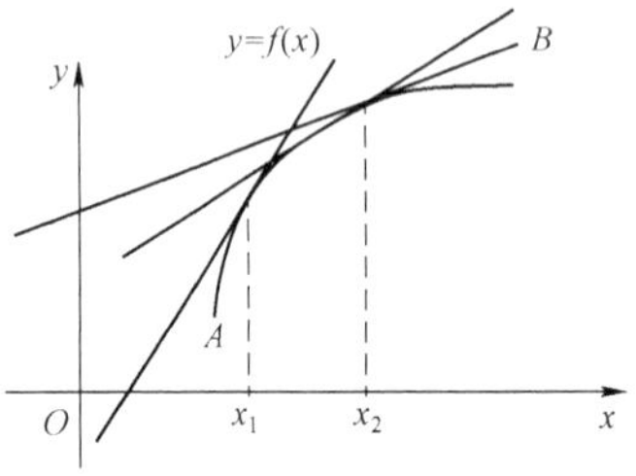

图 4－10

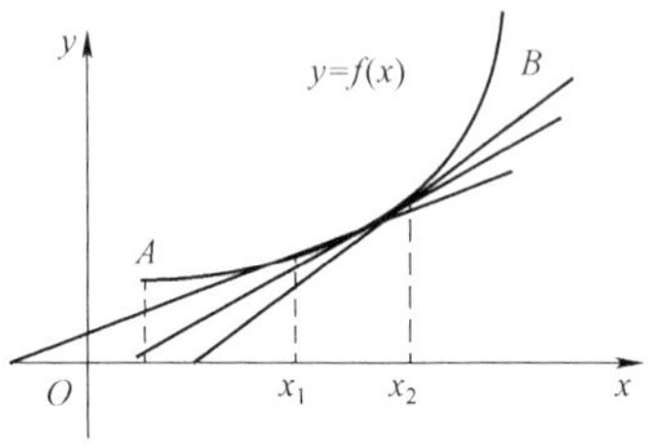

图 4－11

定理 4－9 （凹凸性的判定方法）

设 $f(x)$ 在 $[a,b]$ 上连续，在 (a,b) 内具有二阶导数 $f''(x)$，那么

（1）若在 (a,b) 内，$f''(x)<0$，则 $f(x)$ 在 $[a,b]$ 上的图形是上凸的，

（2）若在 (a,b) 内，$f''(x)>0$，则 $f(x)$ 在 $[a,b]$ 上的图形是上凹的.

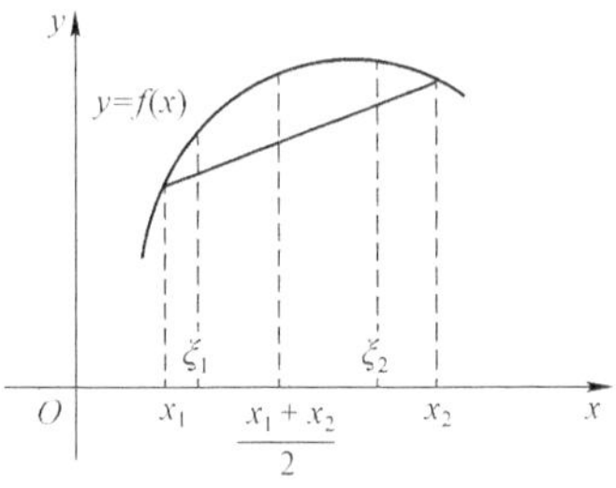

图 4－12

分析： 要证明结论，就是比较 $f\left(\dfrac{x_1+x_2}{2}\right)$ 与 $\dfrac{f(x_1)+f(x_2)}{2}$ 的大小，已知 $f''(x)<0$，把函数 $f(x)$ 与 $f''(x)$ 建立联系，需利用微分中值定理. 如图 4－12 所示.

证明：（1）任给 $x_1,x_2\in(a,b)$ 且 $x_1<x_2$，在 $\left[x_1,\dfrac{x_1+x_2}{2}\right]$ 上应用微分中值定理，有

$$f\left(\frac{x_1+x_2}{2}\right)-f(x_1)=f'(\xi_1)\left(\frac{x_2-x_1}{2}\right),x_1<\xi_1<\frac{x_1+x_2}{2},$$

在 $\left[\dfrac{x_1+x_2}{2},x_2\right]$ 上应用微分中值定理，有

$$f(x_2)-f\left(\frac{x_1+x_2}{2}\right)=f'(\xi_2)\left(\frac{x_2-x_1}{2}\right),\frac{x_1+x_2}{2}<\xi_2<x_2,$$

两式相减有 $f(x_2)-2f\left(\dfrac{x_1+x_2}{2}\right)+f(x_1)=[f'(\xi_2)-f'(\xi_1)]\left(\dfrac{x_2-x_1}{2}\right)$,

因为 $f''(x)<0$，$f'(x)$ 在 (a,b) 内单调递减，又 $\xi_1<\xi_2$，有 $f'(\xi_1)>f'(\xi_2)$，

所以 $f'(\xi_2)-f'(\xi_1)<0$，有 $f(x_2)-2f\left(\dfrac{x_1+x_2}{2}\right)+f(x_1)<0$，

即 $f\left(\dfrac{x_1+x_2}{2}\right)>\dfrac{f(x_1)+f(x_2)}{2}$，所以 $f(x)$ 在 $[a,b]$ 上的图形是上凸的.

（2）同理可证.

如果曲线 $f(x)$ 在点 $(x_0,f(x_0))$ 的凹凸性发生改变，则称此点 $(x_0,f(x_0))$ 为拐点. 类似于极值点，拐点处要么二阶导数不存在，要么二阶导数为零，反过来，只有二阶导数不存在的点和二阶导数为零的点才有可能成为拐点，但不一定就是拐点，要判定此点两侧二阶导数的符号是否相异.

例 4－33　讨论 $y=(x-1)\sqrt[3]{x^2}$ 的凸性及拐点.

解：定义域 $(-\infty,+\infty)$，$y'=\dfrac{5}{3}x^{\frac{2}{3}}-\dfrac{2}{3}x^{-\frac{1}{3}}$，

令 $y''=\dfrac{10}{9}x^{-\frac{1}{3}}+\dfrac{2}{9}x^{-\frac{4}{3}}=\dfrac{2}{9}\cdot\dfrac{5x+1}{\sqrt[3]{x^4}}=0$，得 $x_1=-\dfrac{1}{5}$，在 $x_2=0$ 处二阶导数不存在，

列表讨论，如表 4－4 所示.

表 4－4

x	$\left(-\infty,-\frac{1}{5}\right)$	$-\frac{1}{5}$	$\left(-\frac{1}{5},0\right)$	0	$(0,+\infty)$
$f''(x)$	－	0	+	不存在	+
$f(x)$	凸	拐点$\left(-\frac{1}{5},-\frac{6}{5\sqrt[3]{25}}\right)$	凹		凹

上凸区间：$\left(-\infty,-\dfrac{1}{5}\right]$，

上凹区间：$\left[-\dfrac{1}{5},+\infty\right)$，

拐点：$\left(-\dfrac{1}{5},-\dfrac{6}{5\sqrt[3]{25}}\right)$.

总结：函数的表达式 $f(x)$ 确定函数的定义域，间断点及连续区间，一阶导数 $f'(x)$ 确定单调区间与极值点，二阶导数 $f''(x)$ 确定函数的凹凸区间与拐点.

例 4－34　求函数 $y=(x+6)e^{\frac{1}{x}}$ 的单调区间、极值、凹凸区间、拐点.

解：（1）定义域 $(-\infty,0)\cup(0,+\infty)$，

（2）令 $y'=e^{\frac{1}{x}}+(x+6)e^{\frac{1}{x}}\left(-\dfrac{1}{x^2}\right)=e^{\frac{1}{x}}\dfrac{x^2-x-6}{x^2}=e^{\frac{1}{x}}\dfrac{(x+2)(x-3)}{x^2}=0$，得驻点 $x_1=-2$，

$x_2=3$，令 $y''=e^{\frac{1}{x}}\dfrac{13x+6}{x^4}=0$，得 $x=-\dfrac{6}{13}$，

（3）列表讨论，如表 4－5 所示.

表 4－5

x	$(-\infty,-2)$	-2	$\left(-2,-\frac{6}{13}\right)$	$-\frac{6}{13}$	$\left(-\frac{6}{13},0\right)$	$(0,3)$	3	$(3,+\infty)$
$f'(x)$	+	0	−	−	−	−	0	+
$f''(x)$	−	−	−	0	+	+	+	+
$f(x)$	单增凸	极大值 $4e^{-\frac{1}{2}}$	单减凸	拐点 $\left(-\frac{6}{13},\frac{72}{13}e^{-\frac{13}{6}}\right)$	单减凹	单减凹	极小值 $9e^{\frac{1}{3}}$	单增凹

单调递增区间：$(-\infty,-2]$，$[3,+\infty)$，

单调递减区间：$[-2,0)$，$(0,3]$，

在 $x_1=-2$ 点取得极大值 $f(-2)=4e^{-\frac{1}{2}}$，在 $x_1=3$ 点取得极小值 $f(3)=9e^{\frac{1}{3}}$，

上凸区间：$\left(-\infty,-\frac{6}{13}\right]$，

上凹区间：$\left[-\frac{6}{13},0\right)$，$(0,+\infty)$，

拐点：$\left(-\frac{6}{13},\frac{72}{13}e^{-\frac{13}{6}}\right)$.

例 4－35 求函数 $f(x)=\dfrac{x^3-2}{2(x-1)^2}$ 的单调区间、极值、凹凸区间、拐点.

解：（1）定义域 $(-\infty,1)\cup(1,+\infty)$，

（2）令 $f'(x)=\dfrac{3x^2(x-1)^2-(x^3-2)2(x-1)}{2(x-1)^4}=\dfrac{(x+1)(x-2)^2}{2(x-1)^3}=0$，得驻点 $x_1=-1$，$x_2=2$，

令 $f''(x)=\dfrac{(3x^2-6x)(x-1)^3-(x^3-3x^2+4)3(x-1)^2}{2(x-1)^6}=\dfrac{6x-12}{2(x-1)^4}=0$，得 $x=2$，

（3）列表讨论，如表 4－6 所示.

表 4－6

x	$(-\infty,-1)$	-1	$(-1,1)$	$(1,2)$	2	$(2,+\infty)$
$f'(x)$	+	0	−	+	0	+
$f''(x)$	−	−	−	−	0	+
$f(x)$	单增凸	极大值 $-\frac{3}{8}$	单减凸	单增凸	拐点(2,3)	单增凹

单调递增区间：$(-\infty,-1]$，$(1,+\infty)$，
单调递减区间：$[-1,1)$，
在 $x_1=-1$ 处取得极大值 $f(-1)=-\dfrac{3}{8}$，
上凸区间：$(-\infty,1)$，$(1,2]$，
上凹区间：$[2,+\infty)$，
拐点：$(2,3)$.

习 题 4.3

1. 求下列函数单调区间与极值：
（1）$f(x)=2x^3-9x^2+12x-3$；
（2）$f(x)=2-(x^2-1)^{\frac{2}{3}}$；
（3）$f(x)=(x-1)x^{\frac{2}{3}}$；
（4）$y=\dfrac{x^3}{(x+1)^2}$.
2. 求函数 $y=2x^4-4x^3+2$ 在区间 $[-1,2]$ 上的最大值与最小值.
3. 求数列 $\left\{\dfrac{n^2}{n-1\,000}\right\}$ 的最小项.
4. 求下列函数的凹凸区间与拐点：
（1）$y=x^4$；
（2）$y=\sqrt[3]{x}$；
（3）$y=3x^4-4x^3+1$；
（4）$y=\dfrac{1}{3}x^3+x^2-3x+4$.
5. 求函数 $f(x)=\dfrac{4(x+1)}{x^2}-2$ 的单调区间、极值、凹凸区间、拐点.

习 题 四

1. 判断题（对的请打“ √ ”，错的请打“ × ”）
（1）$x=1$ 是 $f(x)=\dfrac{1}{3}x^3-x$ 在 $[-2,2]$ 上的极小值点；　（　　）
（2）函数可导，极值点必为驻点；　（　　）
（3）函数的极值点只可能发生在驻点或不可导点上；　（　　）

（4）若 $x=x_0$ 是函数 $f(x)$ 的极值点，则 $f'(x_0)=0$； （　　）

（5）函数 $f(x)$ 在 $[a,b]$ 上的极大值一定大于极小值； （　　）

（6）函数 $y=f(x)$ 在 $x=x_0$ 点处取得极大值，则 $f'(x_0)=0$ 或导数不存在； （　　）

（7）因为 $y=\dfrac{1}{x}$ 在区间 $(0,1)$ 内连续，所以在 $(0,1)$ 内 $y=\dfrac{1}{x}$ 必有最大值. （　　）

2. 填空题

（1）设 $y=2x^2+ax+3$ 在点 $x=1$ 处取得极小值，则 $a=$__________；

（2）函数 $y=\dfrac{\sqrt{4-x^2}}{(x-1)(x-2)}$ 有________个间断点.

3. 证明：等式成立：$\sec^2 x=1+\tan^2 x$.

4. 利用洛必达法则求下列函数极限

（1）$\lim\limits_{x\to 0}\dfrac{\tan x}{e^x-e^{-x}}$；

（2）$\lim\limits_{x\to 1}\dfrac{x^2-1}{\ln^2 x}$；

（3）$\lim\limits_{x\to 0^+}\dfrac{\ln\sin 2x}{\ln\sin 3x}$；

（4）$\lim\limits_{x\to 0}\dfrac{x-\tan x}{\sin^3 x}$；

（5）$\lim\limits_{x\to 0}\left[\dfrac{1}{\ln(1-x)}+\dfrac{1}{x}\right]$；

（6）$\lim\limits_{x\to\infty}\left[x-x^2\ln\left(1+\dfrac{1}{x}\right)\right]$；

（7）$\lim\limits_{x\to 1}\dfrac{x^x-1}{x\ln x}$；

（8）$\lim\limits_{x\to 0}\cos x^{\cot x}$；

（9）$\lim\limits_{x\to 0^+}\left(\ln\dfrac{1}{x}\right)^{\sin x}$；

（10）$\lim\limits_{x\to +\infty}(1+e^x)^{\frac{1}{\sin x}}$.

5. 利用导数证明：当 $x>0$ 时，$x>\ln(1+x)$.

6. 求函数 $y=\dfrac{x^2}{2x-1}$ 的单调区间、极值、凹凸区间、拐点.

7. 求函数 $y=(2+x)e^{\frac{1}{x}}$ 的单调区间、极值、凹凸区间、拐点.

8. 求函数 $y=\ln(1-x^3)$ 在区间 $\left[-2,\dfrac{1}{2}\right]$ 上的最大值与最小值.

9. 求数列 $\left\{\dfrac{n^3}{n-21}\right\}$ 的最小项.

第5章 不定积分

第 3 章中我们学习了函数 $f(x)$ 的导数 $f'(x)$ 与微分 $df(x)=f'(x)dx$ 的问题，这一章研究导数与微分的逆问题，即已知某个函数的导数是 $f(x)$ 或者某个函数的微分是 $f(x)dx$，求这个函数，也就是不定积分的内容.

5.1 不定积分的概念与性质

1. 原函数

例5－1 已知 $f(x)=\ln|x|$，求 $f'(x)$.

解：当 $x>0$ 时，$f'(x)=(\ln x)'=\frac{1}{x}$，

当 $x<0$ 时，$f'(x)=(\ln(-x))'=\frac{1}{(-x)}(-1)=\frac{1}{x}$，

所以 $(\ln|x|)'=\frac{1}{x}$.

$\ln|x|$ 与 $\frac{1}{x}$ 两函数的关系是 $\frac{1}{x}$ 是 $\ln|x|$ 的导数，反过来，把 $\ln|x|$ 称作是 $\frac{1}{x}$ 的一个原函数.

定义5－1 如果在区间 I 内，可导函数 $F(x)$ 的导数为 $f(x)$，即对任一 $x\in I$，都有 $F'(x)=f(x)$ 或 $dF(x)=f(x)dx$，那么函数 $F(x)$ 就称作 $f(x)$ 在区间 I 内的原函数.

因为 $(\cos x)'=-\sin x$，所以 $\cos x$ 是 $-\sin x$ 的原函数.

如：设 $f(x)$ 的一个原函数是 $\sin x$，则有 $(\sin x)'=f(x)$，即 $f(x)=\cos x$，有 $f'(x)=-\sin x$.

什么样的函数存在原函数？连续函数一定存在原函数.

定理5－1 （原函数存在定理）

如果函数 $f(x)$ 在区间 I 内连续，那么在区间 I 内存在可导函数 $F(x)$，使对任一 $x\in I$，都有 $F'(x)=f(x)$.

注意：（1）如果 $F(x)$ 是 $f(x)$ 的一个原函数，有 $F'(x)=f(x)$，也有 $[F(x)+C]'=f(x)$，则 $F(x)+C$ 都是 $f(x)$ 的原函数，因此 $f(x)$ 有一个原函数，就会有无限多个原函数.

（2）如果 $F(x)$ 是 $f(x)$ 的一个原函数，那么 $F(x)$ 与其他原函数之间有什么关系？

设 $\Phi(x)$ 是 $f(x)$ 的任一原函数，即 $\forall x\in I$ 有 $\Phi'(x)=f(x)$，

于是 $(\Phi(x)-F(x))'=\Phi'(x)-F'(x)=0$，

所以 $\Phi(x)-F(x)\equiv C$，

这表明 $\Phi(x)$ 与 $F(x)$ 只相差一个常数.

表明 $f(x)$ 虽然有无限多个原函数，但是 $f(x)$ 的任意两个原函数之间只相差一个常数. 因此，原函数的全体可表示成 $\{F(x)+C|-\infty<C<+\infty\}$.

2. 不定积分定义

在区间 I 内，函数 $f(x)$ 的带有任意常数项的原函数，称为 $f(x)$ 在区间 I 内的不定积分，记作 $\int f(x)\mathrm{d}x$. 其中"$\int$"为积分号，"$f(x)$"为被积函数，"$f(x)\mathrm{d}x$"为被积表达式，"x"为积分变量.

因此，求 $\int f(x)\mathrm{d}x$，实际上是求 $f(x)$ 的原函数，如果 $F(x)$ 是 $f(x)$ 的一个原函数，则 $\int f(x)\mathrm{d}x=F(x)+C$.

因为 $\ln|x|$ 是 $\frac{1}{x}$ 的一个原函数，因此有 $\int\frac{1}{x}\mathrm{d}x=\ln|x|+C$，$\cos x$ 是 $-\sin x$ 的原函数，有 $\int -\sin x\mathrm{d}x=\cos x+C$.

3. 不定积分的几何意义

不定积分 $\int f(x)\mathrm{d}x=F(x)+C$，$F(x)$ 表示的曲线称作积分曲线，不定积分 $\int f(x)\mathrm{d}x$ 确定无数条平行于 $F(x)$ 曲线，称为积分曲线族. 因为 $(F(x)+C)'=f(x)$，所以 $f(x)$ 是积分曲线族在 x 处的切线斜率. 即各积分曲线上具有相同横坐标的点处的切线相互平行，要确定常数 C，必须附加条件，如果给定曲线经过某点 $(x_0,f(x_0))$，可以确定常数 C，表示积分曲线族中某一条特定的曲线，如图 5－1 所示.

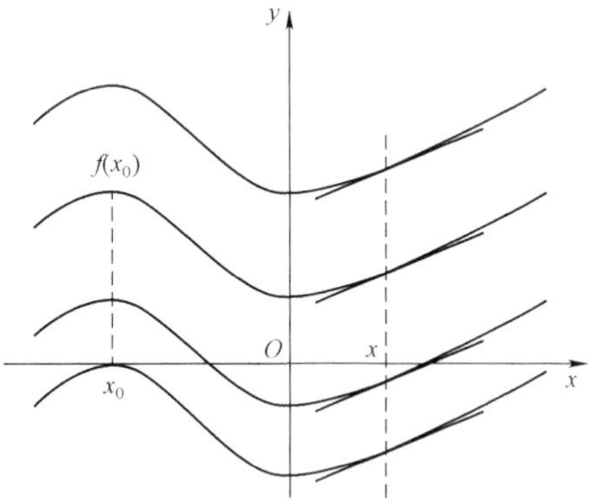

图 5－1

例 5－2 求经过点（1，2），且切线斜率为 $3x^2$ 的曲线方程.

解： 设所求曲线为 $y=f(x)$，则已知 $f'(x)=3x^2$，这是求原函数的问题. 由 $\int 3x^2\mathrm{d}x=x^3+C$，得积分曲线族 $y=x^3+C$，将 $x=1$，$y=2$ 代入，得 $C=1$，所以 $y=x^3+1$ 是所求曲线.

4. 基本积分公式

根据导数公式，可以得到不定积分的基本公式：

（1）$\int k\mathrm{d}x=kx+C$（k 为常数）；

（2）$\int x^{\mu}\mathrm{d}x=\frac{x^{\mu+1}}{\mu+1}x+C(\mu\neq-1)$；

特别地，$\int\frac{\mathrm{d}x}{\sqrt{x}}=2\sqrt{x}+C$，$\int\frac{\mathrm{d}x}{x^{2}}=-\frac{1}{x}+C$；

（3）$\int\frac{\mathrm{d}x}{x}=\ln|x|+C$；

（4）$\int a^{x}\mathrm{d}x=\frac{a^{x}}{\ln a}+C$；特别地，$\int \mathrm{e}^{x}\mathrm{d}x=\mathrm{e}^{x}+C$；

（5）$\int\sin x\mathrm{d}x=-\cos x+C$；

（6）$\int\cos x\mathrm{d}x=\sin x+C$；

（7）$\int\frac{1}{\sqrt{1-x^{2}}}\mathrm{d}x=\arcsin x+C$；

（8）$\int\frac{1}{1+x^{2}}\mathrm{d}x=\arctan x+C$；

（9）$\int\sec^{2}x\,\mathrm{d}x=\tan x+C$；

（10）$\int\csc^{2}x\,\mathrm{d}x=-\cot x+C$；

（11）$\int\sec x\tan x\mathrm{d}x=\sec x+C$；

（12）$\int\csc x\cot x\mathrm{d}x=-\csc x+C$.

例 5－3　求不定积分 $\int x^{2}\mathrm{d}x$.

解：$\int x^{2}\mathrm{d}x=\frac{1}{3}x^{3}+C$.

例 5－4　求不定积分 $\int x^{2}\sqrt{x}\mathrm{d}x$.

解：$\int x^{2}\sqrt{x}\mathrm{d}x=\int x^{\frac{5}{2}}\mathrm{d}x=\frac{x^{\frac{5}{2}+1}}{\frac{5}{2}+1}+C=\frac{2}{7}x^{\frac{7}{2}}+C$.

例 5－5　求不定积分 $\int\frac{\mathrm{d}x}{x\sqrt[3]{x}}$.

解：$\int\frac{\mathrm{d}x}{x\sqrt[3]{x}}=\int x^{-\frac{4}{3}}\mathrm{d}x=\frac{x^{-\frac{4}{3}+1}}{-\frac{4}{3}+1}+C=-3x^{-\frac{1}{3}}+C$.

5. 不定积分的性质

（1）$f(x)$ 的不定积分是 $f(x)$ 的任一原函数，因此有 $f(x)$ 的不定积分的导数等于 $f(x)$（据此可检验所求不定积分正确与否），即

$$\frac{\mathrm{d}}{\mathrm{d}x}\left[\int f(x)\mathrm{d}x\right]=f(x)，\text{或 }\mathrm{d}\left[\int f(x)\mathrm{d}x\right]=f(x)\mathrm{d}x.$$

例如：$\frac{d}{dx}\left[\int e^{x^2}dx\right]=e^{x^2}$，$d\int f(2x)dx=f(2x)dx$.

（2）$f(x)$ 的导数的不定积分与 $f(x)$ 相差一个常数，即

$\int f'(x)dx=f(x)+C$ 或 $\int df(x)=f(x)+C$.

例如：$\int f'(x)dx=f(x)+C$，$\int df(2x)=f(2x)+C$.

（3）$f_1(x),f_2(x),\cdots,f_n(x)$ 均存在原函数，$\int[f_1(x)+f_2(x)+\cdots+f_n(x)]dx=\int f_1(x)dx+\int f_2(x)dx+\cdots+\int f_n(x)dx$，即有限个函数和的不定积分等于各个函数的不定积分之和.

（4）被积函数中不为零的常数因子可以移到积分号外面来，即

$\int kf(x)dx=k\int f(x)dx$.

6. 求不定积分

例 5－6 $\int 4\sin x dx$.

解： $\int 4\sin x dx=4\int \sin x dx=-4\cos x+C$.

例 5－7 $\int(3^x e^x)dx$.

解： $\int(3^x e^x)dx=\int(3e)^x dx=\frac{1}{\ln 3e}(3e)^x+C$.

例 5－8 $\int\frac{dx}{\sqrt{2ax}}$.

解： $\int\frac{dx}{\sqrt{2ax}}=\frac{1}{\sqrt{2a}}\int x^{-\frac{1}{2}}dx=\frac{1}{\sqrt{2a}}\cdot 2\sqrt{x}+C=\sqrt{\frac{2x}{a}}+C$.

例 5－9 $\int\left(\frac{1}{1+x^2}-\frac{1}{x}\right)dx$.

解： $\int\left(\frac{1}{1+x^2}-\frac{1}{x}\right)dx=\int\frac{dx}{1+x^2}-\int\frac{1}{x}dx=\arctan x-\ln|x|+C$.

注：本题化为两个积分，应出现两个任意常数，但由其任意性，可合并写成一个任意常数.

例 5－10 $\int\left(3x+5\cos x+\frac{2}{x^2}+\sqrt{x}+\frac{1}{\sqrt{x}}\right)dx$.

解： $\int\left(3x+5\cos x+\frac{2}{x^2}+\sqrt{x}+\frac{1}{\sqrt{x}}\right)dx$

$$=\int 3x dx+\int 5\cos x dx+\int\frac{2}{x^2}dx+\int x^{\frac{1}{2}}dx+\int\frac{1}{\sqrt{x}}dx=\frac{3}{2}x^2+5\sin x-\frac{2}{x}+\frac{2}{3}x^{\frac{3}{2}}+2\sqrt{x}+C.$$

例 5－11 $\int(\sqrt{x}+1)(\sqrt{x}-1)dx$.

解： $\int(\sqrt{x}+1)(\sqrt{x}-1)dx=\int(x-1)dx=\frac{1}{2}x^2-x+C$.

例 5-12 $\int \frac{1+2x^2}{x^2(x^2+1)}\mathrm{d}x$.

解：$\int \frac{1+2x^2}{x^2(x^2+1)}\mathrm{d}x=\int \frac{1+x^2+x^2}{x^2(x^2+1)}\mathrm{d}x=\int\left(\frac{1}{x^2}+\frac{1}{x^2+1}\right)\mathrm{d}x=-\frac{1}{x}+\arctan x+C$.

例 5-13 $\int \frac{(1-x)^2}{\sqrt{x}}\mathrm{d}x$.

解：$\int \frac{(1-x)^2}{\sqrt{x}}\mathrm{d}x=\int (x^{-\frac{1}{2}}-2x^{\frac{1}{2}}+x^{\frac{3}{2}})\mathrm{d}x=2x^{\frac{1}{2}}-\frac{4}{3}x^{\frac{3}{2}}+\frac{2}{5}x^{\frac{5}{2}}+C$.

例 5-14 $\int \frac{x^4}{1+x^2}\mathrm{d}x$.

解：$\int \frac{x^4}{1+x^2}\mathrm{d}x=\int \frac{x^4-1+1}{1+x^2}\mathrm{d}x=\int \frac{(x^2+1)(x^2-1)+1}{1+x^2}\mathrm{d}x$

$=\int\left(x^2-1+\frac{1}{x^2+1}\right)\mathrm{d}x=\frac{1}{3}x^3-x+\arctan x+C$.

例 5-15 $\int \frac{1}{x^2(x^2+1)}\mathrm{d}x$.

解：$\int \frac{1}{x^2(x^2+1)}\mathrm{d}x=-\frac{1}{x}-\arctan x+C$.

例 5-16 $\int \frac{1}{\sin^2 x\cos^2 x}\mathrm{d}x$.

解：$\int \frac{1}{\sin^2 x\cos^2 x}\mathrm{d}x=\int \frac{\sin^2 x+\cos^2 x}{\sin^2 x\cos^2 x}\mathrm{d}x=\int\left(\frac{1}{\cos^2 x}+\frac{1}{\sin^2 x}\right)\mathrm{d}x$

$=\int(\sec^2 x+\csc^2 x)\mathrm{d}x=\tan x-\cot x+C$.

例 5-17 $\int \tan^2 x\mathrm{d}x$.

解：$\int \tan^2 x\mathrm{d}x=\int(\sec^2 x-1)\mathrm{d}x=\tan x-x+C$.

例 5-18 $\int(\tan x+\cot x)^2\mathrm{d}x$.

解：$\int(\tan x+\cot x)^2\mathrm{d}x=\int(\tan^2 x+2+\cot^2 x)\mathrm{d}x=\int(\sec^2 x+\csc^2 x)\mathrm{d}x=\tan x-\cot x+C$.

习 题 5.1

1. 已知 $f(x)$ 的一个原函数为 3，则 $f(x)$ 的表达式是什么？$f(x)$ 的全体原函数的表达式是什么？

2. 已知 $f(2x)$ 的一个原函数为 x^2，则 $f(x)$ 的表达式是什么？

3. 已知 $f(x)$ 的一个原函数为 e^{x^2}，则 $f(x)$ 的导数的表达式是什么？

4. 填空

（1） $\dfrac{\mathrm{d}}{\mathrm{d}x}\left[\int e^{x^2}\mathrm{d}x\right]=$________________.

（2） $\dfrac{\mathrm{d}}{\mathrm{d}x}\left[\int e^{x^2}\mathrm{d}x^2\right]=$________________.

（3） $\mathrm{d}\int f(2x)\mathrm{d}x=$________________.

（4） $\int \mathrm{d}f(2x)=$________________.

（5） $\int 2f'(2x)\,\mathrm{d}x=$________________.

5. 求下列不定积分：

（1） $\int (3^x+x^3+2e^x)\mathrm{d}x$；

（2） $\int \left(\dfrac{3}{1+x^2}-\dfrac{2}{\sqrt{1-x^2}}\right)\mathrm{d}x$；

（3） $\int \sqrt{x}(x-3)\mathrm{d}x$；

（4） $\int \dfrac{1-x^2}{x\sqrt{x}}\mathrm{d}x$；

（5） $\int \mathrm{e}^{x-4}\mathrm{d}x$；

（6） $\int \dfrac{3x^4+3x^2+1}{x^2+1}\mathrm{d}x$；

（7） $\int \dfrac{1+x+x^2}{x(1+x^2)}\mathrm{d}x$；

（8） $\int \sqrt{x\sqrt{x\sqrt{x}}}\,\mathrm{d}x$；

（9） $\int \cos^2\dfrac{x}{2}\mathrm{d}x$；

（10） $\int \dfrac{\mathrm{e}^{2x}-1}{\mathrm{e}^x-1}\mathrm{d}x$.

5.2 换元积分

1. 第一类换元积分法

假设需要计算$\int f(\varphi(x))\varphi'(x)\mathrm{d}x$，但是无法直接利用基本积分表，而计算$\int f(u)\mathrm{d}u$可以利用基本积分表，得到$\int f(u)\mathrm{d}u=F(u)+C$，把$u=\varphi(x)$代入右边$F(u)$，得到$F[\varphi(x)]+C$，它是原被积函数$f[\varphi(x)]\varphi'(x)$的原函数吗？因为$\dfrac{\mathrm{d}}{\mathrm{d}x}F[\varphi(x)]=F'(u)\cdot\varphi'(x)=f[\varphi(x)]\varphi'(x)$,

所以确实有 $\int f(\varphi(x))\varphi'(x)\mathrm{d}x = F[\varphi(x)]+C$ 成立. 这就是第一类换元法的原理.

定理 5－2 设 $f(u)$ 具有原函数，$u=\varphi(x)$ 可导，则有换元公式 $\int f(\varphi(x))\varphi'(x)\mathrm{d}x = \int f(u)\mathrm{d}u$.

说明：若积分 $\int f(\varphi(x))\varphi'(x)\mathrm{d}x$ 较难，不易求得，即可令 $u=\varphi(x)$，化 $\int f(\varphi(x))\varphi'(x)\mathrm{d}x$ 为 $\int f(u)\mathrm{d}u$，这种方法为第一类换元积分法，由于 $\varphi'(x)\mathrm{d}x=\mathrm{d}\varphi(x)$，则有 $\int f(\varphi(x))\varphi'(x)\mathrm{d}x = \int f(\varphi(x))\mathrm{d}\varphi(x)=F(\varphi(x))+C$，在碰到含有复合函数 $f(\varphi(x))$ 的积分时，要看被积表达式中能否凑出 $\varphi(x)$ 的微分，即 $\varphi'(x)\mathrm{d}x=\mathrm{d}\varphi(x)$，从而积分转化为 $\int f(\varphi(x))\mathrm{d}\varphi(x)$ 此时把 $\varphi(x)$ 理解成一个量，如果 $F[\varphi(x)]$ 对 $\varphi(x)$ 的导数是 $f(\varphi(x))$，则有 $\int f(\varphi(x))\varphi'(x)\mathrm{d}x= \int f(\varphi(x))\mathrm{d}\varphi(x)=F(\varphi(x))+C$，因此第一类换元法也称凑微分法，这样可以不用换元，而把 $\varphi(x)$ 理解成一个量即可.

例 5－19 $\int \cos 3x\mathrm{d}x$.

解： $\int \cos 3x\mathrm{d}x = \frac{1}{3}\int \cos 3x\mathrm{d}3x = \frac{1}{3}\sin 3x + C$.

例 5－20 $\int 2x\mathrm{e}^{x^2}\mathrm{d}x$.

解： $\int 2x\mathrm{e}^{x^2}\mathrm{d}x = \int \mathrm{e}^{x^2}\mathrm{d}x^2 = \mathrm{e}^{x^2}+C$.

例 5－21 $\int (ax+b)^m\mathrm{d}x$.

解： $\int (ax+b)^m\mathrm{d}x = \frac{1}{a}\int (ax+b)^m\mathrm{d}(ax+b) = \frac{1}{a(m+1)}(ax+b)^{m+1}+C$.

例 5－22 $\int \tan x\mathrm{d}x$.

解： $\int \tan x\mathrm{d}x = \int \frac{\sin x}{\cos x}\mathrm{d}x = -\int \frac{1}{\cos x}\mathrm{d}\cos x = -\ln|\cos x|+C$.

同理 $\int \cot x\mathrm{d}x = \ln|\sin x|+C$.

例 5－23 $\int \frac{1}{a^2+x^2}\mathrm{d}x$.

解： $\int \frac{1}{a^2+x^2}\mathrm{d}x = \frac{1}{a^2}\int \frac{1}{1+\left(\frac{x}{a}\right)^2}a\mathrm{d}\frac{x}{a} = \frac{1}{a}\arctan\frac{x}{a}+C$.

例 5－24 $\int \frac{1}{x^2-a^2}\mathrm{d}x$.

解：
$$\int \frac{1}{x^2-a^2}\mathrm{d}x = \int \frac{1}{(x+a)(x-a)}\mathrm{d}x = \frac{1}{2a}\int\left(\frac{1}{x-a}-\frac{1}{x+a}\right)\mathrm{d}x$$
$$= \frac{1}{2a}\left[\int \frac{1}{x-a}\mathrm{d}(x-a) - \int \frac{1}{x+a}\mathrm{d}(x+a) = \frac{1}{2a}[\ln|x-a|-\ln|x+a|]\right]+C$$

$$=\frac{1}{2a}\ln\left|\frac{x-a}{x+a}\right|+C.$$

例 5－25 $\int\frac{1}{\sqrt{a^2-x^2}}\mathrm{d}x(a>0)$.

解：$\int\frac{1}{\sqrt{a^2-x^2}}\mathrm{d}x=\int\frac{1}{a\sqrt{1-\left(\frac{x}{a}\right)^2}}a\mathrm{d}\frac{x}{a}=\arcsin\frac{x}{a}+C$.

例 5－26 $\int\frac{1}{\sqrt{4-9x^2}}\mathrm{d}x$.

解：$\int\frac{1}{\sqrt{4-9x^2}}\mathrm{d}x=\frac{1}{3}\int\frac{1}{\sqrt{2^2-(3x)^2}}\mathrm{d}3x=\frac{1}{3}\arcsin\frac{3x}{2}+C$.

例 5－27 $\int\frac{1}{\sqrt{1-2x-x^2}}\mathrm{d}x$.

解：$\int\frac{1}{\sqrt{1-2x-x^2}}\mathrm{d}x=\int\frac{1}{\sqrt{2-(x+1)^2}}\mathrm{d}(x+1)=\arcsin\frac{x+1}{\sqrt{2}}+C$.

例 5－28 $\int\frac{x}{\sqrt{4-9x^2}}\mathrm{d}x$.

解：$\int\frac{x}{\sqrt{4-9x^2}}\mathrm{d}x=-\frac{1}{18}\int\frac{1}{\sqrt{4-9x^2}}\mathrm{d}(4-9x^2)$

$$=-\frac{1}{18}\int(4-9x^2)^{-\frac{1}{2}}\mathrm{d}(4-9x^2)=-\frac{1}{9}\sqrt{4-9x^2}+C.$$

例 5－29 $\int\csc x\mathrm{d}x$.

解：$\int\csc x\mathrm{d}x=\int\frac{1}{\sin x}\mathrm{d}x=\int\frac{1}{2\sin\frac{x}{2}\cos\frac{x}{2}}\mathrm{d}x=\int\frac{\cos\frac{x}{2}}{\sin\frac{x}{2}\cos^2\frac{x}{2}}\mathrm{d}\frac{x}{2}$

$$=\int\frac{1}{\tan\frac{x}{2}}\sec^2\frac{x}{2}\mathrm{d}\frac{x}{2}=\int\frac{1}{\tan\frac{x}{2}}\mathrm{d}\tan\frac{x}{2}=\ln\left|\tan\frac{x}{2}\right|+C.$$

或 $\int\csc x\mathrm{d}x=\int\frac{\csc x(\cot x-\csc x)}{\cot x-\csc x}\mathrm{d}x=\int\frac{\csc x\cot x-\csc^2 x}{\cot x-\csc x}\mathrm{d}x$

$$=\int\frac{1}{\cot x-\csc x}\mathrm{d}(-\csc x+\cot x)=\ln|\cot x-\csc x|+C=\ln|\csc x-\cot x|+C.$$

例 5－30 $\int\sec x\mathrm{d}x$.

解：$\int\sec x\mathrm{d}x=\int\frac{1}{\cos x}\mathrm{d}x=\int\frac{1}{\sin\left(x+\frac{\pi}{2}\right)}\mathrm{d}\left(x+\frac{\pi}{2}\right)$

$$=\ln\left|\csc\left(x+\frac{\pi}{2}\right)-\cot\left(x+\frac{\pi}{2}\right)\right|+C=\ln|\sec x+\tan x|+C.$$

例 5－31　$\int \sin^3 x\mathrm{d}x$.

解：$\int \sin^3 x\mathrm{d}x=-\int \sin^2 x\mathrm{d}\cos x=-\int (1-\cos^2 x)\mathrm{d}\cos x=-\cos x+\frac{1}{3}\cos^3 x+C$.

例 5－32　$\int \sin^2 x\cos^5 x\mathrm{d}x$.

解：$\int \sin^2 x\cos^5 x\mathrm{d}x=\int \sin^2 x\cos^4 x\mathrm{d}\sin x=\int \sin^2 x(1-\sin^2 x)^2\mathrm{d}\sin x$

$$=\int (\sin^2 x-2\sin^4 x+\sin^6 x)\mathrm{d}\sin x=\frac{1}{3}\sin^3 x-\frac{2}{5}\sin^5 x+\frac{1}{7}\sin^7 x+C.$$

例 5－33　$\int \cos^2 x\mathrm{d}x$.

解：$\int \cos^2 x\mathrm{d}x=\int \frac{1+\cos 2x}{2}\mathrm{d}x=\frac{1}{2}\int \mathrm{d}x+\frac{1}{4}\int \cos 2x\mathrm{d}2x=\frac{1}{2}x+\frac{1}{4}\sin 2x+C$.

例 5－34　$\int \cos^4 x\mathrm{d}x$.

解：$\int \cos^4 x\mathrm{d}x=\left(\int \frac{1+\cos 2x}{2}\right)^2\mathrm{d}x=\int \left(\frac{1}{4}+\frac{1}{2}\cos 2x+\frac{1}{4}\cos^2 2x\right)\mathrm{d}x$

$$=\frac{1}{4}x+\frac{1}{4}\sin 2x+\frac{1}{4}\int \frac{1+\cos 4x}{2}\mathrm{d}x=\frac{1}{4}x+\frac{1}{4}\sin 2x++\frac{1}{8}x+\frac{1}{32}\sin 4x+C$$

$$=\frac{3}{8}x+\frac{1}{4}\sin 2x+\frac{1}{32}\sin 4x+C.$$

例 5－35　$\int \frac{(x+1)^2}{x^2+1}\mathrm{d}x$.

解：$\int \frac{(x+1)^2}{x^2+1}\mathrm{d}x=\int \frac{x^2+1+2x}{x^2+1}\mathrm{d}x=\int \left(1+\frac{2x}{x^2+1}\right)\mathrm{d}x$

$$=x+\int \frac{1}{x^2+1}\mathrm{d}(x^2+1)=x+\ln(x^2+1)+C.$$

例 5－36　$\int \frac{\sqrt{4+\ln(x+1)}}{x+1}\mathrm{d}x$.

解：$\int \frac{\sqrt{4+\ln(x+1)}}{x+1}\mathrm{d}x=\int [4+\ln(1+x)]^{\frac{1}{2}}\mathrm{d}[4+\ln(x+1)]=\frac{2}{3}[4+\ln(x+1)]^{\frac{3}{2}}+C$.

例 5－37　$\int \frac{\cot x}{\ln\sin x}\mathrm{d}x$.

解：$\int \frac{\cot x}{\ln\sin x}\mathrm{d}x=\int \frac{\frac{\cos x}{\sin x}}{\ln(\sin x)}\mathrm{d}x=\int \frac{\frac{1}{\sin x}}{\ln(\sin x)}\mathrm{d}\sin x=\int \frac{\mathrm{d}\ln\sin x}{\ln\sin x}=\ln|\ln\sin x|+C$.

例 5－38　$\int \frac{1+\cos x}{x+\sin x}\mathrm{d}x$.

解：$\int\frac{1+\cos x}{x+\sin x}\mathrm{d}x=\int\frac{\mathrm{d}(x+\sin x)}{x+\sin x}=\ln|x+\sin x|+C$.

例 5－39 $\int\frac{2x-1}{\sqrt{1-x^2}}\mathrm{d}x$.

解：$\int\frac{2x-1}{\sqrt{1-x^2}}\mathrm{d}x=\int\frac{2x}{\sqrt{1-x^2}}\mathrm{d}x-\int\frac{1}{\sqrt{1-x^2}}\mathrm{d}x=-\int\frac{\mathrm{d}(1-x^2)}{\sqrt{1-x^2}}-\arcsin x$

$$=-2\sqrt{1-x^2}-\arcsin x+C.$$

例 5－40 $\int\frac{f'(x)}{\sqrt{1-f^2(x)}}\mathrm{d}x$.

解：$\int\frac{f'(x)}{\sqrt{1-f^2(x)}}\mathrm{d}x=\int\frac{1}{\sqrt{1-f^2(x)}}\mathrm{d}f(x)=\arcsin f(x)+C$.

2. 第二类换元积分法

定理 5－3 设 $x=\varphi(t)$ 是单调可导函数，且 $\varphi'(t)\neq 0$，$f[\varphi(t)]\varphi'(t)$ 具有原函数 $F(t)$，则有换元公式：

$$\int f(x)\mathrm{d}x\ \underline{\underline{x=\varphi(t)}}\ \int f[\varphi(t)]\varphi'(t)\mathrm{d}t=F(t)+C=F(\varphi^{-1}(x))+C,$$

其中 $t=\varphi^{-1}(x)$ 是 $x=\varphi(t)$ 的反函数. 当 $\int f(x)\mathrm{d}x$ 不易计算，可设单调且可导函数 $x=\varphi(t)$，则有 $\int f(x)\mathrm{d}x=\int f[\varphi(t)]\varphi'(t)\mathrm{d}t$，通过变量替换将积分转换，只要新的积分能够计算出来，再把变量带回就可得到结果.

例 5－41 求 $\int\frac{1}{(x+3)\sqrt{x+1}}\mathrm{d}x$.

解：令 $\sqrt{x+1}=t,x=t^2-1$，则 $\mathrm{d}x=2t\mathrm{d}t$，

$$\int\frac{1}{(x+3)\sqrt{x+1}}\mathrm{d}x=\int\frac{2t\mathrm{d}t}{t(t^2+2)}=\int\frac{1}{1+\frac{t^2}{2}}\mathrm{d}t$$

$$=\int\frac{\sqrt{2}}{1+\left(\frac{t}{\sqrt{2}}\right)^2}\mathrm{d}\frac{t}{\sqrt{2}}=\sqrt{2}\arctan\frac{\sqrt{2}}{2}t+C=\sqrt{2}\arctan\frac{\sqrt{2}}{2}\sqrt{x+1}+C.$$

一般被积函数中含有无理根式不易计算，可以采用第二类换元积分，做变量替换把根式去掉，变成有理函数积分.

例 5－42 求 $\int\frac{\mathrm{d}x}{(1+\sqrt[3]{x})\sqrt{x}}$.

解：令 $\sqrt[6]{x}=t,x=t^6$，则 $\mathrm{d}x=6t^5\mathrm{d}t$，

$$\int\frac{\mathrm{d}x}{(1+\sqrt[3]{x})\sqrt{x}}=\int\frac{6t^5\mathrm{d}t}{(1+t^2)t^3}$$

$$=6\int\frac{t^2}{1+t^2}\mathrm{d}t=6\int\left(1-\frac{1}{1+t^2}\right)\mathrm{d}t=6(t-\arctan t)+C=6(\sqrt[6]{x}-\arctan\sqrt[6]{x})+C.$$

如果出现根号下二次函数，则可利用三角函数恒等式将根号去掉（$a>0$）：

在 $\sqrt{a^2-x^2}$ 形式中，令 $x=a\sin t, x\in\left[-\frac{\pi}{2},\frac{\pi}{2}\right]$，则 $\sqrt{a^2-x^2}=a\cos t$；

在 $\sqrt{x^2-a^2}$ 形式中，令 $x=a\sec t, x\in\left[0,\frac{\pi}{2}\right), x\in\left(\frac{\pi}{2},\pi\right]$，则 $\sqrt{x^2-a^2}=a\tan t$；

在 $\sqrt{a^2+x^2}$ 形式中，令 $x=a\tan t, x\in\left(-\frac{\pi}{2},\frac{\pi}{2}\right)$，则 $\sqrt{a^2+x^2}=a\sec t$.

例 5－43　求 $\int\sqrt{a^2-x^2}\mathrm{d}x$　（$a>0$）.

解：令 $x=a\sin t, x\in\left[-\frac{\pi}{2},\frac{\pi}{2}\right]$，则 $\sqrt{a^2-x^2}=a\cos t$，

$$\begin{aligned}\int\sqrt{a^2-x^2}\mathrm{d}x&=\int a\cos t\cdot a\cos t\mathrm{d}t\\&=a^2\int\cos^2 t\mathrm{d}t=a^2\int\frac{1+\cos 2t}{2}\mathrm{d}t=\frac{a^2}{2}t+\frac{a^2}{4}\sin 2t+C=\frac{a^2}{2}t+\frac{a^2}{4}2\sin t\cos t+C\\&=\frac{a^2}{2}\arcsin\frac{x}{a}+\frac{a^2}{2}\frac{x}{a}\frac{\sqrt{a^2-x^2}}{a}+C=\frac{a^2}{2}\arcsin\frac{x}{a}+\frac{1}{2}x\sqrt{a^2-x^2}+C.\end{aligned}$$

根据 $x=a\sin t$，即 $\sin t=\frac{x}{a}$，得到 $t=\arcsin\frac{x}{a}$，可以借助于直角三角形得到第三边 $\sqrt{a^2-x^2}$ 和 $\frac{\sqrt{a^2-x^2}}{a}$，如图 5－2 所示.

例 5－44　$\int\frac{\mathrm{d}x}{\sqrt{x^2+a^2}}$　（$a>0$）.

解：令 $x=a\tan t, x\in\left(-\frac{\pi}{2},\frac{\pi}{2}\right)$，则 $\sqrt{a^2+x^2}=a\sec t$，如图 5－3 所示.

$$\begin{aligned}\int\frac{\mathrm{d}x}{\sqrt{x^2+a^2}}&=\int\frac{a\sec^2 t}{a\sec t}\mathrm{d}t\\&=\int\sec t\mathrm{d}t=\ln|\sec t+\tan t|+C'=\ln\left|\frac{\sqrt{x^2+a^2}}{a}+\frac{x}{a}\right|+C'=\ln\left|x+\sqrt{x^2+a^2}\right|+C\end{aligned}$$

（其中 $C=\ln a+C'$）.

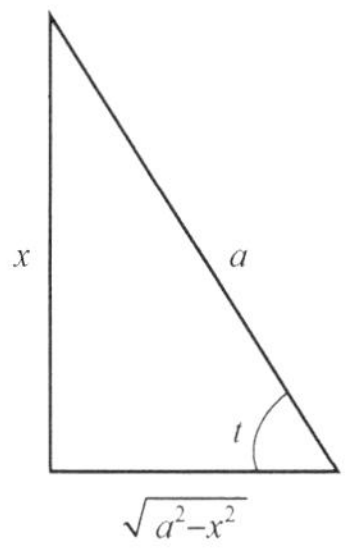

图 5－2

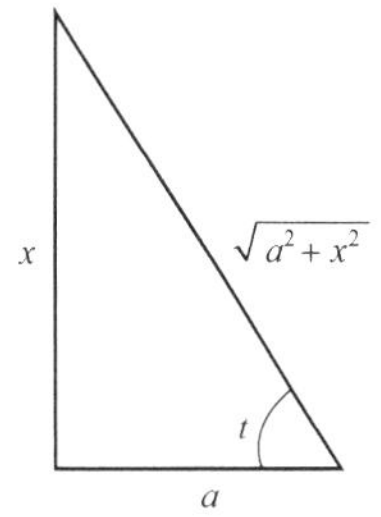

图 5－3

例 5－45 $\int \frac{\mathrm{d}x}{\sqrt{x^2-a^2}}$ （$a>0$）.

解：当 $x>a$ 时，令 $x=a\sec t$，$x\in\left(0,\frac{\pi}{2}\right)$，则 $\sqrt{x^2-a^2}=a\tan t$，如图 5－4 所示.

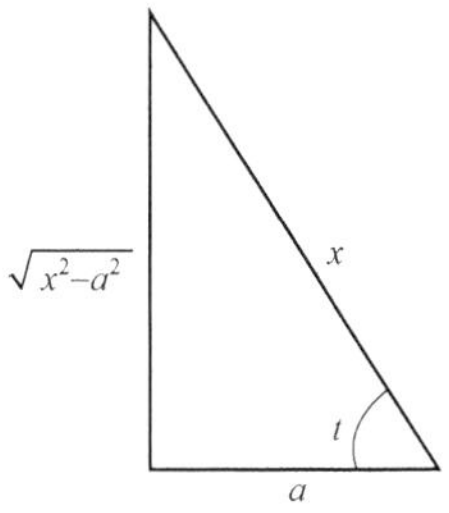

图 5－4

$$\int \frac{\mathrm{d}x}{\sqrt{x^2-a^2}}=\int \frac{a\sec t\tan t}{a\tan t}\mathrm{d}t$$

$$=\int \sec t\mathrm{d}t=\ln|\sec t+\tan t|+C'=\ln\left|\frac{x}{a}+\frac{\sqrt{x^2-a^2}}{a}\right|+C'$$

$$=\ln\left|x+\sqrt{x^2-a^2}\right|+C \quad （其中 C=\ln a+C'）.$$

当 $x<-a$ 时，令 $x=-u$，$\int \frac{\mathrm{d}x}{\sqrt{x^2-a^2}}=-\int \frac{\mathrm{d}u}{\sqrt{u^2-a^2}}$，于是 $u>a$，根据上式有

$$\int \frac{\mathrm{d}x}{\sqrt{x^2-a^2}}=-\int \frac{\mathrm{d}u}{\sqrt{u^2-a^2}}=-\ln\left|u+\sqrt{u^2-a^2}\right|+C_1$$

$$=-\ln\left|-x+\sqrt{x^2-a^2}\right|+C_1 \quad =-\ln\left|\frac{a^2}{-x-\sqrt{x^2-a^2}}\right|+C_1=\ln\left|x+\sqrt{x^2-a^2}\right|+C$$

（其中 $C=-2\ln a+C_1$）.

所以 $\int \frac{\mathrm{d}x}{\sqrt{x^2-a^2}}=\ln\left|x+\sqrt{x^2-a^2}\right|+C.$

通过这节计算，有些可以作为积分公式直接使用，新增积分公式（$a>0$）：

（13）$\int \tan x\mathrm{d}x=-\ln|\cos x|+C$；

（14）$\int \cot x\mathrm{d}x=\ln|\sin x|+C$；

（15）$\int \sec x\mathrm{d}x=\ln|\sec x+\tan x|+C$；

（16）$\int \csc x\mathrm{d}x=\ln|\csc x-\cot x|+C$；

（17）$\int \frac{1}{a^2+x^2}\mathrm{d}x=\frac{1}{a}\arctan\frac{x}{a}+C$；

（18）$\int \frac{1}{x^2-a^2}\mathrm{d}x=\frac{1}{2a}\ln\left|\frac{x-a}{x+a}\right|+C$；

（19）$\int \frac{1}{\sqrt{a^2-x^2}}\mathrm{d}x=\arcsin\frac{x}{a}+C$；

（20）$\int \frac{1}{\sqrt{x^2+a^2}}\mathrm{d}x=\ln(x+\sqrt{x^2+a^2})+C$；

（21）$\int \frac{1}{\sqrt{x^2-a^2}}\mathrm{d}x=\ln(x+\sqrt{x^2-a^2})+C$；

（22）$\int \sqrt{a^2-x^2}\,\mathrm{d}x=\frac{a^2}{2}\arcsin\frac{x}{a}+\frac{1}{2}x\sqrt{a^2-x^2}+C$.

习 题 5.2

求下列积分：

1. $\int \frac{1}{3+2x}\mathrm{d}x$；

2. $\int \frac{1}{\sqrt[3]{5-3x}}\mathrm{d}x$；

3. $\int \frac{\cos\sqrt{t}}{\sqrt{t}}\mathrm{d}t$；

4. $\int \frac{x\mathrm{d}x}{\sqrt{2-3x^2}}$；

5. $\int \frac{3x^3}{1-x^4}\mathrm{d}x$；

6. $\int \frac{\mathrm{d}x}{x(1+2\ln x)}$；

7. $\int \frac{\mathrm{e}^{3\sqrt{x}}}{\sqrt{x}}\mathrm{d}x$；

8. $\int \frac{\sin x}{1+\cos^2 x}\mathrm{d}x$；

9. $\int \left(1-\frac{1}{x^2}\right)\mathrm{e}^{x+\frac{1}{x}}\mathrm{d}x$；

10. $\int x^2\sqrt{1+x^3}\,\mathrm{d}x$；

11. $\int \frac{\mathrm{d}x}{(4-5x)^2}$；

12. $\int \frac{\sin x\cos x}{1+\sin^4 x}\mathrm{d}x$；

13. $\int f'(3x+4)\,\mathrm{d}x$；

14. $\int \mathrm{e}^{f(x)}f'(x)\,\mathrm{d}x$；

15. $\int \frac{f'(x)}{\sqrt{f(x)}}\mathrm{d}x$；

16. $\int \tan^2\frac{x}{2}\mathrm{d}x$；

17. $\int \frac{1-x}{\sqrt{9-4x^2}}\mathrm{d}x$；

18. $\int \frac{\mathrm{d}x}{\sqrt{x+1}+\sqrt{x-1}}$；

19. $\int \frac{dx}{1+\sqrt{2x}}$；

20. $\int \frac{dx}{1+\sqrt[3]{x+2}}$；

21. $\int \frac{1}{\sqrt{1+e^x}} dx$.

5.3 分部积分

在求导运算中，有 $(uv)' = u'v + uv'$，

移项 $u'v = (uv)' - uv'$，

两边求不定积分 $\int u'v dx = uv - \int uv' dx$，

即分部积分公式 $\int v du = uv - \int u dv$.

当求 $\int u'v dx$ 困难时，可借助分部积分公式 $\int u'v dx = \int v du = uv - \int u dv = uv - \int uv' dx$，转化为求 $\int uv' dx$ 的积分，把复杂的不定积分转化为简单的不定积分.

例 5－46 求 $\int xe^x dx$.

解： $\int xe^x dx = \int x de^x = xe^x - \int e^x dx = xe^x - e^x + C$.

例 5－47 求 $\int x^2 e^x dx$.

解： $\int x^2 e^x dx = \int x^2 de^x = x^2 e^x - \int e^x dx^2 = x^2 e^x - \int 2xe^x dx = x^2 e^x - \int 2x de^x$

$$= x^2 e^x - 2xe^x + 2\int e^x dx = x^2 e^x - 2xe^x + 2e^x + C.$$

例 5－48 求 $\int x\sin x dx$.

解： $\int x\sin x dx = -\int x d\cos x = -x\cos x + \int \cos x dx = -x\cos x + \sin x + C$.

例 5－49 求 $\int x^2 \sin x dx$.

解： $\int x^2 \sin x dx = -\int x^2 d\cos x = -x^2 \cos x + \int \cos x 2x dx = -x^2 \cos x + \int 2x d\sin x$

$$= -x^2 \cos x + 2x\sin x - 2\int \sin x dx = -x^2 \cos x + 2x\sin x + 2\cos x + C.$$

例 5－50 求 $\int x\ln x dx$.

解： $\int x\ln x dx = \int \ln x d\frac{1}{2}x^2 = \frac{1}{2}x^2 \ln x - \frac{1}{2}\int x^2 \frac{1}{x} dx = \frac{1}{2}x^2 \ln x - \frac{1}{4}x^2 + C$.

例 5－51 求 $\int x\arctan x dx$.

解： $\int x\arctan x dx = \int \arctan x d\frac{1}{2}x^2 = \frac{1}{2}x^2 \arctan x - \frac{1}{2}\int x^2 \frac{1}{1+x^2} dx$

$$=\frac{1}{2}x^2\arctan x-\frac{1}{2}\int\left(1-\frac{1}{1+x^2}\right)dx=\frac{1}{2}x^2\arctan x-\frac{1}{2}x+\frac{1}{2}\arctan x+C.$$

例 5－52 求 $\int\ln x dx$.

解： $\int\ln x dx=x\ln x-\int x\bullet\frac{1}{x}dx=x\ln x-x+C$

例 5－53 求 $\int\arctan x dx$.

解： $\int\arctan x dx=x\arctan x-\int x\bullet\frac{1}{1+x^2}dx=x\arctan x+\frac{1}{2}\int\frac{1}{1+x^2}d(1+x^2)$

$$=x\arctan x+\frac{1}{2}\ln(1+x^2)+C.$$

例 5－54 求 $\int e^{ax}\cos bx dx$.

解： $\int e^{ax}\cos bx dx=\frac{1}{a}\int\cos bx de^{ax}=\frac{1}{a}e^{ax}\cos bx+\frac{b}{a}\int e^{ax}\sin bx dx$

$$=\frac{1}{a}e^{ax}\cos bx+\frac{b}{a^2}\int\sin bx de^{ax}=\frac{1}{a}e^{ax}\cos bx+\frac{b}{a^2}e^{ax}\sin bx-\frac{b^2}{a^2}\int e^{ax}\cos bx dx,$$

移项解得

$$\int e^{ax}\cos bx dx=\frac{\frac{1}{a}e^{ax}\cos bx+\frac{b}{a^2}e^{ax}\sin bx}{1+\frac{b^2}{a^2}}+C=\frac{ae^{ax}\cos bx+be^{ax}\sin bx}{a^2+b^2}+C.$$

例 5－55 求 $\int\sqrt{a^2-x^2}dx$.

解： $\int\sqrt{a^2-x^2}dx=x\sqrt{a^2-x^2}-\int x\frac{(-x)}{\sqrt{a^2-x^2}}dx=x\sqrt{a^2-x^2}+\int\frac{a^2-(a^2-x^2)}{\sqrt{a^2-x^2}}dx$

$$=x\sqrt{a^2-x^2}+a^2\int\frac{1}{\sqrt{a^2-x^2}}dx-\int\sqrt{a^2-x^2}dx,$$

$\therefore$ $\int\sqrt{a^2-x^2}dx=\frac{x}{2}\sqrt{a^2-x^2}+\frac{a^2}{2}\arcsin\frac{x}{a}+C$.

例 5－56 求 $\int\sec^3 x dx$.

解： $\int\sec^3 x dx=\int\sec x d\tan x=\sec x\tan x-\int\tan^2 x\sec x dx$

$$=\sec x\tan x-\int(\sec^2 x-1)\sec x dx=\sec x\tan x-\int\sec^3 x dx+\int\sec x dx,$$

$\therefore$ $\int\sec^3 x dx=\frac{1}{2}[\sec x\tan x+\ln|\sec x+\tan x|]+C$.

例 5－57 求 $\int e^{\sqrt{x}}dx$.

解： 令 $\sqrt{x}=t, x=t^2$，则 $dx=2tdt$，

$\int e^{\sqrt{x}}dx=\int e^t 2tdt=2\int tde^t=2te^t-2\int e^t dt=2te^t-2e^t+C=2\sqrt{x}e^{\sqrt{x}}-2e^{\sqrt{x}}+C$.

习 题 5.3

求下列不定积分：

1. $\int x\cos x\mathrm{d}x$；

2. $\int x^2\cos x\mathrm{d}x$；

3. $\int \arcsin x\mathrm{d}x$；

4. $\int \operatorname{arccot} x\mathrm{d}x$；

5. $\int x^2\ln x\mathrm{d}x$；

6. $\int \ln(1+x^2)\,\mathrm{d}x$；

7. $\int x\tan^2 x\mathrm{d}x$；

8. $\int \ln^2 x\mathrm{d}x$；

9. $\int x\ln(x-1)\,\mathrm{d}x$；

10. $\int x\mathrm{e}^{2x}\mathrm{d}x$；

11. $\int \frac{x+1}{\sqrt{1-x^2}}\mathrm{d}x$；

12. $\int \frac{\sqrt{a^2-x^2}}{x^2}\mathrm{d}x$；

13. $\int \frac{\ln\cos x}{\cos^2 x}\mathrm{d}x$；

14. $\int x\sqrt{x+2}\mathrm{d}x$；

15. $\int x\cot^2 x\mathrm{d}x$；

16. $\int \frac{\sin^3 t}{\cos^5 t}\mathrm{d}t$；

17. $\int \frac{\cos 2\theta}{\sin^4\theta}\mathrm{d}\theta$；

18. $\int \frac{\cos\sqrt[3]{x}}{\sqrt[3]{x}}\mathrm{d}x$；

19. $\int \frac{x\cos x}{\sin^3 x}\mathrm{d}x$.

习　题　五

1. 判断题（对的请打“√”，错的请打“×”）

（1）$\int F'(x)\mathrm{d}x = F(x)+C$.　（　　）

（2）$\dfrac{\mathrm{d}}{\mathrm{d}x}\int f(x)\mathrm{d}x = f(x)+C$.　（　　）

（3）若 $f(x)$ 可导，则 $\int \mathrm{d}f(x) = f(x)$.　（　　）

（4）$\sin x$ 是 $\cos x$ 的一个原函数.　（　　）

（5）若 $\int f(x)\mathrm{d}x = x^3+C$，则 $f(x)=x^2$.　（　　）

（6）设 $f'(x)=1$ 且 $f(0)=0$，则 $\int f(x)\mathrm{d}x = \dfrac{1}{2}x^2 - x + C$.　（　　）

（7）$\int x\cos x\mathrm{d}x = x\sin x + 2\cos x + C$.　（　　）

2. 填空题

（1）$\int \dfrac{1}{x+1}\mathrm{d}x =$ ________________ .

（2）设 $\mathrm{e}^x+\sin x$ 是 $f(x)$ 的一个原函数，则 $f'(x)=$ ______________.

（3）$\int \dfrac{1}{x\ln x}\mathrm{d}x =$ ______________.

（4）$y=x^5$ 的原函数是______________.

（5）函数_______的原函数是 $\ln(5x)$.

（6）函数 $y=x^3$ 是__________的一个原函数.

（7）若 $\int f(x)\mathrm{d}x = x^2+C$，则 $\int xf(1-x^2)\mathrm{d}x =$ ________________.

3. 选择题

（1）若 $f'(x)=g'(x)$，则必有（　　）.

A. $f(x)=g(x)$

B. $\int f(x)\mathrm{d}x = \int g(x)\mathrm{d}x$

C. $\mathrm{d}\int f'(x)\mathrm{d}x = \mathrm{d}\int g'(x)\mathrm{d}x$

D. $\mathrm{d}\int f(x)\mathrm{d}x = \mathrm{d}\int g(x)\mathrm{d}x$

（2）设 $F'(x)=G'(x)$，则（　　）.

A. $F(x)=G(x)$ 为常数

B. $F(x)-G(x)$ 为常数

C. $F(x)-G(x)=0$

D. $\dfrac{\mathrm{d}}{\mathrm{d}x}\int F(x)\mathrm{d}x = \dfrac{\mathrm{d}}{\mathrm{d}x}\int G(x)\mathrm{d}x$

（3）下列等式中，正确的是（　　）.

A. $\mathrm{d}\int f(x)\mathrm{d}x = f(x)$

B. $\dfrac{\mathrm{d}}{\mathrm{d}x}\int f(x)\,\mathrm{d}x = f(x)\,\mathrm{d}x$

C. $\frac{\mathrm{d}}{\mathrm{d}x}\int f(x)=f(x)+C$ D. $\mathrm{d}\int f(x)\,\mathrm{d}x=f(x)\,\mathrm{d}x$

（4）设$\int \mathrm{d}f(x)=\int \mathrm{d}g(x)$，则下列各式不一定成立的是（ ）.

A. $f(x)=g(x)$ B. $f'(x)=g'(x)$

C. $\mathrm{d}f(x)=\mathrm{d}g(x)$ D. $\mathrm{d}\int f'(x)\mathrm{d}x=\mathrm{d}\int g'(x)\mathrm{d}x$

（5）已知函数$f(x)=\sin x$，则$f(x)$的所有原函数是（ ）.

A. $\cos x$ B. $-\cos x+C$ C. $\sin x$ D. $\sin x+C$

（6）若$\int f(x)\mathrm{d}x=x^2\mathrm{e}^{2x}+C$，则$f(x)=$（ ）.

A. $2x\mathrm{e}^{2x}$ B. $2x^2\mathrm{e}^{2x}$ C. $x\mathrm{e}^{2x}$ D. $2x\mathrm{e}^{2x}(1+x)$

4. 求下列不定积分：

（1）$\int\frac{\ln x}{x^2}\mathrm{d}x$；

（2）$\int\frac{\ln x}{x}\mathrm{d}x$；

（3）$\int x^3\mathrm{e}^{x^2}\mathrm{d}x$；

（4）$\int\frac{2x+1}{(x-1)^2}\mathrm{d}x$；

（5）$\int\frac{2x+1}{x(x+1)^2}\mathrm{d}x$；

（6）$\int\frac{x}{(1-x)^3}\mathrm{d}x$；

（7）$\int\frac{\ln\ln x}{x}\mathrm{d}x$；

（8）$\int\frac{1}{x(x^6+4)}\mathrm{d}x$；

（9）$\int x\cos^2 x\mathrm{d}x$；

（10）$\int\arctan\sqrt{x}\mathrm{d}x$；

（11）$\int xf'(3x^2+2)\mathrm{d}x$；

（12）$\int xf''(x)\mathrm{d}x$.

第 6 章　定积分及其应用

6.1　定积分的概念

1. 曲边梯形

问题的提出：如何求不规则图形的面积？如图 6－1 所示. 我们可以建立平面直角坐标系，将不规则图形的面积表示成 x 轴与两直线 $x=a,x=b$ 及上面的曲线围成的图形面积，与 x 轴与两直线 $x=a,x=b$ 及下面的曲线围成的图形面积的差，这样这两个图形具有相同特点，即由 3 条直线和一条曲线围成，如图 6－2 所示. 这样的图形称作曲边梯形.

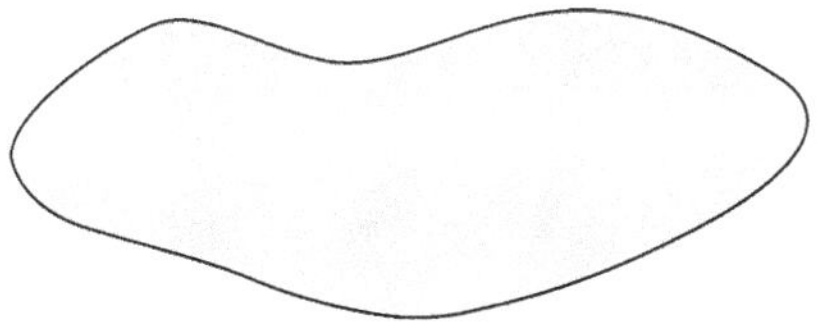

图 6－1

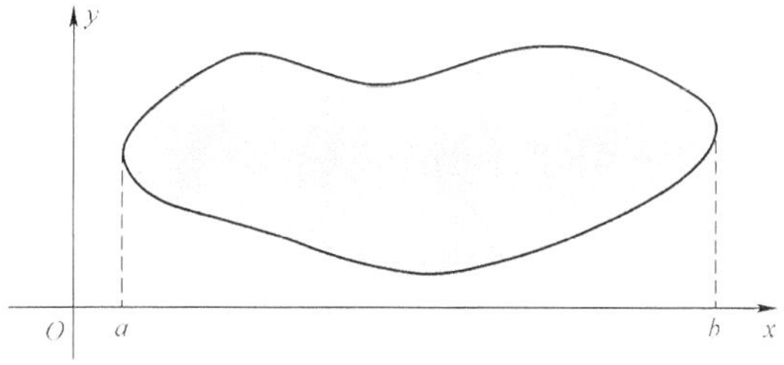

图 6－2

曲边梯形：它有三条边是直线段，其中两条 $x=a,x=b$ 互相平行，第三条 $y=0$ 在坐标轴上与前两条垂直叫底边，第四条边 $y=f(x)$ 是一条曲线弧，叫作曲边，这条曲边与任意一条垂直于底边的直线至多只交于一点.

求不规则图形的面积，转换为求曲边梯形的面积，如图 6－3 所示.

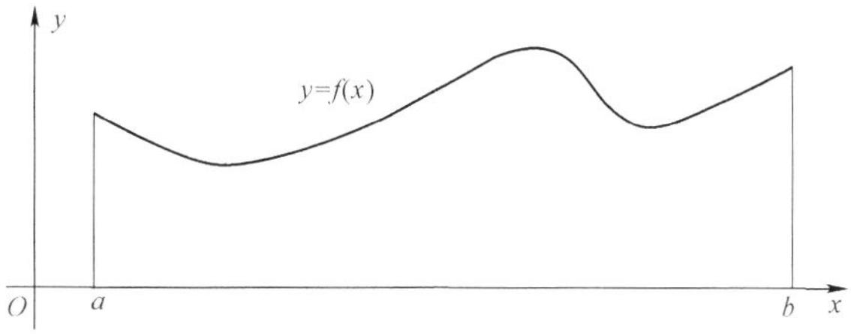

图 6－3

2. 曲边梯形的面积

设曲边梯形是由连续曲线 $y=f(x)\,(f(x)\geqslant 0)$，$x$ 轴与两直线 $x=a,x=b$ 所围成的，其面积为 S，我们采用近似计算，用矩形面积近似替代曲边梯形面积，要想近似程度好可以将曲边梯形分成若干小曲边梯形近似计算，很显然分得越细，近似程度就会越好，为此我们采用下面做法：

在区间$[a,b]$中任意插入$n-1$个分点$a=x_0<x_1<x_2<\cdots<x_{n-1}<x_n=b$，把$[a,b]$分成了$n$个小区间$[x_0,x_1],[x_1,x_2],\cdots+[x_{n-1},x_n]$，它们的长度依次为

$$\Delta x_1=x_1-x_0,\Delta x_2=x_2-x_1,\cdots,\Delta x_n=x_n-x_{n-1},$$

经过每一个分点作平行于y轴的直线段，把曲边梯形分成n个窄曲边梯形，在每个小区间$[x_{i-1},x_i]$上任意取一点ξ_i，以$\Delta x_i=x_i-x_{i-1}$为底，$f(\xi_i)$为高的窄矩形面积近似代替第i个窄曲边梯形的面积$(i=1,2,3,\cdots,n)$，

把这样得到的n个窄矩形面积之和作为所求曲边梯形面积的近似值，如图6－4所示，即

$$S\approx f(\xi_1)\Delta x_1+f(\xi_2)\Delta x_2+\cdots+f(\xi_n)\Delta x_n=\sum_{i=1}^{n}f(\xi_i)\Delta x_i.$$

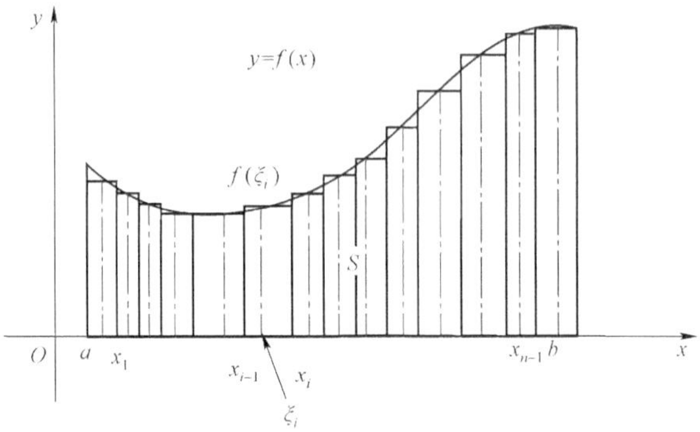

图 6－4

为了保证所有小区间的长度都无限缩小，我们要小区间长度的最大者趋于零，

记$\lambda=\max\{\Delta x_1,\Delta x_2\cdots,\Delta x_n\}$，则$S=\lim\limits_{\lambda\to 0}\sum\limits_{i=1}^{n}f(\xi_i)\Delta x_i$.

3. 定积分概念

设函数$f(x)$在$[a,b]$上有界，在区间$[a,b]$中任意插入$n-1$个分点，$a=x_0<x_1<x_2<\cdots<x_{n-1}<x_n=b$，把$[a,b]$分成了$n$个小区间，$[x_0,x_1],[x_1,x_2],\cdots,[x_{n-1},x_n]$，它们的长度依次为

$$\Delta x_1=x_1-x_0,\Delta x_2=x_2-x_1,\cdots,\Delta x_n=x_n-x_{n-1},$$

在每个小区间$[x_{i-1}.x_i]$上任意取一点ξ_i，作$f(\xi_i)$与Δx_i乘积$f(\xi_i)\Delta x_i$，$(i=1,2,3,\cdots,n)$，

并作和$f(\xi_1)\Delta x_1+f(\xi_2)\Delta x_2+\cdots+f(\xi_n)\Delta x_n=\sum\limits_{i=1}^{n}f(\xi_i)\Delta x_i$，

记$\lambda=\max\{\Delta x_1,\Delta x_2\cdots,\Delta x_n\}$，如果不论对$[a,b]$怎样分法，也不论在小区间$[x_{i-1},x_i]$上点$\xi_i$怎样取法，只要当$\lambda\to 0$时，和$\sum\limits_{i=1}^{n}f(\xi_i)\Delta x_i$总趋于确定的$I$，这时我们称这个极限$I$

为函数 $f(x)$ 在区间 $[a,b]$ 上的定积分，记作 $\int_a^b f(x)\mathrm{d}x$，即 $\int_a^b f(x)\mathrm{d}x = \lim\limits_{\lambda\to 0}\sum\limits_{i=1}^{n} f(\xi_i)\Delta x_i$，

其中 $f(x)$ 为被积函数，$f(x)\mathrm{d}x$ 为被积表达式，x 为积分变量，a 为积分下限，b 为积分上限，$[a,b]$ 为积分区间.

显然上面曲边梯形面积 $S=\int_a^b f(x)\mathrm{d}x$.

4. 定积分的几何意义

当 $f(x)\geqslant 0$ 时，$\int_a^b f(x)\mathrm{d}x$ 表示由曲线 $y=f(x)$，直线 $x=a, x=b$ 以及 x 轴所围成的曲边梯形的面积 S. $S=\int_a^b f(x)\mathrm{d}x$，此时 $\int_a^b f(x)\mathrm{d}x\geqslant 0$.

当 $f(x)\leqslant 0$ 时 ，如图 6－5 所示，$S=-\int_a^b f(x)\mathrm{d}x$，此时 $\int_a^b f(x)\mathrm{d}x\leqslant 0$.

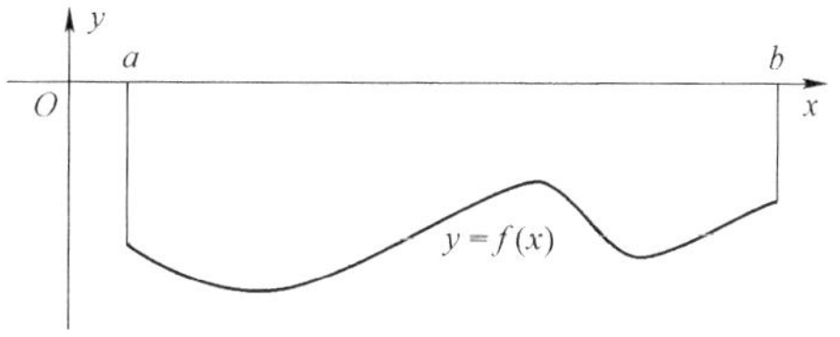

图 6－5

如图 6－6 所示，$S=\int_a^b |f(x)|\mathrm{d}x$，$\int_a^b f(x)\mathrm{d}x$ 符号不能确定.

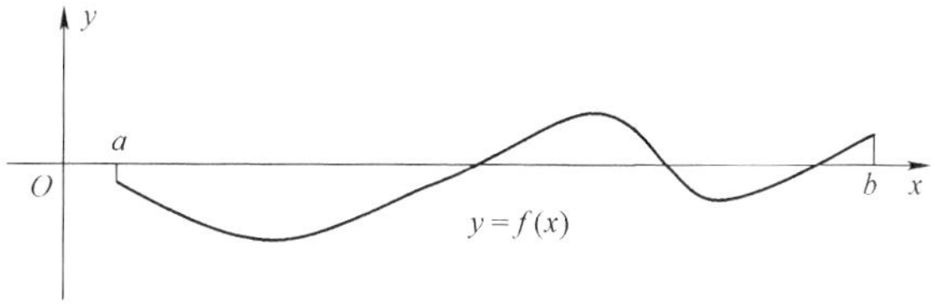

图 6－6

例 6－1　$\int_{-1}^{1}\sqrt{1-x^2}\,\mathrm{d}x$ 表示曲线 $y=\sqrt{1-x^2}$，直线 $x=-1, x=1, x$ 轴所围图形面积，是半个单位圆的面积，如图 6－7 所示，即 $\int_{-1}^{1}\sqrt{1-x^2}\,\mathrm{d}x=\dfrac{\pi}{2}$.

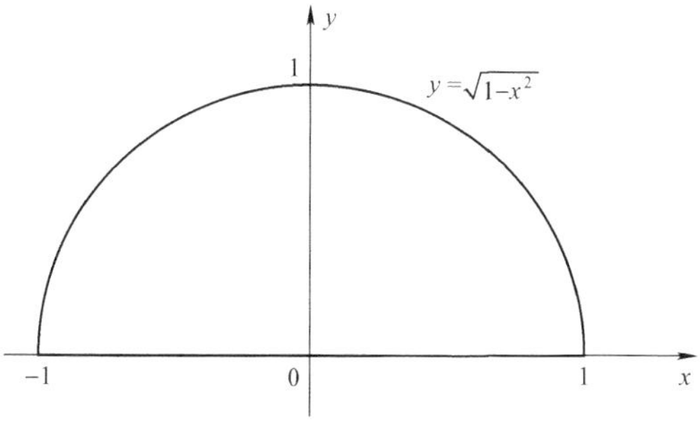

图 6－7

5. 可积的充分条件

$$\int_a^b f(x)\,dx = \lim_{\lambda\to 0}\sum_{i=1}^{n} f(\xi_i)\Delta x_i\ ,$$

注意：（1）$\int_a^b f(x)\,dx$ 只与积分区间 $[a,b]$，被积函数 $f(x)$ 有关，而与积分变量用什么符号无关，即 $\int_a^b f(x)\,dx = \int_a^b f(t)\,dt = \int_a^b f(u)\,du$；

（2）定积分是极限值，因此是一个常数，$\int_a^b f(x)\,dx = A$，与区间 $[a,b]$ 的划分，点 ξ_i 的取法无关；

（3）规定 $\int_a^b f(x)\,dx = -\int_b^a f(x)\,dx$，因此 $\int_a^a f(x)\,dx = 0$；

（4）函数无界一定不可积，函数有界是可积的必要条件.

什么样的函数可积呢？

定理 6－1 有限区间上的连续函数一定可积.

定理 6－2 有限区间上只有有限个间断点的有界函数可积.

6. 定积分的性质

$f(x)$，$g(x)$ 在区间 $[a,b]$ 上可积，由定积分定义根据极限运算性质容易得到下列结论：

（1）$\int_a^b [f(x)\pm g(x)]\,dx = \int_a^b f(x)\,dx \pm \int_a^b g(x)\,dx$；

（2）$\int_a^b kf(x)\,dx = k\int_a^b f(x)\,dx$，其中 k 为常数；

（3）不论 c 在什么位置，只要 $f(x)$ 在大的区间上可积，则有

$$\int_a^b f(x)\,dx = \int_a^c f(x)\,dx + \int_c^b f(x)\,dx\ ;$$

（4）$\int_a^b dx = b-a$；

（5）如果在区间 $[a,b]$ 上，$f(x)\geqslant 0$，则 $\int_a^b f(x)\,dx \geqslant 0\ (a<b)$；

推论 6－1 如果在区间 $[a,b]$ 上，$f(x)\geqslant g(x)$，则 $\int_a^b f(x)\,dx \geqslant \int_a^b g(x)\,dx (a<b)$；

推论 6－2 若 $f(x)$ 可积，则 $|f(x)|$ 也可积，且 $\left|\int_a^b f(x)\,dx\right| \leqslant \int_a^b |f(x)|\,dx (a<b)$；

（6）若 $f(x)$ 在 $[a,b]$ 上连续，$f(x)\geqslant 0$，且 $f(x)$ 不恒为零，则有 $\int_a^b f(x)\,dx > 0 (a<b)$；

（7）设 M, m 分别是函数 $f(x)$ 在区间 $[a,b]$ 上的最大值及最小值，则

$$m(b-a)\leqslant \int_a^b f(x)\,dx \leqslant M(b-a)\ ;$$

（8）（积分中值定理）

如果函数 $f(x)$ 在 $[a,b]$ 上连续，则在积分区间 $[a,b]$ 上至少存在一点 ξ，使下式成立

$$\int_a^b f(x)\,dx = f(\xi)(b-a)(a\leqslant \xi \leqslant b),$$

$f(\xi)=\dfrac{1}{b-a}\int_a^b f(x)\mathrm{d}x$ 称为连续函数在区间 $[a,b]$ 上的平均值.

例 6－2　比较 $\int_2^3 x^2\mathrm{d}x$ 与 $\int_2^3 x^3\mathrm{d}x$ 的大小.

解：由于在区间 $[2,3]$ 上，由 $x^2 < x^3$，所以 $\int_2^3 x^2\mathrm{d}x < \int_2^3 x^3\mathrm{d}x$.

例 6－3　估计积分 $\int_0^{\pi}\dfrac{1}{3+\sin^3 x}\mathrm{d}x$ 的值.

解：$f(x)=\dfrac{1}{3+\sin^3 x}$,

$\forall\, x\in[0,\pi],\ 0\leqslant \sin^3 x\leqslant 1,\ \dfrac{1}{4}\leqslant\dfrac{1}{3+\sin^3 x}\leqslant\dfrac{1}{3}$,

$\int_0^{\pi}\dfrac{1}{4}\mathrm{d}x\leqslant\int_0^{\pi}\dfrac{1}{3+\sin^3 x}\mathrm{d}x\leqslant\int_0^{\pi}\dfrac{1}{3}\mathrm{d}x$，所以 $\dfrac{\pi}{4}\leqslant\int_0^{\pi}\dfrac{1}{3+\sin^3 x}\mathrm{d}x\leqslant\dfrac{\pi}{3}$.

例 6－4　设 $f(x)$ 在 $[a,b]$ 上连续，在开区间内可导，且 $\dfrac{1}{b-a}\int_a^b f(x)\mathrm{d}x=f(b)$. 求证：在 (a,b) 内至少存在一点 ξ，使 $f'(\xi)=0$.

证明：由积分中值定理，至少存在一点 $\xi_1\in[a,b]$，使得 $\dfrac{1}{b-a}\int_a^b f(x)\mathrm{d}x=f(\xi_1)$，有 $f(b)=f(\xi_1)$，在 $[\xi_1,b]$ 上应用罗尔定理，至少存在一点 $\xi\in(\xi_1,b)\subset(a,b)$，使 $f'(\xi)=0$.

习 题 6.1

1. 利用几何意义求下列定积分：

（1）$\int_0^1\sqrt{1-x^2}\mathrm{d}x$；

（2）$\int_{-1}^1 x\,\mathrm{d}x$；

（3）已知 $f(x)=\begin{cases}2x, & 0<x\leqslant 1,\\ x, & -1\leqslant x\leqslant 0,\end{cases}$ 求 $\int_{-1}^1 f(x)\mathrm{d}x$.

2. 比较 $\int_0^3 2^x\mathrm{d}x$ 与 $\int_0^3 \mathrm{e}^x\mathrm{d}x$ 的大小.

3. 估计积分 $\int_1^{\mathrm{e}}\ln x\,\mathrm{d}x$ 的值.

4. 设 $f(x)$ 可导，且 $\lim\limits_{x\to+\infty}f(x)=1$，求 $\lim\limits_{x\to+\infty}\int_x^{x+2}t\sin\dfrac{3}{t}f(t)\mathrm{d}t$.

6.2 定积分的计算

1. 积分上限函数及其导数

设函数 $f(t)$ 在 $[a,b]$ 上可积，即 $\exists A=\int_a^b f(t)\,\mathrm{d}t$. 那么 $\forall x\in[a,b], f(t)$ 在 $[a,x]$ 上可积，$\int_a^x f(t)\,\mathrm{d}t$ 是 x 的函数 $F(x)$ $\int_a^x f(t)$ 称为积分上限函数. 若函数 $f(t)$ 在 $[a,b]$ 上可积，则 $F(x)$ 必连续，若将 $f(t)$ 的条件加强，设函数 $f(t)$ 在 $[a,b]$ 上连续，则 $F(x)$ 可导 $F'(x)=f(x)$.

定理 6－3 若函数 $f(t)$ 在 $[a,b]$ 上连续，则函数 $F(x)=\int_a^x f(t)\,\mathrm{d}t$ 在 $[a,b]$ 上可导，且 $F'(x)=f(x)$.

证明： $F(x+\Delta x)=\int_a^{x+\Delta x} f(t)\,\mathrm{d}t$，

$$F(x+\Delta x)-F(x)=\int_a^{x+\Delta x} f(t)\,\mathrm{d}t-\int_a^x f(t)\,\mathrm{d}t=\int_x^{x+\Delta x} f(t)\,\mathrm{d}t,$$

$$\frac{F(x+\Delta x)-F(x)}{\Delta x}=\frac{1}{\Delta x}\int_x^{x+\Delta x} f(t)\mathrm{d}t.$$

$\because$ $f(t)$ 在 $[a,b]$ 上连续，应用积分中值定理有：

$$\int_x^{x+\Delta x} f(t)\,\mathrm{d}t=f(\xi)\Delta x(a\leqslant\xi\leqslant b),$$

$$\therefore \frac{F(x+\Delta x)-F(x)}{\Delta x}=f(\xi),$$

当 $\Delta x\to 0$ 时，$\xi\to x$，$\because$ $f(t)$ 在 $[a,b]$ 上连续，$\therefore \lim\limits_{\Delta x\to 0} f(\xi)=f(x)$，

$$\therefore\quad F'(x)=\lim_{\Delta x\to 0}\frac{F(x+\Delta x)-F(x)}{\Delta x}=\lim_{\Delta x\to 0} f(\xi)=f(x),$$

即 $F'(x)=f(x)$.

这个定理建立了导数与积分的联系，从这个定理还知道，如果函数 $f(t)$ 在 $[a,b]$ 上连续，那么 $\int_a^x f(t)\mathrm{d}t$ 就是 $f(x)$ 的一个原函数，因而也就证明了任何连续函数都有原函数.

定理 6－4 如果函数 $f(t)$ 在 $[a,b]$ 上连续，则函数 $F(x)=\int_a^x f(t)\mathrm{d}t$ 就是 $f(x)$ 的一个原函数.

推论 6－3 设 $f(x)$ 在 $[a,b]$ 上连续，$\varphi(x),\psi(x)$ 在 $[a,b]$ 上可导，且 $a\leqslant\varphi(x),\psi(x)\leqslant b, x\in[a,b]$，则成立

$$\frac{\mathrm{d}}{\mathrm{d}x}\left(\int_{\varphi(x)}^{\psi(x)} f(t)\,\mathrm{d}t\right)=f(\psi(x))\psi'(x)-f(\varphi(x))\varphi'(x).$$

例 6－5 $F(x)=\int_0^x xf(t)\,\mathrm{d}t$，$f(x)$ 连续，求 $F'(x)$.

解：$F(x)=\int_0^x xf(t)\mathrm{d}t = x\int_0^x f(t)\mathrm{d}t$，$F'(x)=\int_0^x f(t)\mathrm{d}t + xf(x)$.

例 6－6 $F(x)=\int_x^b \frac{1}{1+t^2+\sin^2 t}\mathrm{d}t$，求 $F'(x)$.

解：$F(x)=-\int_b^x \frac{1}{1+t^2+\sin^2 t}\mathrm{d}t$，$F'(x)=-\frac{1}{1+x^2+\sin^2 x}$.

例 6－7 $F(x)=\int_a^{x^3} \sin^3 t\mathrm{d}t$，求 $F'(x)$.

解：$F'(x)=\sin^3 x^3 \cdot 3x^2$.

例 6－8 $F(x)=\int_x^{x^2} e^{-t^2}\mathrm{d}t$，求 $F'(x)$.

解：$F'(x)=\mathrm{e}^{-(x^2)^2}\cdot 2x-\mathrm{e}^{-x^2}=2x\mathrm{e}^{-x^4}-\mathrm{e}^{-x^2}$.

例 6－9 求 $y=\int_0^{x^2}\frac{1}{1+t^2}\mathrm{d}t$ 的极值.

解：$y'=\frac{1}{1+x^4}\cdot 2x$，得驻点 $x=0$，当 $x<0$ 时，$y'<0$，当 $x>0$ 时，$y'>0$，当 $x=0$ 时，函数取得极小值，极小值为 $y|_{x=0}=\int_0^0\frac{1}{1+t^2}\mathrm{d}t=0$.

例 6－10 设 $f(x)$ 在 $(-\infty,+\infty)$ 内连续，且 $f(x)>0$，讨论 $F(x)=\frac{\int_0^x tf(t)\mathrm{d}t}{\int_0^x f(t)\mathrm{d}t}$ 在 $(0,+\infty)$ 上的单调性.

解：$\forall x\in(0,+\infty)$，

$$F'(x)=\frac{xf(x)\int_0^x f(t)\mathrm{d}t-\int_0^x tf(t)\mathrm{d}t\cdot f(x)}{\left[\int_0^x f(t)\mathrm{d}t\right]^2}=\frac{f(x)\left[\int_0^x xf(t)\mathrm{d}t-\int_0^x tf(t)\mathrm{d}t\right]}{\left[\int_0^x f(t)\mathrm{d}t\right]^2}$$

$$=\frac{f(x)\int_0^x (x-t)f(t)\mathrm{d}t}{\left[\int_0^x f(t)\mathrm{d}t\right]^2}$$，因为 $f(x)>0, 0\leqslant t\leqslant x, (x-t)f(t)\geqslant 0$，

所以 $\int_0^x (x-t)f(t)\mathrm{d}t>0$，有 $F'(x)>0$，所以 $F(x)$ 在 $(0,+\infty)$ 上单调递增.

例 6－11 求证 $\lim\limits_{x\to 0}\frac{\int_{\cos x}^1 \mathrm{e}^{-t^2}\mathrm{d}t}{x^2}=\frac{1}{2\mathrm{e}}$.

证明：$\lim\limits_{x\to 0}\frac{\int_{\cos x}^1 \mathrm{e}^{-t^2}\mathrm{d}t}{x^2}=\lim\limits_{x\to 0}\frac{-\mathrm{e}^{-\cos^2 x}\cdot(-\sin x)}{2x}=\lim\limits_{x\to 0}\frac{\mathrm{e}^{-\cos^2 x}\cdot x}{2x}=\frac{1}{2\mathrm{e}}$.

2. 微积分基本公式

定理 6－5 如果函数 $F(x)$ 是连续函数 $f(x)$ 在区间 $[a,b]$ 上的一个原函数，则

$\int_a^b f(x)\,dx = F(b) - F(a)$.

证明： $\because f(x)$ 在 $[a,b]$ 上连续，$\therefore \Phi(x) = \int_a^x f(t)\,dt$ 是 $f(x)$ 的一个原函数，

$\because F(x)$ 也是 $f(x)$ 的一个原函数，$\therefore F(x) = \Phi(x) + C, x \in [a,b]$.

令 $x = a$，有 $F(a) = \Phi(a) + C = \int_a^a f(t)\,dt + C = C$，

$\therefore F(x) = \Phi(x) + F(a)$，

令 $x = b$，有 $F(b) = \Phi(b) + F(a) = \int_a^b f(t)\,dt + F(a)$，

$\therefore \int_a^b f(x)\,dx = F(b) - F(a)$，引进记号 $F(x)\Big|_a^b = F(b) - F(a)$，

有 $\int_a^b f(x)\,dx = F(b) - F(a) = F(x)\Big|_a^b$.

这个公式叫作微积分基本公式，也称作牛顿–莱布尼茨公式，表明计算定积分的数值，只需先求出 $f(x)$ 的一个原函数 $F(x)$，再求出在积分上下限处的函数值的差，从而把求定积分的问题转化为求原函数的问题.

例 6–12 求 $\int_0^1 x^2\,dx$.

解： $\int_0^1 x^2\,dx = \frac{1}{3}x^3\Big|_0^1 = \frac{1}{3}$.

例 6–13 求 $\int_{-2}^{-1} \frac{1}{x}\,dx$.

解： $\int_{-2}^{-1} \frac{1}{x}\,dx = \ln|x|\,\Big|_{-2}^{-1} = \ln 1 - \ln 2 = -\ln 2$

例 6–14 求 $\int_0^1 (x - 2e^x)\,dx$.

解： $\int_0^1 (x - 2e^x)\,dx = \int_0^1 x\,dx - 2\int_0^1 e^x\,dx = \frac{x^2}{2}\Big|_0^1 - 2e^x\Big|_0^1 = \frac{5}{2} - 2e$.

例 6–15 计算正弦曲线 $y = \sin x$ 在 $[0,\pi]$ 上与 x 轴所围成的平面图形的面积.

解： 所求图形面积为 $\int_0^\pi \sin x\,dx = -\cos x\Big|_0^\pi = 2$.

例 6–16 设 $f(x) = \begin{cases} e^x, & x \geqslant 0, \\ 1 + x^2, & x < 0, \end{cases}$ 求 $\int_{-1}^1 f(x)\,dx$.

解： $\int_{-1}^1 f(x)\,dx = \int_{-1}^0 (1 + x^2)\,dx + \int_0^1 e^x\,dx = \int_{-1}^0 \,dx + \int_{-1}^0 x^2\,dx + \int_0^1 e^x\,dx$

$$= 1 + \frac{x^3}{3}\Big|_{-1}^0 + e^x\Big|_0^1 = \frac{1}{3} + e.$$

例 6–17 求 $\int_{-1}^2 |x - 1|\,dx$.

解：$\int_{-1}^{2}|x-1|\mathrm{d}x=\int_{-1}^{1}(1-x)\mathrm{d}x+\int_{1}^{2}(x-1)\mathrm{d}x=2-\frac{x^2}{2}\Big|_{-1}^{1}+\frac{x^2}{2}\Big|_{1}^{2}-1=\frac{5}{2}$.

例 6－18　求 $\int_0^1\frac{1-x^2}{1+x^2}\mathrm{d}x$.

解：$\int_0^1\frac{1-x^2}{1+x^2}\mathrm{d}x=\int_0^1\frac{2-x^2-1}{1+x^2}\mathrm{d}x=\int_0^1\left(\frac{2}{1+x^2}-1\right)\mathrm{d}x=2\arctan x\Big|_0^1-1=\frac{\pi}{2}-1$.

例 6－19　求 $\int_1^{\mathrm{e}}\frac{1+x+x^2}{x(1+x^2)}\mathrm{d}x$.

解：$\int_1^{\mathrm{e}}\frac{1+x+x^2}{x(1+x^2)}\mathrm{d}x=\int_1^{\mathrm{e}}\left(\frac{1}{1+x^2}+\frac{1}{x}\right)\mathrm{d}x=\arctan x\Big|_1^{\mathrm{e}}+\ln|x|\Big|_1^{\mathrm{e}}=\arctan\mathrm{e}-\frac{\pi}{4}+1$.

例 6－20　求 $\int_1^2\frac{1-x^2}{x\sqrt{x}}\mathrm{d}x$.

解：$\int_1^2\frac{1-x^2}{x\sqrt{x}}\mathrm{d}x=\int_1^2\left(x^{-\frac{3}{2}}-x^{\frac{1}{2}}\right)\mathrm{d}x=-2x^{-\frac{1}{2}}\Big|_1^2-\frac{2}{3}x^{\frac{3}{2}}\Big|_1^2=\frac{8}{3}-\frac{7}{3}\sqrt{2}$.

例 6－21　$\int_0^1(\sqrt{x}+1)(\sqrt{x}-1)\mathrm{d}x$.

解：$\int_0^1(\sqrt{x}+1)(\sqrt{x}-1)\mathrm{d}x=\int_0^1(x-1)\mathrm{d}x=\frac{1}{2}x^2\Big|_0^1-x\Big|_0^1=-\frac{1}{2}$.

例 6－22　$\int_1^{\sqrt{3}}\frac{1+2x^2}{x^2(x^2+1)}\mathrm{d}x$.

解：
$$\int_1^{\sqrt{3}}\frac{1+2x^2}{x^2(x^2+1)}\mathrm{d}x=\int_1^{\sqrt{3}}\frac{1+x^2+x^2}{x^2(x^2+1)}\mathrm{d}x=\int_1^{\sqrt{3}}\left(\frac{1}{x^2}+\frac{1}{x^2+1}\right)\mathrm{d}x$$
$$=-\frac{1}{x}\Big|_1^{\sqrt{3}}+\arctan x\Big|_1^{\sqrt{3}}=1-\frac{\sqrt{3}}{3}+\frac{\pi}{12}.$$

例 6－23　求 $\int_0^1\mathrm{e}^{x-4}\mathrm{d}x$.

解：$\int_0^1\mathrm{e}^{x-4}\mathrm{d}x=\int_0^1\mathrm{e}^x\mathrm{e}^{-4}\mathrm{d}x=\mathrm{e}^{-4}\int_0^1\mathrm{e}^x\mathrm{d}x=\mathrm{e}^{-4}\mathrm{e}^x\Big|_0^1=\mathrm{e}^{-3}-\mathrm{e}^{-4}$.

例 6－24　求 $\int_1^4\frac{(1-x)^2}{\sqrt{x}}\mathrm{d}x$.

解：$\int_1^4\frac{(1-x)^2}{\sqrt{x}}\mathrm{d}x=\int_1^4\left(x^{-\frac{1}{2}}-2x^{\frac{1}{2}}+x^{\frac{3}{2}}\right)\mathrm{d}x=2x^{\frac{1}{2}}\Big|_1^4-\frac{4}{3}x^{\frac{3}{2}}\Big|_1^4+\frac{2}{5}x^{\frac{5}{2}}\Big|_1^4=\frac{76}{15}$.

例 6－25　求 $\int_0^1\frac{x^4}{1+x^2}\mathrm{d}x$.

解：
$$\int_0^1\frac{x^4}{1+x^2}\mathrm{d}x=\int_0^1\frac{x^4-1+1}{1+x^2}\mathrm{d}x=\int_0^1\frac{(x^2+1)(x^2-1)+1}{1+x^2}\mathrm{d}x$$
$$=\int_0^1\left(x^2-1+\frac{1}{x^2+1}\right)\mathrm{d}x=\frac{1}{3}x^3\Big|_0^1-x\Big|_0^1+\arctan x\Big|_0^1=\frac{\pi}{4}-\frac{2}{3}.$$

例 6－26 设 $f(x)=x^2+2\int_0^1 f(x)\mathrm{d}x$, 求 $f(x)$.

解： 令 $\int_0^1 f(x)\mathrm{d}x=A$，则 $f(x)=x^2+2A$，

两端求从 0 到 1 的定积分， 得 $\int_0^1 f(x)\mathrm{d}x=A=\int_0^1 (x^2+2A)\mathrm{d}x=\frac{1}{3}+2A$，

解方程得 $A=-\frac{1}{3}$，所以 $f(x)=x^2-\frac{2}{3}$.

例 6－27 求 $\lim\limits_{n\to\infty}\int_0^{\frac{1}{2}}\frac{x^n}{1+x^2}\mathrm{d}x$.

解： 因为 $0\leqslant\int_0^{\frac{1}{2}}\frac{x^n}{1+x^2}\mathrm{d}x\leqslant\int_0^{\frac{1}{2}}\frac{x^n}{1+0}\mathrm{d}x=\frac{1}{n+1}x^{n+1}\Big|_0^{\frac{1}{2}}=\frac{1}{n+1}\left(\frac{1}{2}\right)^{n+1}$，

且 $\lim\limits_{n\to\infty}\frac{1}{n+1}\left(\frac{1}{2}\right)^{n+1}=0$，由夹逼准则得 $\lim\limits_{n\to\infty}\int_0^{\frac{1}{2}}\frac{x^n}{1+x^2}\mathrm{d}x=0$.

习 题 6.2

1. 已知 $f(x)$ 连续，求下列函数导数：

（1） $\frac{\mathrm{d}}{\mathrm{d}x}\int_a^x t\cdot f(t)\mathrm{d}t$；

（2） $\frac{\mathrm{d}}{\mathrm{d}x}\int_a^b t\cdot f(t)\mathrm{d}t$；

（3） $\frac{\mathrm{d}}{\mathrm{d}x}\int_a^b x^2 f(t)\mathrm{d}t$；

（4） $\frac{\mathrm{d}}{\mathrm{d}x}\int_a^x x^2 f(t)\mathrm{d}t$；

（5） $\frac{\mathrm{d}\int_0^x f(t)(x-t)\mathrm{d}t}{\mathrm{d}x}$；

（6） $\frac{\mathrm{d}\int_0^{x^2} f(t)(x-t)\mathrm{d}t}{\mathrm{d}x}$；

（7） $\frac{\mathrm{d}}{\mathrm{d}x}\int_{\sin x}^1 \mathrm{e}^{-t^2}\mathrm{d}t$；

（8） $\frac{\mathrm{d}}{\mathrm{d}x}\int_{\sin x}^{\cos x}\ln(1+t^2)\mathrm{d}t$.

2. 求 $\lim\limits_{x\to 0^+}\dfrac{\int_0^{x^2}\tan\sqrt{t}\,\mathrm{d}t}{\int_0^{\sqrt{x}}\sin t^3\,\mathrm{d}t}$.

3. 求下列积分：

（1）$\int_0^1 \dfrac{x^2}{1+x^2}\mathrm{d}x$；

（2）$\int_1^2 \dfrac{1+2x^2}{x(1+x^2)}\mathrm{d}x$；

（3）$\int_0^1 \dfrac{x^4+1}{1+x^2}\mathrm{d}x$；

（4）$\int_0^2 |x^2-1|\mathrm{d}x$.

4. 设 $f(x)=\begin{cases}2+\mathrm{e}^x, & x\geqslant 0,\\ x+x^2, & x<0,\end{cases}$ 求 $\int_{-1}^1 f(x)\mathrm{d}x$.

5. 设 $f(x)=\mathrm{e}^x+2\int_0^1 f(x)\,\mathrm{d}x$, 求 $f(x)$.

6. 求 $\lim\limits_{n\to\infty}\int_0^{\frac{\pi}{4}}\dfrac{x^n}{1+\sin x}\mathrm{d}x$.

6.3　定积分的换元积分

根据牛顿－莱布尼茨公式，只要找到被积函数的原函数就可以求出定积分. 计算

$$\int_a^b f(\varphi(x))\,\varphi'(x)\,\mathrm{d}x=\int_a^b f(\varphi(x)\,\mathrm{d}\varphi(x))=F(\varphi(x))\Big|_a^b \text{（其中}F(x)\text{是 }f(x)\text{的原函数）}$$

例 6－28　求 $\int_0^{\frac{1}{2}}\mathrm{e}^{2x}\mathrm{d}x$.

解： $\int_0^{\frac{1}{2}}\mathrm{e}^{2x}\mathrm{d}x=\dfrac{1}{2}\int_0^{\frac{1}{2}}\mathrm{e}^{2x}\mathrm{d}2x=\dfrac{1}{2}\mathrm{e}^{2x}\Big|_0^{\frac{1}{2}}=\dfrac{1}{2}(\mathrm{e}-1)$.

例 6－29　求 $\int_0^2\dfrac{x}{\sqrt{1+x^2}}\mathrm{d}x$.

解： $\int_0^2\dfrac{x}{\sqrt{1+x^2}}\mathrm{d}x=\dfrac{1}{2}\int_0^2(1+x^2)^{-\frac{1}{2}}\mathrm{d}(x^2+1)=\dfrac{1}{2}\cdot 2\sqrt{1+x^2}\Big|_0^2=\sqrt{5}-1$.

例 6－30　求 $\int_0^1 x\sqrt{1+x^2}\mathrm{d}x$.

解：$\int_0^1 x\sqrt{1+x^2}\mathrm{d}x=\frac{1}{2}\int_0^1(1+x^2)^{\frac{1}{2}}\mathrm{d}(1+x^2)=\frac{1}{2}\cdot\frac{2}{3}(1+x^2)^{\frac{3}{2}}\Big|_0^1$

$$=\frac{1}{3}\left[(1+1^2)^{\frac{3}{2}}-(1+0^2)^{\frac{3}{2}}\right]=\frac{1}{3}(2\sqrt{2}-1).$$

例 6－31　求$\int_0^{\ln 2}\frac{\mathrm{e}^x\mathrm{d}x}{1+e^{2x}}$.

解：$\int_0^{\ln 2}\frac{\mathrm{e}^x\mathrm{d}x}{1+\mathrm{e}^{2x}}=\int_0^{\ln 2}\frac{\mathrm{d}\mathrm{e}^x}{1+(\mathrm{e}^x)^2}=\arctan\mathrm{e}^x\Big|_0^{\ln 2}=\arctan 2-\frac{\pi}{4}$.

例 6－32　求$\int_1^{\sqrt{3}}\frac{\mathrm{d}x}{\sqrt{4-x^2}}$.

解：$\int_1^{\sqrt{3}}\frac{\mathrm{d}x}{\sqrt{4-x^2}}=\arcsin\frac{x}{2}\Big|_1^{\sqrt{3}}=\frac{\pi}{6}$.

例 6－33　求$\int_1^{\mathrm{e}}\frac{1+\ln x+\ln^2 x}{x}\mathrm{d}x$.

解：$\int_1^{\mathrm{e}}\frac{1+\ln x+\ln^2 x}{x}\mathrm{d}x=\int_1^{\mathrm{e}}(1+\ln x+\ln^2 x)\,\mathrm{d}\ln x=\ln x\Big|_1^{\mathrm{e}}+\frac{1}{2}\ln^2 x\Big|_1^{\mathrm{e}}+\frac{1}{3}\ln^3 x\Big|_1^{\mathrm{e}}=\frac{11}{6}$.

例 6－34　求$\int_{\sqrt{\mathrm{e}}}^{\mathrm{e}^{\frac{3}{4}}}\frac{\mathrm{d}x}{x\sqrt{\ln x(1-\ln x)}}$.

解：$\int_{\sqrt{\mathrm{e}}}^{\mathrm{e}^{\frac{3}{4}}}\frac{\mathrm{d}x}{x\sqrt{\ln x(1-\ln x)}}=\int_{\sqrt{\mathrm{e}}}^{\mathrm{e}^{\frac{3}{4}}}\frac{\mathrm{d}(\ln x)}{\sqrt{\ln x(1-\ln x)}}=\int_{\sqrt{\mathrm{e}}}^{\mathrm{e}^{\frac{3}{4}}}\frac{\mathrm{d}(\ln x)}{\sqrt{\ln x}\sqrt{1-\ln x}}$

$$=2\int_{\sqrt{\mathrm{e}}}^{\mathrm{e}^{\frac{3}{4}}}\frac{\mathrm{d}\sqrt{\ln x}}{\sqrt{1-(\sqrt{\ln x})^2}}=2\left[\arcsin(\sqrt{\ln x})\right]_{\sqrt{\mathrm{e}}}^{\mathrm{e}^{\frac{3}{4}}}=\frac{\pi}{3}.$$

例 6－35　求$\int_\alpha^\beta\frac{x}{\sqrt{1+x^2}}\mathrm{d}x\,(0<\alpha<\beta)$.

解：方法一：$\int_\alpha^\beta\frac{x}{\sqrt{1+x^2}}\mathrm{d}x=\frac{1}{2}\int_\alpha^\beta\frac{1}{\sqrt{1+x^2}}\mathrm{d}(x^2+1)=\frac{1}{2}\cdot 2(1+x^2)^{\frac{1}{2}}\Big|_\alpha^\beta=(1+\beta^2)^{\frac{1}{2}}-(1+\alpha^2)^{\frac{1}{2}}$.

方法二：令$u=x^2$，当$x:\alpha\to\beta$时，$u:\alpha^2\to\beta^2$，

$$\int_\alpha^\beta\frac{x}{\sqrt{1+x^2}}\mathrm{d}x=\frac{1}{2}\int_{\alpha^2}^{\beta^2}\frac{1}{\sqrt{1+u}}\mathrm{d}u=\frac{1}{2}\cdot 2(1+u)^{\frac{1}{2}}\Big|_{\alpha^2}^{\beta^2}=(1+\beta^2)^{\frac{1}{2}}-(1+\alpha^2)^{\frac{1}{2}}.$$

类似于不定积分的第二类换元积分，我们给出定积分的第二类换元积分.

定理 6－6　设函数$f(x)$在区间$[a,b]$上连续，而函数$x=\varphi(t)$满足下列条件：

（1）$x=\varphi(t)$是定义在区间$[\alpha,\beta]$上的单调且可导函数；

（2）$\varphi(\alpha)=a,\varphi(\beta)=b$；

（3）$\varphi'(t)$在$[\alpha,\beta]$上连续.

则有换元积分公式：$\int_a^b f(x)\mathrm{d}x=\int_\alpha^\beta f[\varphi(t)]\varphi'(t)\mathrm{d}t$.

证明： $\because f(x)$ 在区间 $[a,b]$ 上连续，$\therefore f(x)$ 存在原函数 $F(x)$，

左$=F(x)\Big|_a^b=F(b)-F(a)$，

$[F(\varphi(t))]'=f(\varphi(t))\varphi'(t)$，右$=F(\varphi(t))\Big|_\alpha^\beta=F(\varphi(\beta))-F(\varphi(\alpha))=F(b)-F(a)$.

例 6－36　求 $\int_0^1\frac{\mathrm{d}x}{1+\sqrt{1-x}}$.

解： 令 $t=\sqrt{1-x}$，则有 $x=1-t^2,\mathrm{d}x=-2t\mathrm{d}t$, 当 $x=0$ 时，$t=1$; 当 $x=1$ 时，$t=0$，

于是 $\int_0^1\frac{\mathrm{d}x}{1+\sqrt{1-x}}=-2\int_1^0\frac{t}{1+t}\mathrm{d}t=2\int_0^1\left(1-\frac{1}{1+t}\right)\mathrm{d}t=2(t-\ln|1+t|)\Big|_0^1=2(1-\ln 2)$.

例 6－37　求 $\int_0^4\frac{x+2}{\sqrt{2x+1}}\mathrm{d}x$.

解： 令 $t=\sqrt{2x+1}$，则有 $x=\frac{t^2-1}{2},\mathrm{d}x=t\,\mathrm{d}t$，当 $x=0$ 时，$t=1$; 当 $x=4$ 时，$t=3$，

于是 $\int_0^4\frac{x+2}{\sqrt{2x+1}}\mathrm{d}x=\int_1^3\frac{\frac{t^2-1}{2}+2}{t}t\,\mathrm{d}t=\frac{1}{2}\int_1^3(t^2+3)\mathrm{d}t=\frac{1}{2}\left(\frac{1}{3}t^3+3t\right)\Big|_1^3=\frac{22}{3}$.

例 6－38　求 $\int_0^a\sqrt{a^2-x^2}\mathrm{d}x$.

解： 令 $x=a\sin t$，当 $x:0\to a$ 时，$t:0\to\frac{\pi}{2}$，

$$\int_0^a\sqrt{a^2-x^2}\mathrm{d}x=\int_0^{\frac{\pi}{2}}a\cos t\cdot a\cos t\mathrm{d}t=a^2\int_0^{\frac{\pi}{2}}\frac{1+\cos 2t}{2}\mathrm{d}t=a^2\left(\frac{t}{2}+\frac{1}{4}\sin 2t\right)\Bigg|_0^{\frac{\pi}{2}}=\frac{\pi}{4}a^2 .$$

例 6－39　求 $\int_0^{\frac{\pi}{2}}\cos^5 x\sin x\mathrm{d}x$.

解： $\int_0^{\frac{\pi}{2}}\cos^5 x\sin x\mathrm{d}x=-\int_0^{\frac{\pi}{2}}\cos^5 x\mathrm{d}\cos x\ \underline{\underline{令u=\cos x}}\ -\int_1^0 u^5\mathrm{d}u=-\frac{1}{6}u^6\Big|_1^0=\frac{1}{6}$.

能够用凑微分法求出原函数的也可以不换元，

$$\int_0^{\frac{\pi}{2}}\cos^5 x\sin x\mathrm{d}x=-\int_0^{\frac{\pi}{2}}\cos^5 x\mathrm{d}\cos x=-\frac{1}{6}\cos^6 x\Bigg|_0^{\frac{\pi}{2}}=\frac{1}{6}.$$

例 6－40　求 $\int_0^\pi\sqrt{\sin^3 x-\sin^5 x}\mathrm{d}x$.

解： $\int_0^\pi\sqrt{\sin^3 x-\sin^5 x}\mathrm{d}x=\int_0^\pi\sin^{\frac{3}{2}}x\,|\cos x|\,\mathrm{d}x=\int_0^{\frac{\pi}{2}}\sin^{\frac{3}{2}}x\cos x\mathrm{d}x-\int_{\frac{\pi}{2}}^{\pi}\sin^{\frac{3}{2}}x\cos x\mathrm{d}x$

$$=\int_0^{\frac{\pi}{2}}\sin^{\frac{3}{2}}x\mathrm{d}\sin x-\int_{\frac{\pi}{2}}^{\pi}\sin^{\frac{3}{2}}x\mathrm{d}\sin x=\frac{2}{5}\sin^{\frac{5}{2}}x\Bigg|_0^{\frac{\pi}{2}}-\frac{2}{5}\sin^{\frac{5}{2}}x\Bigg|_{\frac{\pi}{2}}^{\pi}=\frac{4}{5}.$$

例 6－41 设 $f(x)$ 在 $[-a,a]$ 上连续，试证：$\int_{-a}^{a}f(t)\mathrm{d}t=\int_{0}^{a}[f(t)+f(-t)]\mathrm{d}t$.

证明：$\int_{-a}^{a}f(t)\mathrm{d}t=\int_{-a}^{0}f(t)\mathrm{d}t+\int_{0}^{a}f(t)\mathrm{d}t$，

$\int_{-a}^{0}f(t)\mathrm{d}t \xlongequal{令t=-u} \int_{a}^{0}f(-u)\mathrm{d}(-u)=\int_{0}^{a}f(-u)\mathrm{d}u=\int_{0}^{a}f(-t)\mathrm{d}t$，

$\int_{-a}^{a}f(t)\mathrm{d}t=\int_{0}^{a}[f(t)+f(-t)]\mathrm{d}t$.

结论：若 $f(x)$ 为偶函数，则 $\int_{-a}^{a}f(t)\mathrm{d}t=2\int_{0}^{a}f(t)\mathrm{d}t$；

若 $f(x)$ 为奇函数，则 $\int_{-a}^{a}f(t)\mathrm{d}t=0$.

例 6－42 求 $\int_{-\pi}^{\pi}x^4\sin x\mathrm{d}x$.

解：由于被积函数 $x^4\sin x$ 是奇函数，所以 $\int_{-\pi}^{\pi}x^4\sin x\mathrm{d}x=0$.

例 6－43 求 $\int_{-\frac{1}{2}}^{\frac{1}{2}}\frac{(\arcsin x)^2}{\sqrt{1-x^2}}\mathrm{d}x$.

解：由于被积函数 $\frac{(\arcsin x)^2}{\sqrt{1-x^2}}$ 是偶函数，所以

$$\int_{-\frac{1}{2}}^{\frac{1}{2}}\frac{(\arcsin x)^2}{\sqrt{1-x^2}}\mathrm{d}x=2\int_{0}^{\frac{1}{2}}(\arcsin x)^2\mathrm{d}\arcsin x=2\times\frac{1}{3}(\arcsin x)^3\Big|_0^{\frac{1}{2}}=\frac{\pi^3}{324}.$$

例 6－44 设 $f(x)$ 在 $[0,a]$ 上连续，试证：$\int_{0}^{a}f(x)\mathrm{d}x=\int_{0}^{a}f(a-x)\mathrm{d}x$.

证：$\int_{0}^{a}f(a-x)\mathrm{d}x \xlongequal{令u=a-x} -\int_{a}^{0}f(u)\mathrm{d}u=\int_{0}^{a}f(u)\mathrm{d}u=\int_{0}^{a}f(x)\mathrm{d}x$.

例 6－45 设函数 $f(x)=\begin{cases} xe^{-x^2} & x\geqslant 0 \\ \dfrac{1}{1+\cos x} & -1<x<0 \end{cases}$，计算 $\int_{1}^{4}f(x-2)\mathrm{d}x$.

解：$\int_{1}^{4}f(x-2)\mathrm{d}x \xlongequal{令t=x-2} \int_{-1}^{2}f(t)\mathrm{d}t=\int_{-1}^{0}\frac{1}{1+\cos t}\mathrm{d}t+\int_{0}^{2}te^{-t^2}\mathrm{d}t$

$$=\int_{-1}^{0}\frac{1}{2\cos^2\frac{t}{2}}\mathrm{d}t-\frac{1}{2}\int_{0}^{2}e^{-t^2}\mathrm{d}(-t^2)=\tan\frac{t}{2}\Big|_{-1}^{0}-\left[\frac{1}{2}e^{-t^2}\right]_0^2=\tan\frac{1}{2}-\frac{1}{2}e^{-4}+\frac{1}{2}.$$

例 6－46 已知 $f(x)$ 是以 T 为周期的周期函数，则有 $f(x+T)=f(x)$，

试证：$\int_{a}^{a+T}f(x)\mathrm{d}x=\int_{0}^{T}f(x)\mathrm{d}x$.

证明：$\int_{a}^{a+T}f(x)\mathrm{d}x=\int_{a}^{T}f(x)\mathrm{d}x+\int_{T}^{a+T}f(x)\mathrm{d}x$，

$\int_{T}^{a+T}f(x)\mathrm{d}x \xlongequal{令x=T+t} \int_{0}^{a}f(T+t)\mathrm{d}t=\int_{0}^{a}f(t)\mathrm{d}t$，

$\int_{a}^{a+T}f(x)\mathrm{d}x=\int_{a}^{T}f(x)\mathrm{d}x+\int_{T}^{a+T}f(x)\mathrm{d}x=\int_{a}^{T}f(x)\mathrm{d}x+\int_{0}^{a}f(x)\mathrm{d}x=\int_{0}^{T}f(x)\mathrm{d}x$.

在用换元法计算定积分时，一旦得到了用新变量表示的原函数后，不必作变量还原，而只要用新的积分限代入并求其差值就可以了. 因此定积分作换元一定要换积分限. 这就是定积分换元积分法与不定积分换元积分法的区别.

习 题 6.3

1. 求下列积分：

（1）$\int_0^1 x\mathrm{e}^{x^2}\mathrm{d}x$；

（2）$\int_0^{\frac{2}{3}}\frac{\mathrm{d}x}{4+9x^2}$；

（3）$\int_0^{\ln 2}\frac{\mathrm{e}^x\mathrm{d}x}{1+2\mathrm{e}^x}$；

（4）$\int_{\mathrm{e}}^{2\mathrm{e}}\frac{1}{x\ln x}\mathrm{d}x$；

（5）$\int_0^2\frac{1}{(2+3x)^2}\mathrm{d}x$；

（6）$\int_0^{\frac{\pi}{2}}(1-\cos^3 x)\mathrm{d}x$；

（7）$\int_0^{\frac{\pi}{2}}\cos^2 2x\mathrm{d}x$；

（8）$\int_0^1\frac{\mathrm{d}x}{1+\sqrt{1-x}}$；

（9）$\int_0^4\frac{x}{1+\sqrt{2x+1}}\mathrm{d}x$.

2. 已知 $f(x)=\begin{cases} x^2\mathrm{e}^{-x^3}, & x\geqslant 0, \\ \dfrac{1}{1-x}, & x<0, \end{cases}$ 计算 $\int_1^4 f(x-2)\mathrm{d}x$.

6.4　定积分的分部积分

在利用分部积分求原函数时，也有定积分的分部积分公式.

定理 6－7　设 $u'(x),v'(x)$ 在区间 $[a,b]$ 上连续，则有分部积分公式 $\int_a^b u\mathrm{d}v=uv\Big|_a^b-\int_a^b v\mathrm{d}u$.

例 6－47　求 $\int_0^1 x\mathrm{e}^x\mathrm{d}x$.

解：$\int_0^1 x\mathrm{e}^x\mathrm{d}x=\int_0^1 x\mathrm{d}\mathrm{e}^x=x\mathrm{e}^x\Big|_0^1-\int_0^1\mathrm{e}^x\mathrm{d}x=\mathrm{e}-\mathrm{e}^x\Big|_0^1=1$.

例 6－48 求$\int_0^1 x^2\mathrm{e}^x\mathrm{d}x$.

解：$\int_0^1 x^2\mathrm{e}^x\mathrm{d}x=\int_0^1 x^2\mathrm{d}\mathrm{e}^x=x^2\mathrm{e}^x\Big|_0^1-\int_0^1\mathrm{e}^x\mathrm{d}x^2=\mathrm{e}-\int_0^1 2x\mathrm{e}^x\mathrm{d}x=\mathrm{e}-\int_0^1 2x\mathrm{d}\mathrm{e}^x$

$$=\mathrm{e}-2x\mathrm{e}^x\Big|_0^1+2\int_0^1\mathrm{e}^x\mathrm{d}x=\mathrm{e}-2\mathrm{e}+2\mathrm{e}^x\Big|_0^1=\mathrm{e}-2.$$

例 6－49 求$\int_0^{\frac{\pi}{2}} x\sin x\mathrm{d}x$.

解：$\int_0^{\frac{\pi}{2}} x\sin x\mathrm{d}x=-\int_0^{\frac{\pi}{2}} x\mathrm{d}\cos x=-x\cos x\Big|_0^{\frac{\pi}{2}}+\int_0^{\frac{\pi}{2}}\cos x\mathrm{d}x=\sin x\Big|_0^{\frac{\pi}{2}}=1$.

例 6－50 求$\int_0^{\frac{\pi}{2}} x^2\sin x\mathrm{d}x$.

解：$\int_0^{\frac{\pi}{2}} x^2\sin x\mathrm{d}x=-\int_0^{\frac{\pi}{2}} x^2\mathrm{d}\cos x=-x^2\cos x\Big|_0^{\frac{\pi}{2}}+\int_0^{\frac{\pi}{2}}\cos x\cdot 2x\mathrm{d}x=\int_0^{\frac{\pi}{2}} 2x\mathrm{d}\sin x=$

$$=2x\sin x\Big|_0^{\frac{\pi}{2}}-2\int_0^{\frac{\pi}{2}}\sin x\mathrm{d}x=\pi+2\cos x\Big|_0^{\frac{\pi}{2}}=\pi-2.$$

例 6－51 求$\int_1^{\mathrm{e}} x\ln x\mathrm{d}x$.

解：$\int_1^{\mathrm{e}} x\ln x\mathrm{d}x=\int_1^{\mathrm{e}}\ln x\mathrm{d}\left(\frac{1}{2}x^2\right)=\frac{1}{2}x^2\ln x\Big|_1^{\mathrm{e}}-\frac{1}{2}\int_1^{\mathrm{e}} x^2\cdot\frac{1}{x}\mathrm{d}x=\frac{1}{2}\mathrm{e}^2-\frac{1}{4}x^2\Big|_1^{\mathrm{e}}=\frac{1}{4}\mathrm{e}^2+\frac{1}{4}$.

例 6－52 求$\int_1^{\mathrm{e}}\ln x\mathrm{d}x$.

解：$\int_1^{\mathrm{e}}\ln x\mathrm{d}x=x\ln x\Big|_1^{\mathrm{e}}-\int_1^{\mathrm{e}} x\cdot\frac{1}{x}\mathrm{d}x=\mathrm{e}-x\Big|_1^{\mathrm{e}}=1$.

例 6－53 求$\int_0^{\frac{1}{2}}\arcsin x\mathrm{d}x$.

解：$\int_0^{\frac{1}{2}}\arcsin x\mathrm{d}x=x\arcsin x\Big|_0^{\frac{1}{2}}-\int_0^{\frac{1}{2}} x\frac{1}{\sqrt{1-x^2}}\mathrm{d}x=\frac{\pi}{12}+[\sqrt{1-x^2}]\Big|_0^{\frac{1}{2}}=\frac{\pi}{12}+\frac{\sqrt{3}}{2}-1$.

例 6－54 求$\int_0^1 x\arctan x\mathrm{d}x$.

解：$\int_0^1 x\arctan x\mathrm{d}x=\int_0^1\arctan x\mathrm{d}\frac{1}{2}x^2=\frac{1}{2}x^2\arctan x\Big|_0^1-\frac{1}{2}\int_0^1 x^2\cdot\frac{1}{1+x^2}\mathrm{d}x$

$$=\frac{\pi}{8}-\frac{1}{2}\int_0^1\left(1-\frac{1}{1+x^2}\right)\mathrm{d}x=\frac{\pi}{8}-\frac{1}{2}+\frac{1}{2}\arctan x\Big|_0^1=\frac{\pi}{4}-\frac{1}{2}.$$

例 6－55 求$\int_0^1(\arcsin x)^2\mathrm{d}x$.

解：$\int_0^1 (\arcsin x)^2\,\mathrm{d}x \xlongequal{\text{令}u=\arcsin x} \int_0^{\frac{\pi}{2}} u^2 \mathrm{d}\sin u = u^2 \sin u\Big|_0^{\frac{\pi}{2}} - 2\int_0^{\frac{\pi}{2}} u\sin u\mathrm{d}u$

$= \dfrac{\pi^2}{4} + 2\int_0^{\frac{\pi}{2}} u\mathrm{d}\cos u = \dfrac{\pi^2}{4} + 2u\cos u\Big|_0^{\frac{\pi}{2}} - 2\int_0^{\frac{\pi}{2}} \cos u\mathrm{d}u = \dfrac{\pi^2}{4} - 2\sin u\Big|_0^{\frac{\pi}{2}} = \dfrac{\pi^2}{4} - 2$.

例 6－56　求 $\int_0^1 \mathrm{e}^{\sqrt{x}}\mathrm{d}x$.

解：$\int_0^1 \mathrm{e}^{\sqrt{x}}\mathrm{d}x \xlongequal{\text{令}t=\sqrt{x}} \int_0^1 \mathrm{e}^t 2t\,\mathrm{d}t = 2\int_0^1 t\,\mathrm{de}^t = 2t\mathrm{e}^t\Big|_0^1 - 2\int_0^1 \mathrm{e}^t\mathrm{d}t = 2\mathrm{e} - 2\mathrm{e}^t\Big|_0^1 = 2$.

例 6－57　$\int_0^{\frac{\pi}{2}} \mathrm{e}^{2x}\cos x\,\mathrm{d}x$.

解：$\int_0^{\frac{\pi}{2}} \mathrm{e}^{2x}\cos x\,\mathrm{d}x = \mathrm{e}^{2x}\sin x\Big|_0^{\frac{\pi}{2}} - 2\int_0^{\frac{\pi}{2}} \mathrm{e}^{2x}\sin x\,\mathrm{d}x$

$= \mathrm{e}^{\pi} - 2(-\mathrm{e}^{2x}\cos x)\Big|_0^{\frac{\pi}{2}} - 4\int_0^{\frac{\pi}{2}} \mathrm{e}^{2x}\cos x\,\mathrm{d}x$,

$\therefore \int_0^{\frac{\pi}{2}} \mathrm{e}^{2x}\cos x\,\mathrm{d}x = \dfrac{1}{5}(\mathrm{e}^{\pi} - 2)$.

习 题 6.4

计算下列积分：

1. $\int_0^{\frac{\pi}{2}} x\cos x\,\mathrm{d}x$;
2. $\int_1^{\mathrm{e}} x^2 \ln x\,\mathrm{d}x$;
3. $\int_0^{\frac{\pi}{2}} x^2 \cos x\,\mathrm{d}x$;
4. $\int_0^{\frac{\pi}{4}} x\sec^2 x\,\mathrm{d}x$;
5. $\int_0^{\frac{\pi}{4}} x\tan^2 x\,\mathrm{d}x$;
6. $\int_0^1 x\arcsin x\,\mathrm{d}x$;
7. $\int_1^{\mathrm{e}} x^2 \ln^2 x\,\mathrm{d}x$;
8. $\int_0^1 x\mathrm{e}^{2x}\,\mathrm{d}x$;
9. $\int_0^1 \ln(1+x)\,\mathrm{d}x$;
10. $\int_0^1 x\ln(1+x)\,\mathrm{d}x$.

6.5 广 义 积 分

定积分研究的是在有限区间上的有界函数的积分问题，如果区间无限或者函数无界的话就是广义积分的问题.

1. 无穷区间的广义积分

引例：求曲线 $y=\dfrac{1}{x^2}$ 和直线 $x=1$ 及 x 轴所围成的开口曲边梯形的面积 A. 所求的面积可以理解为当 $b\to+\infty$ 时，由求曲线 $y=\dfrac{1}{x^2}$ 和直线 $x=1,x=b$ 及 x 轴所围成的面积的极限. 如图 6－8 所示.

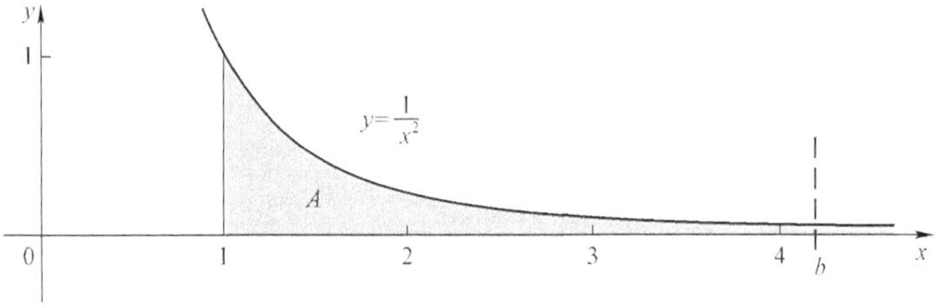

图 6－8

$A=\lim\limits_{b\to+\infty}\int_1^b\dfrac{1}{x^2}\mathrm{d}x=\lim\limits_{b\to+\infty}\left(-\dfrac{1}{x}\right)\Big|_1^b=\lim\limits_{b\to+\infty}\left(1-\dfrac{1}{b}\right)=1$，通过计算可以认为，虽然右侧不封闭，但是面积是存在的为 1.

如果曲线换成 $y=\dfrac{1}{x}$，会怎样呢？如图 6－9 所示.

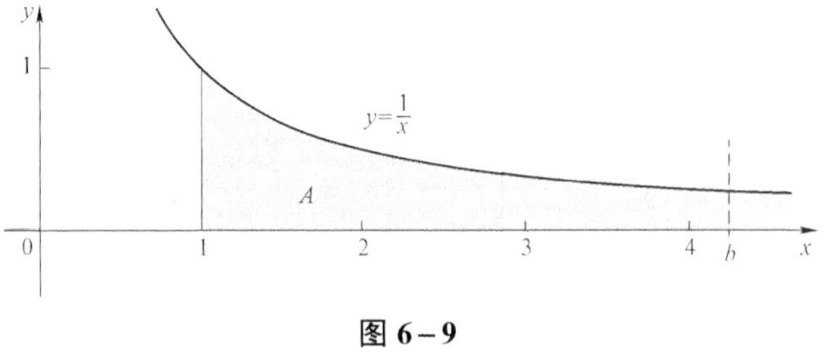

图 6－9

$A=\lim\limits_{b\to+\infty}\int_1^b\dfrac{1}{x}\mathrm{d}x=\lim\limits_{b\to+\infty}(\ln x)_1^b=\lim\limits_{b\to+\infty}(\ln b-\ln 1)=+\infty$，通过计算可以认为，这种情况面积不是一个定值而是无穷大量.

因此有必要对这种问题进行研究. 无限区间有三种，分别是 $[a,+\infty)$，$(-\infty,b]$，$(-\infty,+\infty)$，分别给出定义.

定义 6－1 设函数 $f(x)$ 在区间 $[a,+\infty)$ 上连续，取 $b>a$，将 $\lim\limits_{b\to+\infty}\int_a^b f(x)\mathrm{d}x$ 定义为无

穷区间 $[a,+\infty)$ 的广义积分，记作 $\int_a^{+\infty} f(x)\mathrm{d}x$，且 $\int_a^{+\infty} f(x)\mathrm{d}x=\lim\limits_{b\to+\infty}\int_a^b f(x)\mathrm{d}x$，如果极限 $\lim\limits_{b\to+\infty}\int_a^b f(x)\mathrm{d}x$ 存在，则称无穷区间的广义积分 $\int_a^{+\infty} f(x)\mathrm{d}x$ 收敛，如果极限 $\lim\limits_{b\to+\infty}\int_a^b f(x)\mathrm{d}x$ 不存在，则称无穷区间的广义积分 $\int_a^{+\infty} f(x)\mathrm{d}x$ 发散. $\int_a^{+\infty} f(x)\mathrm{d}x$ 收敛时是一个定值，而发散时是变化的不是定值.

定义 6－2　设函数 $f(x)$ 在区间 $(-\infty,b]$ 上连续，取 $a<b$，将 $\lim\limits_{a\to-\infty}\int_a^b f(x)\mathrm{d}x$ 定义为无穷区间 $(-\infty,b]$ 的广义积分，记作 $\int_{-\infty}^b f(x)\mathrm{d}x$，且 $\int_{-\infty}^b f(x)\mathrm{d}x=\lim\limits_{a\to-\infty}\int_a^b f(x)\mathrm{d}x$，如果极限 $\lim\limits_{a\to-\infty}\int_a^b f(x)\mathrm{d}x$ 存在，则称无穷区间的广义积分 $\int_{-\infty}^b f(x)\mathrm{d}x$ 收敛，如果极限 $\lim\limits_{a\to-\infty}\int_a^b f(x)\mathrm{d}x$ 不存在，则称无穷区间的广义积分 $\int_{-\infty}^b f(x)\mathrm{d}x$ 发散. $\int_{-\infty}^b f(x)\mathrm{d}x$ 收敛时是一个定值，而发散时是变化的不是定值.

对于无穷区间 $(-\infty,+\infty)$ 的广义积分，记为 $\int_{-\infty}^{+\infty} f(x)\mathrm{d}x$，由于上下限都是无限的，所以要转化为单边无限来判断，即分别判定 $\int_{-\infty}^{c} f(x)\mathrm{d}x$ 和 $\int_c^{+\infty} f(x)\mathrm{d}x$ 的敛散性，若 $\int_{-\infty}^{c} f(x)\mathrm{d}x$，$\int_c^{+\infty} f(x)\mathrm{d}x$ 均收敛，则 $\int_{-\infty}^{+\infty} f(x)\mathrm{d}x$ 收敛且有 $\int_{-\infty}^{+\infty} f(x)\mathrm{d}x=\int_{-\infty}^{c} f(x)\mathrm{d}x+\int_c^{+\infty} f(x)\mathrm{d}x$，若 $\int_{-\infty}^{c} f(x)\mathrm{d}x$，$\int_c^{+\infty} f(x)\mathrm{d}x$ 其中有一个发散，则 $\int_{-\infty}^{+\infty} f(x)\mathrm{d}x$ 发散.

例 6－58　判断广义积分 $\int_1^{+\infty}\frac{1}{\sqrt{x}}\mathrm{d}x$ 的敛散性，若收敛求其值.

解： $\int_1^{+\infty}\frac{1}{\sqrt{x}}\mathrm{d}x=\lim\limits_{b\to+\infty}\int_1^b\frac{1}{\sqrt{x}}\mathrm{d}x=\lim\limits_{b\to+\infty}2\sqrt{x}\Big|_1^b=\lim\limits_{b\to+\infty}(2\sqrt{b}-2)=+\infty$，所以 $\int_1^{+\infty}\frac{1}{\sqrt{x}}\mathrm{d}x$ 发散.

例 6－59　判断广义积分 $\int_0^{+\infty}\mathrm{e}^x\mathrm{d}x$ 的敛散性，若收敛求其值.

解： $\int_0^{+\infty}\mathrm{e}^x\mathrm{d}x=\lim\limits_{b\to+\infty}\int_0^b\mathrm{e}^x\mathrm{d}x=\lim\limits_{b\to+\infty}\mathrm{e}^x\Big|_0^b=\lim\limits_{b\to+\infty}(\mathrm{e}^b-1)=+\infty$，$\int_0^{+\infty}\mathrm{e}^x\mathrm{d}x$ 发散.

$\int_0^{+\infty}\mathrm{e}^x\mathrm{d}x$ 几何上表示由曲线 $y=\mathrm{e}^x$，直线 $x=0$，直线 x 轴所围，开口向 x 轴正向无限延伸的面积，根据几何图形可以直观看出该面积无穷大，如图 6－10 所示.

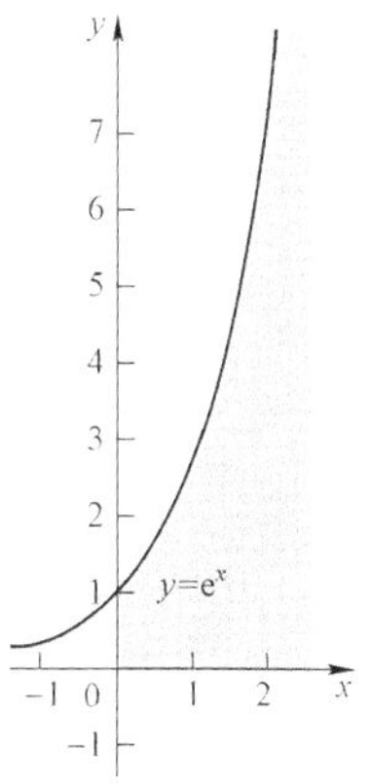

图 6－10

例 6－60　判断广义积分 $\int_{-\infty}^{+\infty}\arctan x\mathrm{d}x$ 的敛散性，若收敛求其值.

解： $\int_0^{+\infty}\arctan x\mathrm{d}x$ 几何上表示由曲线 $y=\arctan x$，直线 $x=0$，x 轴所围，开口向 x 轴正向无限延伸的面积，根据几何图形可以直观看出该面积无穷大，所以 $\int_0^{+\infty}\arctan x\mathrm{d}x$ 发散，$\int_{-\infty}^{0}\arctan x\mathrm{d}x$ 几何上表示由曲线 $y=\arctan x$，直线 $x=0$，x 轴所围，开口向 x 轴负向无限延伸的面积的负值，根据几何图形可以直观看出该面积无穷大，所以 $\int_{-\infty}^{0}\arctan x\mathrm{d}x$ 发散，

因此$\int_{-\infty}^{+\infty}\arctan x\mathrm{d}x$发散，如图 6－11 所示.

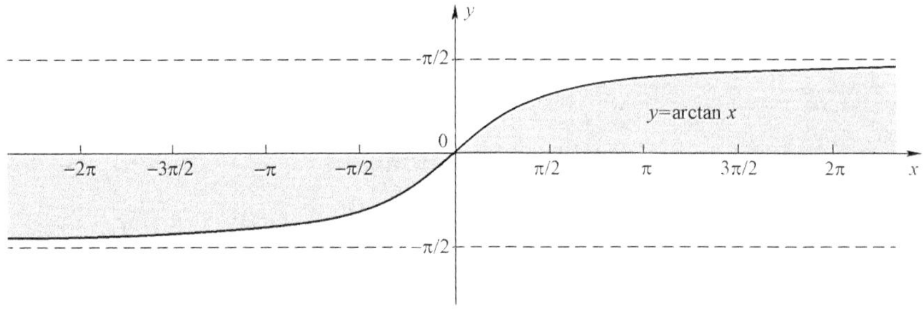

图 6－11

显然广义积分$\int_{a}^{+\infty}f(x)\mathrm{d}x$收敛的必要条件是$\lim\limits_{x\to+\infty}f(x)=0$，

广义积分$\int_{-\infty}^{b}f(x)\mathrm{d}x$收敛的必要条件是$\lim\limits_{x\to-\infty}f(x)=0$，

广义积分$\int_{-\infty}^{+\infty}f(x)\mathrm{d}x$收敛的必要条件是$\lim\limits_{x\to-\infty}f(x)=0,\lim\limits_{x\to+\infty}f(x)=0$.

例 6－61 判断广义积分 $\int_{1}^{+\infty}\frac{1}{x^{p}}\mathrm{d}x$ 的敛散性，若收敛求其值.

解： 当 $p=1$ 时，原式$=\int_{1}^{+\infty}\frac{1}{x}\mathrm{d}x=\lim\limits_{b\to+\infty}\int_{1}^{b}\frac{1}{x}\mathrm{d}x=\lim\limits_{b\to+\infty}\left(\ln x\right)_{1}^{b}=\lim\limits_{b\to+\infty}\left(\ln b-\ln 1\right)=+\infty$，

$\int_{1}^{+\infty}\frac{1}{x}\mathrm{d}x$发散；

当 $p\neq 1$ 时，

$$\int_{1}^{+\infty}\frac{1}{x^{p}}\mathrm{d}x=\lim_{b\to+\infty}\int_{1}^{b}\frac{1}{x^{p}}\mathrm{d}x=\lim_{b\to+\infty}\left(\frac{1}{1-p}x^{-p+1}\right)\Bigg|_{1}^{b}=\lim_{b\to+\infty}\left(\frac{1}{1-p}b^{-p+1}-\frac{1}{1-p}\right)$$

$$=\begin{cases}\dfrac{1}{p-1}, & p>1,\\ +\infty, & p<1.\end{cases}$$

所以 $\int_{1}^{+\infty}\frac{1}{x^{p}}\mathrm{d}x=\begin{cases}\text{收敛}, & p>1,\\ \text{发散}, & p\leqslant 1.\end{cases}$

例 6－62 判断广义积分 $\int_{0}^{+\infty}\frac{1}{1+x^{2}}\mathrm{d}x$ 的敛散性，若收敛求其值.

解： $\int_{0}^{+\infty}\frac{1}{1+x^{2}}\mathrm{d}x=\lim\limits_{b\to+\infty}\int_{0}^{b}\frac{1}{1+x^{2}}\mathrm{d}x=\lim\limits_{b\to+\infty}\arctan x\Big|_{0}^{b}=\lim\limits_{b\to+\infty}\arctan b=\frac{\pi}{2}$，

$\int_{0}^{+\infty}\frac{1}{1+x^{2}}\mathrm{d}x$收敛，且$\int_{0}^{+\infty}\frac{1}{1+x^{2}}\mathrm{d}x=\frac{\pi}{2}$.

为了方便起见，引进记号 $F(x)\big|_a^{+\infty}=\lim\limits_{x\to+\infty}[F(x)-F(a)]$，则

$$\int_a^{+\infty}f(x)\mathrm{d}x=\lim_{x\to+\infty}[F(x)-F(a)]=F(x)\Big|_a^{+\infty}.$$

这样 $\int_0^{+\infty}\frac{1}{1+x^2}\mathrm{d}x=\arctan x\Big|_0^{+\infty}=\lim\limits_{x\to+\infty}\arctan x=\frac{\pi}{2}$.

例 6－63　判断广义积分 $\int_{-\infty}^0\frac{1}{1+x^2}\mathrm{d}x$ 的敛散性，若收敛求其值.

解：$\int_{-\infty}^0\frac{1}{1+x^2}\mathrm{d}x=\lim\limits_{a\to-\infty}\int_a^0\frac{1}{1+x^2}\mathrm{d}x=\lim\limits_{a\to-\infty}\arctan x\Big|_a^0=\lim\limits_{a\to-\infty}(-\arctan a)=-\left(-\frac{\pi}{2}\right)=\frac{\pi}{2}$，

$\int_{-\infty}^0\frac{1}{1+x^2}\mathrm{d}x$ 收敛，且 $\int_{-\infty}^0\frac{1}{1+x^2}\mathrm{d}x=\frac{\pi}{2}$.

为了方便起见，引进记号 $F(x)\big|_{-\infty}^b=F(b)-\lim\limits_{x\to-\infty}F(x)$，则

$$\int_{-\infty}^b f(x)\mathrm{d}x=F(b)-\lim_{x\to-\infty}F(x)=F(x)\Big|_{-\infty}^b.$$

这样 $\int_{-\infty}^0\frac{1}{1+x^2}\mathrm{d}x=\arctan x\Big|_{-\infty}^0=-\lim\limits_{x\to-\infty}\arctan x=-\left(-\frac{\pi}{2}\right)=\frac{\pi}{2}$.

例 6－64　判断广义积分 $\int_{-\infty}^{+\infty}\frac{1}{1+x^2}\mathrm{d}x$ 的敛散性，若收敛求其值.

解：由上两例，$\int_0^{+\infty}\frac{1}{1+x^2}\mathrm{d}x=\frac{\pi}{2}$，$\int_{-\infty}^0\frac{1}{1+x^2}\mathrm{d}x=\frac{\pi}{2}$，均收敛，

则 $\int_{-\infty}^{+\infty}\frac{1}{1+x^2}\mathrm{d}x$ 收敛，且有 $\int_{-\infty}^{+\infty}\frac{1}{1+x^2}\mathrm{d}x=\int_{-\infty}^0\frac{1}{1+x^2}\mathrm{d}x+\int_0^{+\infty}\frac{1}{1+x^2}\mathrm{d}x=\frac{\pi}{2}+\frac{\pi}{2}=\pi$.

例 6－65　判断广义积分 $\int_0^{+\infty}\mathrm{e}^{-2t}\mathrm{d}t$ 的敛散性，若收敛求其值.

解：$\int_0^{+\infty}\mathrm{e}^{-2t}\mathrm{d}t=-\frac{1}{2}\int_0^{+\infty}\mathrm{e}^{-2t}\mathrm{d}(-2t)=\left[-\frac{1}{2}\mathrm{e}^{-2t}\Big|_0^{+\infty}\right]=\lim\limits_{t\to+\infty}\left(-\frac{1}{2}\mathrm{e}^{-2t}+\frac{1}{2}\right)=\frac{1}{2}$.

例 6－66　判断广义积分 $\int_0^{+\infty}t\mathrm{e}^{-3t}\mathrm{d}t$ 的敛散性，若收敛求其值.

解：
$$\begin{aligned}\int_0^{+\infty}t\mathrm{e}^{-3t}\mathrm{d}t&=\lim_{b\to+\infty}\int_0^b t\mathrm{e}^{-3t}\mathrm{d}t=\lim_{b\to+\infty}\left(-\frac{1}{3}\int_0^b t\mathrm{d}\mathrm{e}^{-3t}\right)=\lim_{b\to+\infty}\left(-\frac{t}{3}\mathrm{e}^{-3t}\Big|_0^b+\frac{1}{3}\int_0^b\mathrm{e}^{-3t}\mathrm{d}t\right)\\&=-\frac{1}{3}\lim_{b\to+\infty}\left(\frac{b}{\mathrm{e}^{3b}}+\frac{1}{3}\mathrm{e}^{-3t}\Big|_0^b\right)=-\frac{1}{3}\lim_{b\to+\infty}\left(-\frac{1}{3}\mathrm{e}^{-3b}-\frac{1}{3}\right)=\frac{1}{9}.\end{aligned}$$

$\int_0^{+\infty}t\mathrm{e}^{-3t}\mathrm{d}t$ 收敛，且 $\int_0^{+\infty}t\mathrm{e}^{-3t}\mathrm{d}t=\frac{1}{9}$.

例 6－67　当 k 为何值时，广义积分 $\int_2^{+\infty}\frac{1}{x(\ln x)^k}\mathrm{d}x$ 收敛？发散？

解：当 $k=1$ 时，有 $\int_2^{+\infty}\frac{1}{x\ln x}\mathrm{d}x=\int_2^{+\infty}\frac{1}{\ln x}\mathrm{d}(\ln x)=\ln\ln x\Big|_2^{+\infty}=+\infty$，$\int_2^{+\infty}\frac{1}{x\ln x}\mathrm{d}x$ 发散，

当 $k \neq 1$ 时，$\int_2^{+\infty} \frac{1}{x(\ln x)^k}\mathrm{d}x = \int_2^{+\infty} \frac{1}{(\ln x)^k}\mathrm{d}(\ln x) = \frac{1}{1-k}(\ln x)^{1-k}\Big|_2^{+\infty}$

$$= \lim_{b \to +\infty}\left[\frac{1}{1-k}(\ln b)^{1-k} - \frac{1}{1-k}(\ln 2)^{1-k}\right]$$

$$= \begin{cases} \frac{1}{k-1}(\ln 2)^{1-k}, & k > 1, \\ \text{发散}, & k < 1. \end{cases},$$

所以 $\int_2^{+\infty} \frac{1}{x(\ln x)^k}\mathrm{d}x = \begin{cases} \frac{1}{k-1}(\ln 2)^{1-k}, & k > 1, \\ \text{发散}, & k \leqslant 1. \end{cases}$.

2. 无界函数的广义积分

引例: 求曲线 $y = \frac{1}{\sqrt{x}}$ 和直线 $x = 1$ 及 x 轴和 y 轴所围成的开口图形的面积 A. 所求的面积可以理解为当 $\varepsilon \to 0^+$ 时，由求曲线 $y = \frac{1}{\sqrt{x}}$ 和直线 $x = 1, x = \varepsilon$ 及 x 轴所围成的面积的极限. 如图 6－12 所示.

所求面积为 $A = \lim\limits_{\varepsilon \to 0^+}\int_\varepsilon^1 \frac{1}{\sqrt{x}} = \lim\limits_{\varepsilon \to 0^+} 2\sqrt{x}\Big|_\varepsilon^1 = 2 - \lim\limits_{\varepsilon \to 0^+} 2\sqrt{\varepsilon} = 2$. 通过计算可以认为，虽然图形不封闭，但是面积是存在的为 2.

如果曲线换成 $y = \frac{1}{x}$，会怎样呢？如图 6－13 所示.

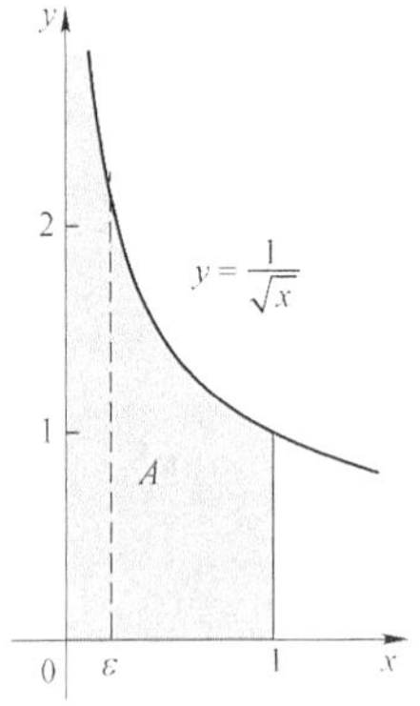

图 6－12

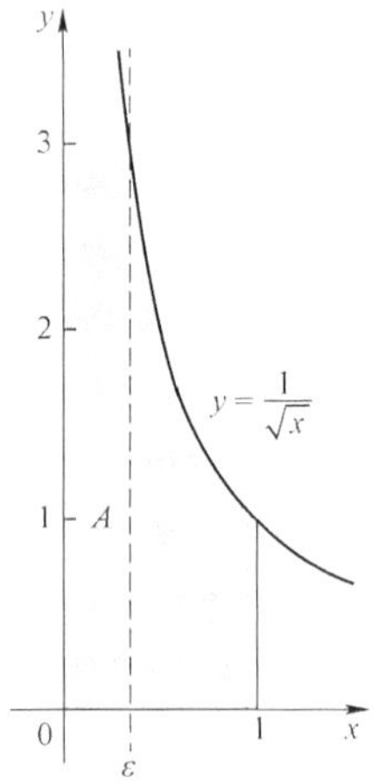

图 6－13

$A = \lim\limits_{\varepsilon \to 0^+}\int_\varepsilon^1 \frac{1}{x}\mathrm{d}x = \lim\limits_{\varepsilon \to 0^+}(\ln x)\Big|_\varepsilon^1 = \lim\limits_{\varepsilon \to 0^+}(\ln 1 - \ln \varepsilon) = +\infty$，通过计算可以认为，这种情况面积要多大有多大，不是一个定值而是无穷大量.

由于函数在 $x = 0$ 处无界，我们把无界点称作瑕点，有必要对这类问题进行研究. 下面给出无界函数的广义积分.

（1）区间左端点 $x=a$ 无界

定义 6-3 设函数 $f(x)$ 在 $(a,b]$ 上连续，而在点 $x=a$ 处无界，取 $\varepsilon>0$，若 $\lim\limits_{\varepsilon\to0^+}\int_{a+\varepsilon}^{b}f(x)\mathrm{d}x$ 存在，将 $\lim\limits_{\varepsilon\to0^+}\int_{a+\varepsilon}^{b}f(x)\mathrm{d}x$ 定义为无界函数在 $(a,b]$ 的广义积分，记作 $\int_a^b f(x)\mathrm{d}x$，且 $\int_a^b f(x)\mathrm{d}x=\lim\limits_{\varepsilon\to0^+}\int_{a+\varepsilon}^{b}f(x)\mathrm{d}x$，如果极限 $\lim\limits_{\varepsilon\to0^+}\int_{a+\varepsilon}^{b}f(x)\mathrm{d}x$ 存在，则称无界函数的广义积分 $\int_a^b f(x)\mathrm{d}x$ 收敛，如果极限 $\lim\limits_{\varepsilon\to0^+}\int_{a+\varepsilon}^{b}f(x)\mathrm{d}x$ 不存在，则称无界函数的广义积分 $\int_a^b f(x)\mathrm{d}x$ 发散. $\int_a^b f(x)\mathrm{d}x$ 收敛时是一个定值，而发散时是变化的不是定值.

无界函数的广义积分 $\int_a^b f(x)\mathrm{d}x$ 也称作瑕积分，其中点 $x=a$ 是瑕点.

（2）区间右端点 $x=b$ 无界

定义 6-4 设函数 $f(x)$ 在 $[a,b)$ 上连续，而在点 $x=b$ 处无界，取 $\varepsilon>0$，若 $\lim\limits_{\varepsilon\to0^+}\int_{a}^{b-\varepsilon}f(x)\mathrm{d}x$ 存在，将 $\lim\limits_{\varepsilon\to0^+}\int_{a}^{b-\varepsilon}f(x)\mathrm{d}x$ 定义为无界函数在 $(a,b]$ 的广义积分，记作 $\int_a^b f(x)\mathrm{d}x$，且 $\int_a^b f(x)\mathrm{d}x=\lim\limits_{\varepsilon\to0^+}\int_{a}^{b-\varepsilon}f(x)\mathrm{d}x$，如果极限 $\lim\limits_{\varepsilon\to0^+}\int_{a}^{b-\varepsilon}f(x)\mathrm{d}x$ 存在，则称无界函数的广义积分 $\int_a^b f(x)\mathrm{d}x$ 收敛，如果极限 $\lim\limits_{\varepsilon\to0^+}\int_{a}^{b-\varepsilon}f(x)\mathrm{d}x$ 不存在，则称无界函数的广义积分 $\int_a^b f(x)\mathrm{d}x$ 发散. $\int_a^b f(x)\mathrm{d}x$ 收敛时是一个定值，而发散时是变化的不是定值. 其中点 $x=b$ 是瑕点.

（3）瑕点在区间内部

如果 c 为 $[a,b]$ 内的瑕点，$\int_a^b f(x)\mathrm{d}x$ 是无界函数的广义积分，要判定无界函数的广义积分 $\int_a^c f(x)\mathrm{d}x$ 和 $\int_c^b f(x)\mathrm{d}x$，如果 $\int_a^c f(x)\mathrm{d}x$，$\int_c^b f(x)\mathrm{d}x$ 均收敛，则 $\int_a^b f(x)\mathrm{d}x$ 收敛，

且 $\int_a^b f(x)\mathrm{d}x=\int_a^c f(x)\mathrm{d}x+\int_c^b f(x)\mathrm{d}x=\lim\limits_{\varepsilon\to0^+}\int_a^{c-\varepsilon}f(x)\mathrm{d}x+\lim\limits_{\varepsilon\to0^+}\int_{c+\varepsilon}^{b}f(x)\mathrm{d}x$，如果 $\int_a^c f(x)\mathrm{d}x$，$\int_c^b f(x)\mathrm{d}x$ 其中有一个发散，则 $\int_a^b f(x)\mathrm{d}x$ 发散.

（4）区间两个端点都是瑕点

如果 a,b 为 (a,b) 上的瑕点，$\int_a^b f(x)\mathrm{d}x$ 是无界函数的广义积分，要判定无界函数的广义积分 $\int_a^c f(x)\mathrm{d}x$ 和 $\int_c^b f(x)\mathrm{d}x$，如果 $\int_a^c f(x)\mathrm{d}x$，$\int_c^b f(x)\mathrm{d}x$ 均收敛，则 $\int_a^b f(x)\mathrm{d}x$ 收敛，

且 $\int_a^b f(x)\mathrm{d}x=\int_a^c f(x)\mathrm{d}x+\int_c^b f(x)\mathrm{d}x=\lim\limits_{\varepsilon\to0^+}\int_{a+\varepsilon}^{c}f(x)\mathrm{d}x+\lim\limits_{\varepsilon\to0^+}\int_{c}^{b-\varepsilon}f(x)\mathrm{d}x$，如果 $\int_a^c f(x)\mathrm{d}x$，

$\int_c^b f(x)\mathrm{d}x$ 其中有一个发散，则 $\int_a^b f(x)\mathrm{d}x$ 发散.

例 6－68 判断广义积分 $\int_0^1 \frac{1}{\sqrt[3]{x^2}}\mathrm{d}x$ 的敛散性，若收敛求其值.

解：$x=0$ 点是瑕点，$\int_0^1 \frac{1}{\sqrt[3]{x^2}}\mathrm{d}x = \lim\limits_{\varepsilon\to 0^+}\int_\varepsilon^1 x^{-\frac{2}{3}}\mathrm{d}x = \lim\limits_{\varepsilon\to 0^+} 3x^{\frac{1}{3}}\Big|_\varepsilon^1 = 3-\lim\limits_{\varepsilon\to 0^+}3\varepsilon^{\frac{1}{3}} = 3$.

所以广义积分 $\int_0^1 \frac{1}{\sqrt[3]{x^2}}\mathrm{d}x$ 收敛，其值为 3.

例 6－69 判断广义积分 $\int_0^1 \frac{1}{x^2}\mathrm{d}x$ 的敛散性，若收敛求其值.

解：$x=0$ 点是瑕点，$\int_0^1 \frac{1}{x^2}\mathrm{d}x = \lim\limits_{\varepsilon\to 0^+}\int_\varepsilon^1 \frac{1}{x^2}\mathrm{d}x = \lim\limits_{\varepsilon\to 0^+}\left(-\frac{1}{x}\Big|_\varepsilon^1\right) = -1+\lim\limits_{\varepsilon\to 0^+}\frac{1}{\varepsilon} = +\infty$.

所以广义积分 $\int_0^1 \frac{1}{x^2}\mathrm{d}x$ 发散.

例 6－70 判断广义积分 $\int_0^1 \frac{1}{x^q}\mathrm{d}x$ 的敛散性，若收敛求其值.

解： $x=0$ 点是瑕点，当 $q=1$ 时，$\int_0^1 \frac{1}{x}\mathrm{d}x = \lim\limits_{\varepsilon\to 0^+}\int_\varepsilon^1 \frac{\mathrm{d}x}{x} = \lim\limits_{\varepsilon\to 0^+}\ln x\Big|_\varepsilon^1 = +\infty$，$\int_0^1 \frac{1}{x}\mathrm{d}x$ 发散，

当 $q\neq 1$ 时，$\int_0^1 \frac{1}{x^q}\mathrm{d}x = \lim\limits_{\varepsilon\to 0^+}\frac{1}{1-q}x^{1-q}\Big|_\varepsilon^1 = \frac{1}{1-q}-\lim\limits_{\varepsilon\to 0^+}\frac{1}{1-q}\varepsilon^{1-q} = \begin{cases}\frac{1}{1-q}, & q<1,\\ +\infty, & q>1,\end{cases}$

所以 $\int_0^1 \frac{1}{x^q}\mathrm{d}x = \begin{cases}\frac{1}{1-q}, & q<1,\\ +\infty, & q\geqslant 1.\end{cases}$

例 6－71 判断广义积分 $\int_0^a \frac{1}{\sqrt{a^2-x^2}}\mathrm{d}x$ 的敛散性，若收敛求其值.

解：$x=a$ 点是瑕点，$\int_0^a \frac{1}{\sqrt{a^2-x^2}}\mathrm{d}x = \lim\limits_{\varepsilon\to 0^+}\int_0^{a-\varepsilon}\frac{1}{\sqrt{a^2-x^2}}\mathrm{d}x = \lim\limits_{\varepsilon\to 0^+}\arcsin\frac{x}{a}\Big|_0^{a-\varepsilon} = \frac{\pi}{2}$，

$\int_0^a \frac{1}{\sqrt{a^2-x^2}}\mathrm{d}x$ 收敛，其值为 $\frac{\pi}{2}$.

例 6－72 判断广义积分 $\int_0^1 \ln x\mathrm{d}x$ 的敛散性，若收敛求其值.

解：$x=0$ 点是瑕点，$\int_0^1 \ln x\mathrm{d}x = \lim\limits_{\varepsilon\to 0^+}\int_\varepsilon^1 \ln x\mathrm{d}x = \lim\limits_{\varepsilon\to 0^+}\left(x\ln x\Big|_\varepsilon^1 - \int_\varepsilon^1\mathrm{d}x\right) = \lim\limits_{\varepsilon\to 0^+}\left(\frac{\ln x}{\frac{1}{x}}-1\right) = -1$，

$\int_0^1 \ln x\mathrm{d}x$ 收敛，$\int_0^1 \ln x\mathrm{d}x = -1$.

为了方便起见，引进记号 $F(x)\Big|_a^b = F(b)-\lim\limits_{x\to a^+}F(x)$（$x=a$ 点是瑕点），则

$$\int_a^b f(x)\mathrm{d}x = F(b) - \lim_{x\to a^+} F(x) = F(x)\Big|_a^b .$$

引进记号 $F(x)\Big|_a^b = \lim_{x\to b^-} F(x) - F(a)$（$x=b$ 点是瑕点），则

$$\int_a^b f(x)\mathrm{d}x = \lim_{x\to b^-} F(x) - F(a) = F(x)\Big|_a^b .$$

例 6－73　判断广义积分 $\int_{-2}^{2}\frac{2x}{x^2-4}\mathrm{d}x$ 的敛散性，若收敛求其值.

解： $x=-2, x=2$ 是瑕点，要判断瑕积分 $\int_{-2}^{0}\frac{2x}{x^2-4}\mathrm{d}x$ 和 $\int_{0}^{2}\frac{2x}{x^2-4}\mathrm{d}x$ 的敛散性.

因为 $\int_{0}^{2}\frac{2x}{x^2-4}\mathrm{d}x = \int_{0}^{2}\frac{\mathrm{d}(x^2-2)}{x^2-4} = \ln|x^2-4|\Big|_0^2 = \lim_{x\to 2}\ln|x^2-4| - \ln 4 = -\infty$，

$\int_{0}^{2}\frac{2x}{x^2-4}\mathrm{d}x$ 发散，所以 $\int_{-2}^{2}\frac{2x}{x^2-4}\mathrm{d}x$ 发散.

例 6－74　判断广义积分 $\int_{-1}^{1}\frac{1}{x}\mathrm{d}x$ 的敛散性，若收敛求其值.

解： $x=0$ 点是瑕点，在区间内部，要判断 $\int_{-1}^{0}\frac{1}{x}\mathrm{d}x$ 和 $\int_{0}^{1}\frac{1}{x}\mathrm{d}x$ 的敛散性，

$\int_{0}^{1}\frac{1}{x}\mathrm{d}x = \ln x\Big|_0^1 = +\infty$，$\int_{0}^{1}\frac{1}{x}\mathrm{d}x$ 发散，所以 $\int_{-1}^{1}\frac{1}{x}\mathrm{d}x$ 发散.

习 题 6.5

判断广义积分的敛散性，若收敛求其值：

1. $\int_{2}^{+\infty}\mathrm{e}^{-3t}\,\mathrm{d}t$；

2. $\int_{-\infty}^{+\infty}\mathrm{e}^{-t}\,\mathrm{d}t$；

3. $\int_{0}^{+\infty}te^{-t}\,\mathrm{d}t$；

4. $\int_{-\infty}^{+\infty}\frac{1}{4+x^2}\mathrm{d}x$；

5. $\int_{0}^{+\infty}\ln x\mathrm{d}x$；

6. $\int_{1}^{\mathrm{e}}\frac{1}{x\ln x}\mathrm{d}x$；

7. $\int_{0}^{2}\frac{1}{\sqrt{2-x}}\mathrm{d}x$；

8. $\int_0^1 \frac{1}{(x-1)^2}\mathrm{d}x$；

9. $\int_{-1}^1 \frac{1}{\sqrt{1-x^2}}\mathrm{d}x$；

10. $\int_{-1}^1 \frac{1}{x^2}\mathrm{e}^{-\frac{1}{x}}\mathrm{d}x$.

6.6 定积分的应用

1. 定积分的元素法

根据定积分的求法，可得到用定积分表示平面图形面积的方法：

（1）选取积分变量，$x\in[a,b]$；

（2）把$[a,b]$分成n个小区间，其中任一小区间$[x,x+\Delta x]$的面积可近似地表示成$f(x)\mathrm{d}x$（称为面积元素）；

（3）$A=\int_a^b f(x)\mathrm{d}x$这种方法称为元素法.

2. 平面图形的面积

例 6－75 求由曲线$y=\mathrm{e}^x$，直线$x=0,x=1,x$轴所围图形的面积.

解：作图 6－14，明确所求面积为阴影部分，正好是曲边梯形面积，可用定积分表示为

$\int_0^1 \mathrm{e}^x\,\mathrm{d}x=\mathrm{e}^x\big|_0^1=\mathrm{e}-1$，所求面积为$\mathrm{e}-1$.

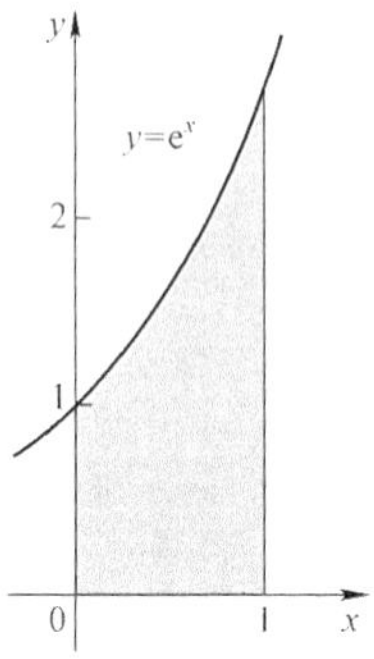

图 6－14

例 6－76 求由$y_1=\frac{1}{2}x^2,y_2=\sqrt{8-x^2}$两曲线所围图形的面积.

解：作图，明确所求面积，求出两曲线的交点$(-2,2),(2,2)$，确定积分变量x由-2变到 2，如图 6－15 所示.

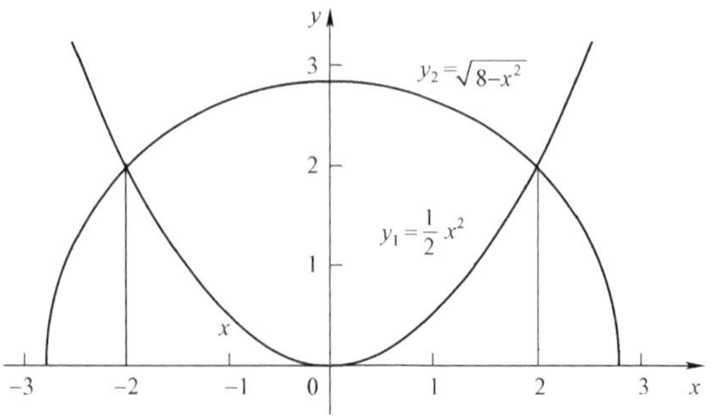

图 6－15

方法一：根据定积分几何意义，有$\int_{-2}^2 \sqrt{8-x^2}\,\mathrm{d}x=\left[\frac{x}{2}\sqrt{8-x^2}+\frac{8}{2}\arcsin\frac{x}{\sqrt{8}}\right]\Bigg|_{-2}^2=4+2\pi$，

表示如图 6－16 的阴影面积所示.

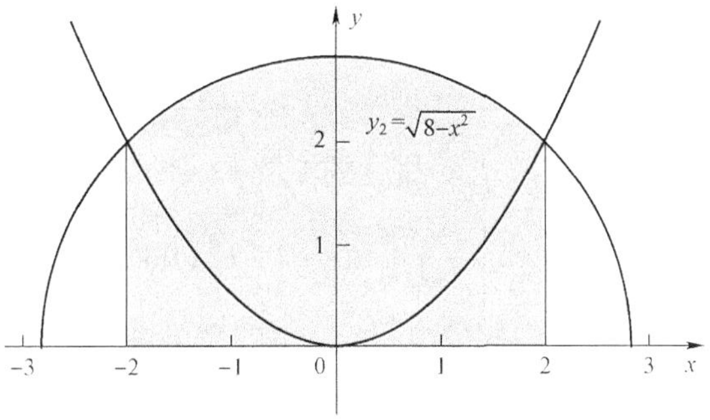

图 6－16

积分 $\int_{-2}^{2}\frac{1}{2}x^2\mathrm{d}x=\frac{x^3}{6}\Big|_{-2}^{2}=\frac{8}{3}$，表示如图 6－17 所示阴影面积.

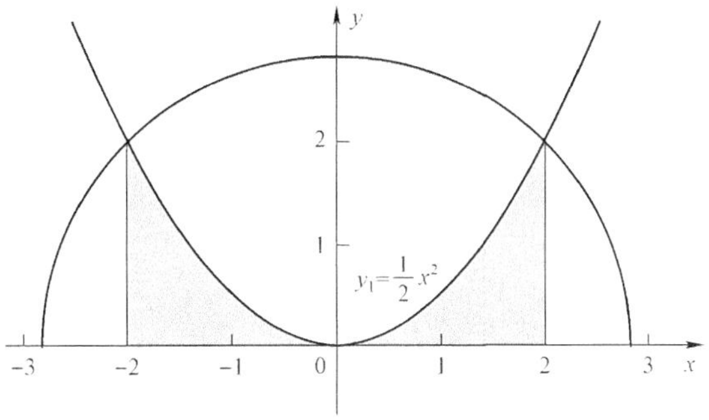

图 6－17

所求面积为 $\int_{-2}^{2}\sqrt{8-x^2}\mathrm{d}x-\int_{-2}^{2}\frac{1}{2}x^2\mathrm{d}x=4+2\pi-\frac{8}{3}=\frac{4}{3}+2\pi$.

方法二：$\forall x\in[-2,2]$，写出面积元素 $\mathrm{d}s=\left(\sqrt{8-x^2}-\frac{1}{2}x^2\right)\mathrm{d}x$，如图 6－18 所示.

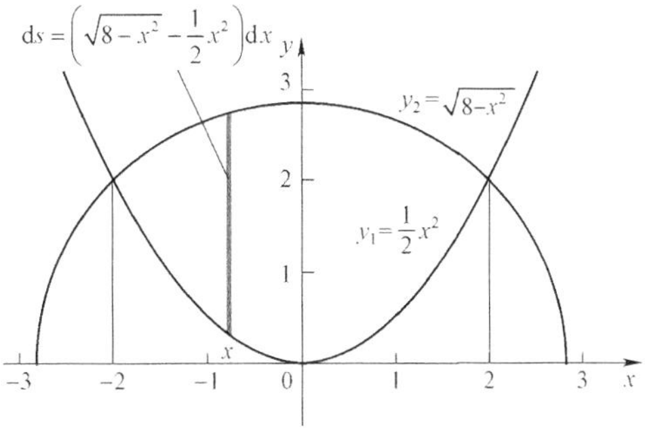

图 6－18

做积分，所求面积为 $\int_{-2}^{2}\left(\sqrt{8-x^2}-\frac{1}{2}x^2\right)\mathrm{d}x=\left[\frac{x}{2}\sqrt{8-x^2}+\frac{8}{2}\arcsin\frac{x}{\sqrt{8}}-\frac{x^3}{6}\right]\Big|_{-2}^{2}=\frac{4}{3}+2\pi$.

可以根据对称性，所求面积为

$$2\int_0^2\left(\sqrt{8-x^2}-\frac{1}{2}x^2\right)\mathrm{d}x=2\left[\frac{x}{2}\sqrt{8-x^2}+\frac{8}{2}\arcsin\frac{x}{\sqrt{8}}-\frac{x^3}{6}\right]\Bigg|_0^2=\frac{4}{3}+2\pi\text{ .}$$

例 6－77 计算抛物线 $y^2=2x$ 与直线 $y=x-4$ 所围成的图形的面积.

解：作图，明确所求面积，求出两曲线的交点 $(2,-2),(8,4)$，如果选择积分变量是 x，要分成两块来计算，如图 6－19 所示，$\int_0^2[\sqrt{2x}-(-\sqrt{2x})]\mathrm{d}x+\int_2^8[\sqrt{2x}-(x-4)]\mathrm{d}x$，也可以理解为 x 是 y 的函数，选择 y 作为积分变量，y 由 -2 变到 4，所围图形面积可以表示为 $\int_{-2}^4\left(y+4-\frac{y^2}{2}\right)\mathrm{d}y=\frac{y^2}{2}\Big|_{-2}^4+4[4-(-2)]-\frac{y^3}{6}\Big|_{-2}^4=18$，如图 6－20 所示.

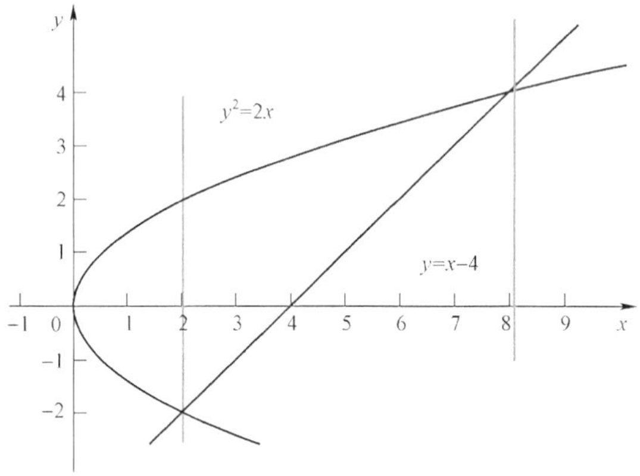

图 6－19

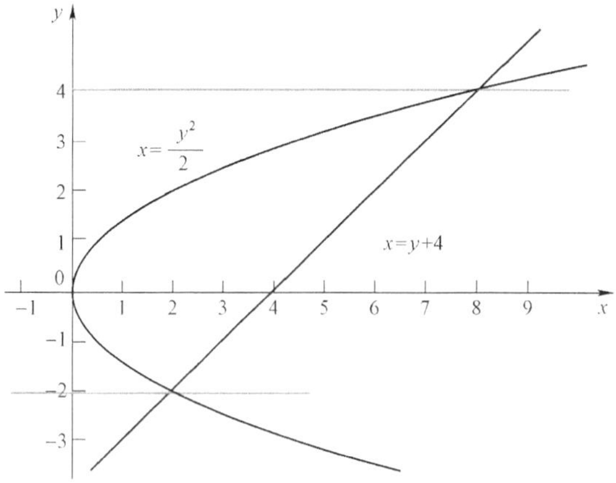

图 6－20

3. 旋转体的体积

问题：设曲线 $y=f(x)\geqslant 0$，直线 $x=a, x=b, x$ 轴所围曲边梯形的面积如图 6－21 所示，求其绕 x 轴旋转一周，所得旋转体体积.

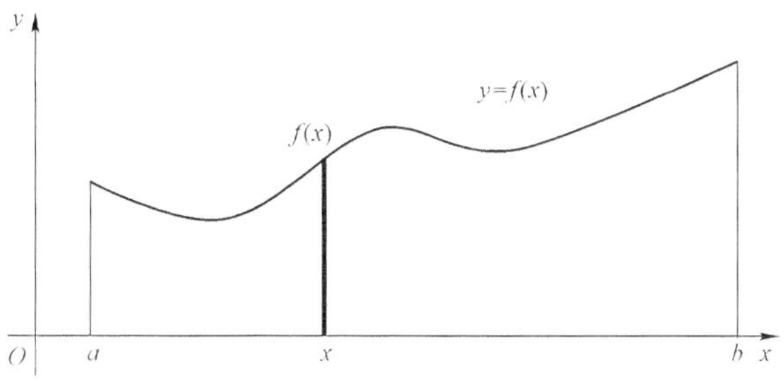

图 6－21

可以理解为$\forall x\in[a,b]$，线段$f(x)$绕x轴旋转一周，得到圆的面积$\pi f^2(x)$，与$\mathrm{d}x$相乘得到体积元素$\mathrm{d}v=\pi f^2(x)\mathrm{d}x$，再作积分得到所求旋转体体积为$\int_a^b \pi f^2(x)\mathrm{d}x$.

例 6－78　求曲线$y=\dfrac{1}{x^2}$，直线$x=1,x=3,x$轴所围图形，绕x轴旋转一周，所得旋转体体积.

解：如图 6－22 所示，所求体积为$\int_1^3 \pi\left(\dfrac{1}{x^2}\right)^2 \mathrm{d}x=\pi\int_1^3 x^{-4}\,\mathrm{d}x=\pi\cdot\dfrac{1}{(-3)}x^{-3}\Big|_1^3=\dfrac{26\pi}{81}$.

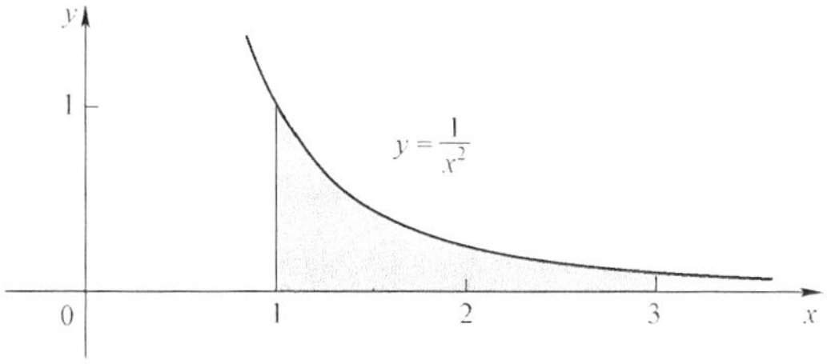

图 6－22

例 6－79　求曲线$y=x^3$，直线$y=0,y=8,y$轴所围图形绕y轴旋转一周，所得旋转体的体积.

解：可以理解为$\forall y\in[0,8]$，线段$\sqrt[3]{y}$绕y轴旋转一周，得到圆的面积$\pi(\sqrt[3]{y})^2$，与$\mathrm{d}y$相乘得到体积元素$\mathrm{d}v=\pi(\sqrt[3]{y})^2\mathrm{d}y$，再作积分得到所求体积为$\int_0^8\pi(\sqrt[3]{y})^2\mathrm{d}y$，如图 6－23 所示，所求体积为$\int_0^8\pi(\sqrt[3]{y})^2\mathrm{d}y=\pi\int_0^8 y^{\frac{2}{3}}\mathrm{d}x=\pi\cdot\dfrac{3}{5}y^{\frac{5}{3}}\Big|_0^8=\dfrac{96\pi}{5}$.

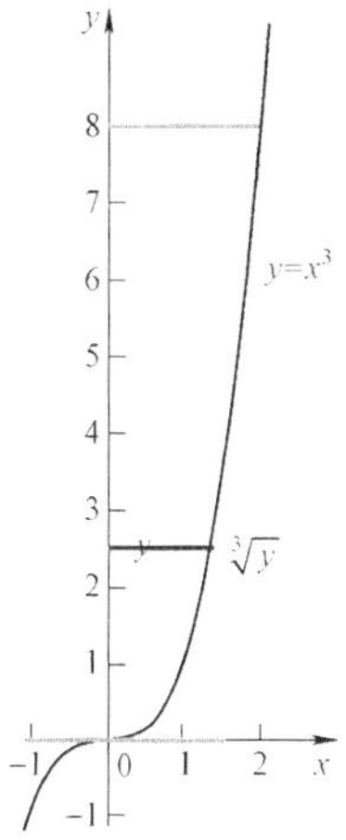

图 6－23

例 6－80　求曲线$y=x^3$，直线$x=0,x=2,x$轴所围图形，分别绕x轴和y轴旋转一周，所得旋转体体积.

解：绕x轴旋转一周，所得旋转体体积为$V_x=\int_0^2\pi(x^3)^2\mathrm{d}x=\pi\cdot\dfrac{1}{7}x^7\Big|_0^2=\dfrac{128\pi}{7}$. 如图 6－24 所示.

绕y轴旋转一周，所得旋转体体积可以理解为矩形$y=0,y=8,x=0,x=2$绕y轴旋转一

周的体积减去曲线 $y=x^3$, 直线 $y=0$, 直线$y=8, y$ 轴所围图形，绕 y 轴旋转一周的体积，即

$$V_y=\pi\cdot(2)^2\cdot 8-\int_0^8\pi(\sqrt[3]{y})^2\mathrm{d}y=32\pi-\frac{96\pi}{5}=\frac{64\pi}{5}$$，如图 6－25 所示.

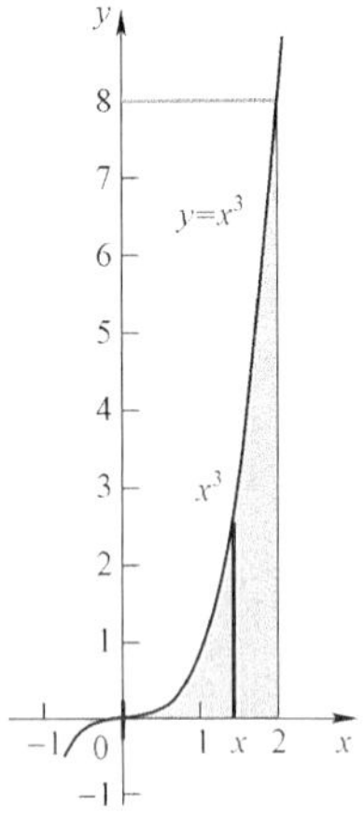

图 6－24

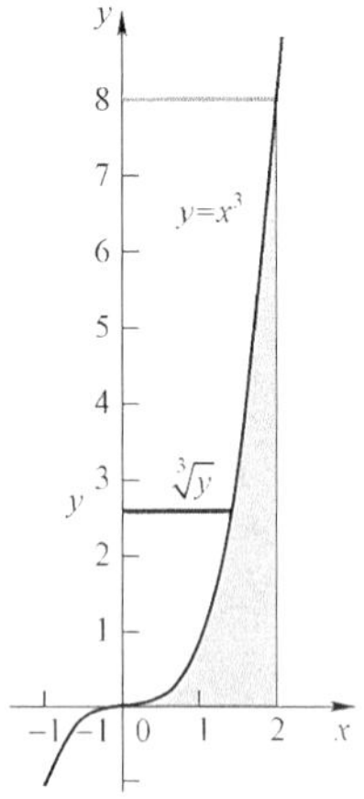

图 6－25

习 题 6.6

1. 求由曲线 $y=\ln x$, 直线$x=1, x=\mathrm{e}$ 和 x 轴所围图形的面积.
2. 计算直线 $y=2x$ 与抛物线 $y=x^2$ 所围成的图形面积.
3. 计算直线 $y=7-x$ 与曲线 $y=\dfrac{6}{x}$ 所围成的图形面积.
4. 计算抛物线 $y^2=x$ 与直线 $y=x-6$ 所围成的图形的面积.
5. 计算由曲线 $y=\mathrm{e}^x$, 直线$x=0, x=1$ 和 x 轴所围图形绕 x 轴旋转一周，所得旋转体体积.
6. 求由 $y_1=\dfrac{1}{2}x^2, y_2=\sqrt{8-x^2}$ 两曲线所围图形绕 x 轴旋转一周，所得旋转体体积.
7. 求曲线 $y^2=x$, 直线$y=0, y=1$ 和 y 轴所围图形，绕 y 轴旋转一周，所得旋转体体积.
8. 求曲线 $y=x^3$, 直线 $y=0, y=8$ 和 y 轴所围图形，绕 x 轴旋转一周，所得旋转体体积.

习 题 六

1. 判断题（对的请打“√”，错的请打“×”）

（1）设 $f(x)$ 在区间 $[a,b]$ 上可积，则函数 $F(x)=\int_a^x f(t)\mathrm{d}t$ 在区间 $[a,b]$ 上一定连续.（　　）

（2）已知 $f(x)$ 连续，$\frac{d}{dx}\int_{a}^{x} f(t)dt = f(x)$.　（　）

（3）若 $f(x)$ 在 $[a,b]$ 上连续，则 $\frac{d}{dx}\int_{a}^{b} f(x)dx = f(x)$.　（　）

（4）$\int_{-1}^{1} \frac{1}{x^2}dx$ 不能用牛顿－莱布尼茨公式计算.　（　）

（5）$\int_{-1}^{2} \frac{1}{x^2}dx = -\frac{3}{2}$.　（　）

（6）若 $f(x)$ 在 $[a,b]$ 上连续，则 $\frac{d}{dx}\int_{a}^{b} f(x)dx = 0$.　（　）

（7）设 $f(x)=\begin{cases} x\ , & 0 \leqslant x \leqslant 1, \\ 1\ , & 1 < x \leqslant 2, \end{cases}$ 则 $\int_{0}^{2} f(x)dx = 2$.　（　）

（8）已知 $f(x)$ 连续，$\frac{d}{dx}\int_{a}^{x^2} f(x)dx = f(x)$.　（　）

（9）$\int_{-1}^{1} x^4 \sin x dx = 0$.　（　）

2. 填空题

（1）$\int_{-1}^{1} \frac{x}{1+x^2}dx =$ ________________.

（2）已知 $f(x)$ 可导，$\frac{d}{dx}\int_{f(x)}^{b} f(x)dx =$ ______________________________.

（3）设 $f(x)$ 在 $[a,b]$ 上可积，则 $\int_{a}^{b} f(x)dx - \int_{a}^{b} f(t)dt =$ ________________________.

（4）$\int_{-\infty}^{2} e^x dx =$ ____________.

（5）$\int_{-1}^{1} \frac{1}{\sqrt[3]{x^2}}dx =$ _____________.

3. 计算题

（1）求定积分 $\int_{-1}^{1} \frac{x^2}{1+x^2}dx$.

（2）求定积分 $\int_{0}^{\frac{\pi}{2}} x\sin 2x dx$.

（3）求定积分 $\int_{0}^{1} xe^{-x} dx$.

（4）求定积分 $\int_{0}^{3} \frac{x}{\sqrt{1+x}}dx$.

（5）求定积分 $\int_{1}^{9} \frac{1}{x+\sqrt{x}}dx$.

（6）求 $\lim\limits_{x\to0}\dfrac{\int_0^x \sin^2 x\mathrm{d}x}{\tan^3 x}$.

（7）求 $\lim\limits_{x\to0}\dfrac{\int_0^x \arcsin x\mathrm{d}x}{1-\cos x}$.

（8）判断广义积分 $\int_2^{+\infty}\dfrac{1}{x^2-1}\mathrm{d}x$ 的敛散性，若收敛求其值.

（9）判断广义积分 $\int_0^1\dfrac{x}{\sqrt{1-x^2}}\mathrm{d}x$ 的敛散性，若收敛求其值.

（10）计算直线 $y=x, x=2$ 与曲线 $y=\dfrac{1}{x}$ 所围成的图形面积.

（11）求曲线 $y=\sqrt{x}$，直线 $y=0, x=1$ 和 $x=3$ 所围图形，绕 x 轴旋转一周，所得旋转体体积.

参 考 答 案

习题一答案

1.（1）A；（2）A，C；（3）D；（4）C；（5）D；（6）C；（7）D；（8）A；（9）B；（10）B，C；（11）D；（12）D.

2.（1）$[2,3)\cup(3,+\infty)$；（2）x^2+6；（3）2；（4）$3^{\tan^2 x}$；（5）0；（6）$\frac{1}{1-x}$；（7）$y=\mathrm{e}^u$，$u=v^2$，$v=\sin x$；（8）2；（9）4!；（10）$(2,3)\bigcup(3,+\infty)$；（11）-2；（12）$y=-2x$；（13）0；（14）$y=\log_2 u, u=\sin x+2$.

3.（1）$y=(2x-1)^3$ 是由 $y=u^3$，$u=2x-1$ 复合而成的.

（2）$y=2^{\sin^2 x}$ 是由 $y=2^u$，$y=v^2$，$v=\sin x$ 复合而成的.

（3）$y=\lg\cos(x^2-1)$ 是由 $y=\lg u$，$u=\cos v$，$v=x^2-1$ 复合而成的.

（4）$y=\sqrt{\ln(\ln\sqrt{x})}$ 是由 $y=\sqrt{u}$，$u=\ln v$，$v=\ln w$，$w=\sqrt{x}$ 复合而成的.

4.（1）$\left[-\frac{1}{2},\frac{3}{4}\right]$.

（2）$[0,3]$.

（3）$(5,6)\cup(6,+\infty)$.

（4）$(-2,-1)\cup(-1,3]$.

（5）$[-1,3]$.

5. $f[g(x)]=\mathrm{e}^{2x}$，$g[f(x)]=\mathrm{e}^{x^2}$，$f[f(x)]=x^4$，$g[g(x)]=\mathrm{e}^{\mathrm{e}^x}$.

6. $\varphi\left(\frac{1}{3}\right)=\frac{1}{3}$，$\varphi\left(-\frac{1}{2}\right)=\frac{1}{2}$，$\varphi(-2)=0$.

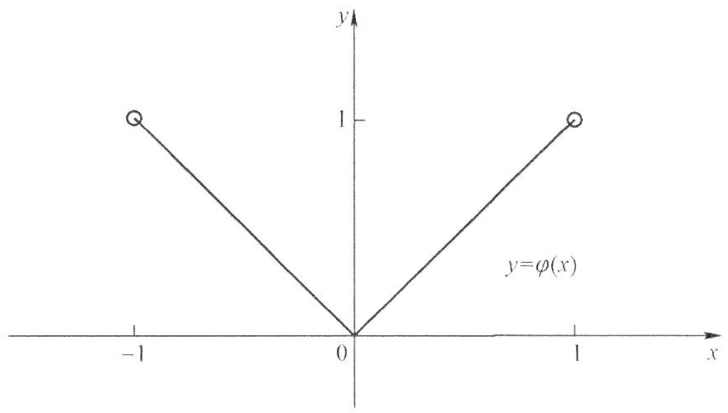

7. $f[f(x)-2]=9x+14$.

8. $f(-2)=3$，$f(a)=\dfrac{a-1}{a+1}$，$f\left(\dfrac{1}{a}\right)=\dfrac{1-a}{1+a}$，$f(a+h)=\dfrac{a+h-1}{a+h+1}$.

9. $f(-1)=1$，$f[f(-1)]=0$.

习题 2.1 答案解析

1.（1）$\left\{(-1)^n\dfrac{1}{2n}\right\}$，即数列$-\dfrac{1}{2},\dfrac{1}{4},-\dfrac{1}{6},\dfrac{1}{8},-\dfrac{1}{10},\dfrac{1}{12},\cdots,(-1)^n\dfrac{1}{2n},\cdots$，$\lim\limits_{n\to\infty}(-1)^n\dfrac{1}{2n}=0$.

（2）$\left\{(-1)^n\dfrac{n}{n+1}\right\}$，即数列$-\dfrac{1}{2},\dfrac{2}{3},-\dfrac{3}{4},\dfrac{4}{5},-\dfrac{5}{6},\dfrac{6}{7},\cdots,(-1)^n\dfrac{n}{n+1},\cdots$，$\left\{(-1)^n\dfrac{n}{n+1}\right\}$发散.

（3）$\left\{\dfrac{1+(-1)^n}{n}\right\}$，即数列$0,1,0,\dfrac{1}{2},0,\dfrac{1}{3},0,\dfrac{1}{4},\cdots,\dfrac{1+(-1)^n}{n},\cdots$，$\lim\limits_{n\to\infty}\dfrac{1+(-1)^n}{n}=0$.

（4）$\left\{\dfrac{1}{n+(-1)^{n-1}}\right\}$，即数列$\dfrac{1}{2},1,\dfrac{1}{4},\dfrac{1}{3},\dfrac{1}{6},\dfrac{1}{5},\cdots,\dfrac{1}{n+(-1)^n},\cdots$，$\lim\limits_{n\to\infty}\dfrac{1}{n+(-1)^n}=0$.

（5）$\{x_n\}$，即数列$1,\dfrac{1}{2},\dfrac{1}{3},\dfrac{3}{4},\dfrac{1}{5},\dfrac{5}{6},\dfrac{1}{7},\dfrac{7}{8},\cdots$，$\{x_n\}$发散.

（6）$\{x_n\}$，即数列$1,2,\dfrac{1}{3},4,\dfrac{1}{5},6,\dfrac{1}{7},8,\cdots$，$\{x_n\}$发散.

2.（1）$\forall\varepsilon>0$，要使$\left|\dfrac{n+1}{n}-1\right|=\dfrac{1}{n}<\varepsilon$，只需$n>\dfrac{1}{\varepsilon}$，

取$N=\left[\dfrac{1}{\varepsilon}\right]$，当$n>N$时，有$\left|\dfrac{n+1}{n}-1\right|<\varepsilon$，

所以$\lim\limits_{n\to\infty}\dfrac{1+n}{n}=1$.

（2）$\forall\varepsilon>0$，要使$\left|\dfrac{1}{\sqrt{n}}-0\right|=\dfrac{1}{\sqrt{n}}<\varepsilon$，只需$n>\dfrac{1}{\varepsilon^2}$，

取$N=\left[\dfrac{1}{\varepsilon^2}\right]$，当$n>N$时，有$\left|\dfrac{1}{\sqrt{n}}-0\right|<\varepsilon$，

所以$\lim\limits_{n\to\infty}\dfrac{1}{\sqrt{n}}=0$.

习题 2.2 答案解析

1.（1）$\forall\varepsilon>0$，要使$|2x-1-5|=2|x-3|<\varepsilon$，只需$|x-3|<\dfrac{\varepsilon}{2}$，取$\delta=\dfrac{\varepsilon}{2}$，当$0<|x-3|<\delta$时，有$|2x-1-5|<\varepsilon$，

所以$\lim\limits_{x\to3}(2x-1)=5$.

（2）$\forall\varepsilon>0$，要使$\left|\dfrac{x^2-4}{x+2}-(-4)\right|=|x+2|<\varepsilon$，只需$|x+2|<\varepsilon$，取$\delta=\varepsilon$，

当$0<|x+2|<\delta$时，有$\left|\frac{x^2-4}{x+2}-(-4)\right|<\varepsilon$，

所以$\lim\limits_{x\to-2}\frac{x^2-4}{x+2}=-4$.

（3）$\forall\varepsilon>0$，要使$\left|\frac{\sin x}{\sqrt{x}}\right|\leqslant\frac{1}{\sqrt{x}}<\varepsilon$，只需$x>\frac{1}{\varepsilon^2}$，取$X=\frac{1}{\varepsilon^2}$，当$x>X$时，有$\left|\frac{\sin x}{\sqrt{x}}\right|<\varepsilon$，因此$\lim\limits_{x\to+\infty}\frac{\sin x}{\sqrt{x}}=0$.

2. $\lim\limits_{x\to0^+}f(x)=\lim\limits_{x\to0^+}x=0$，

$\lim\limits_{x\to0^-}f(x)=\lim\limits_{x\to0^-}(-x)=0$.

3. 因为极限$\lim\limits_{x\to0}f(x)$存在，所以$\lim\limits_{x\to0^+}f(x)=\lim\limits_{x\to0^-}f(x)$，

$\lim\limits_{x\to0^+}f(x)=\lim\limits_{x\to0^+}(2x+a)=a$，

$\lim\limits_{x\to0^-}f(x)=\lim\limits_{x\to0^-}\mathrm{e}^x=1$，

所以$a=1$.

4. $\lim\limits_{x\to1^-}f(x)=\lim\limits_{x\to1^-}(x^2+2x-1)=2$　$\lim\limits_{x\to1^+}f(x)=\lim\limits_{x\to1^+}x=1$；

$\lim\limits_{x\to2^-}f(x)=\lim\limits_{x\to2^-}x=2$，$\lim\limits_{x\to2^+}f(x)=\lim\limits_{x\to2^+}(2x-2)=2$；

因为$\lim\limits_{x\to1^-}f(x)\neq\lim\limits_{x\to1^+}f(x)$，所以$\lim\limits_{x\to1}f(x)$不存在；

因为$\lim\limits_{x\to2^-}f(x)=\lim\limits_{x\to2^+}f(x)=2$，所以$\lim\limits_{x\to2}f(x)=2$.

5. 因为$\lim\limits_{x\to+\infty}y=\lim\limits_{x\to+\infty}(3+e^{-x})=3$，

所以有水平渐近线$y=3$.

6. $\lim\limits_{x\to-\frac{1}{3}}y=\lim\limits_{x\to-\frac{1}{3}}\frac{5}{3x+1}=\infty$，

所以有水平渐近线$x=-\frac{1}{3}$.

习题 2.3 答案解析

1. 当$x\to0^+$时，$\sqrt[3]{x^2}$，$\mathrm{e}^{-\frac{1}{x}}$，$\cos\left(\frac{\pi}{2}-x\right)$，$\ln(1-x)$是无穷小量.

当$x\to0^+$时，$x^{-\frac{3}{2}}$，$\frac{1}{\sin x}$，$\ln x$，$\mathrm{e}^{\frac{1}{x^2}}$，$\frac{1}{\tan x}$是无穷大量.

2. 当$x\to+\infty$时，$x^{-\frac{3}{2}}$，$\frac{1}{x}\sin x$，$1-\mathrm{e}^{-\frac{1}{x}}$，$\frac{\pi}{2}-\arctan x$，$\frac{1}{\ln(x-1)}$是无穷小量.

当 $x\to+\infty$ 时，$\sqrt[3]{x^2}$，$\ln x$，$e^{x-\frac{1}{x^2}}$，$\dfrac{1}{\tan\frac{1}{x}}$ 是无穷大量.

3.（1）$\lim\limits_{x\to\infty}\dfrac{\sin x}{x}=\lim\limits_{x\to\infty}\dfrac{1}{x}\cdot\sin x=0$.

（2）$\lim\limits_{x\to 0}\dfrac{\sqrt{x+9}-3}{x}=\lim\limits_{x\to 0}\dfrac{x}{x(\sqrt{x+9}+3)}=\dfrac{1}{6}$.

（3）$\lim\limits_{x\to 4}\dfrac{2-\sqrt{x}}{3-\sqrt{2x+1}}=\lim\limits_{x\to 4}\dfrac{(4-x)(3+\sqrt{2x+1})}{(9-2x-1)(2+\sqrt{x})}=\lim\limits_{x\to 4}\dfrac{3+\sqrt{2x+1}}{2(2+\sqrt{x})}=\dfrac{3}{4}$.

（4）$\lim\limits_{x\to 1}\left(\dfrac{1}{1-x}-\dfrac{2}{1-x^2}\right)=\lim\limits_{x\to 1}\dfrac{1+x-2}{1-x^2}=\lim\limits_{x\to 1}\dfrac{-1}{1+x}=-\dfrac{1}{2}$.

（5）$\lim\limits_{x\to\infty}(\sqrt{x^2+1}-\sqrt{x^2-1})=\lim\limits_{x\to\infty}\dfrac{x^2+1-x^2+1}{\sqrt{x^2+1}+\sqrt{x^2-1}}=0$.

（6）$\lim\limits_{n\to\infty}\dfrac{3n^2}{5n^2+2n-1}=\dfrac{3}{5}$.

（7）$\lim\limits_{h\to 0}\dfrac{\sqrt{x+h}-\sqrt{x}}{h}=\lim\limits_{h\to 0}\dfrac{h}{h(\sqrt{x+h}+\sqrt{x})}=\dfrac{1}{2\sqrt{x}}$.

（8）$\lim\limits_{x\to 3}\dfrac{x^2-9}{x^2-2x-3}=\lim\limits_{x\to 3}\dfrac{(x+3)(x-3)}{(x+1)(x-3)}=\lim\limits_{x\to 3}\dfrac{x+3}{x+1}=\dfrac{3}{2}$.

（9）$\lim\limits_{x\to 4}\dfrac{x^2-6x+8}{x^2-5x+4}=\lim\limits_{x\to 4}\dfrac{(x-2)(x-4)}{(x-1)(x-4)}=\lim\limits_{x\to 4}\dfrac{x-2}{x-1}=\dfrac{2}{3}$.

（10）$\lim\limits_{x\to 0}\dfrac{\sqrt{1-x}-1}{x}=\lim\limits_{x\to 0}\dfrac{(\sqrt{1-x}-1)(\sqrt{1-x}+1)}{x(\sqrt{1-x}+1)}=\lim\limits_{x\to 0}\dfrac{1-x-1}{x(\sqrt{1-x}+1)}=-\dfrac{1}{2}$.

（11）$\lim\limits_{x\to\infty}\dfrac{x^2+x}{x^4-3x^2+1}=0$.

（12）$\lim\limits_{n\to\infty}\dfrac{1+2+3+\cdots\cdots+(n-1)}{n^2}=\lim\limits_{n\to\infty}\dfrac{\frac{n(n-1)}{2}}{n^2}=\dfrac{1}{2}$.

（13）$\lim\limits_{x\to+\infty}\dfrac{\sqrt{x+\sqrt{x+\sqrt{x}}}}{\sqrt{2x+1}}=\lim\limits_{x\to+\infty}\sqrt{\dfrac{x+\sqrt{x+\sqrt{x}}}{2x+1}}=\lim\limits_{x\to+\infty}\sqrt{\dfrac{1+\sqrt{\frac{1}{x}+\sqrt{\frac{1}{x^3}}}}{2+\frac{1}{x}}}=\dfrac{1}{\sqrt{2}}$.

（14）$\lim\limits_{n\to\infty}\dfrac{(-2)^n+3^n}{(-2)^{n+1}+3^{n+1}}=\lim\limits_{n\to\infty}\dfrac{\frac{(-2)^n}{3^n}+1}{\frac{(-2)^{n+1}}{3^n}+3}=\dfrac{1}{3}$.

（15）$f(1+0)=\lim\limits_{x\to 1^+}f(x)=\lim\limits_{x\to 1^+}\dfrac{x-1}{2(\sqrt{x}-1)}=\lim\limits_{x\to 1^+}\dfrac{(x-1)(\sqrt{x}+1)}{2(x-1)}=1$，

$$f(1-0)=\lim_{x\to1^-}f(x)=\lim_{x\to1^-}\frac{\sqrt{2-x}-\sqrt{x}}{1-x}=\lim_{x\to1^-}\frac{2(1-x)}{(1-x)(\sqrt{2-x}+\sqrt{x})}=1.$$

因为 $f(1-0)=f(1+0)=1$，

所以 $\lim\limits_{x\to1}f(x)=1$.

习题 2.4 答案解析

1.（1）$\lim\limits_{x\to0}\dfrac{\sqrt{1-x}-1}{\sin 4x}=\lim\limits_{x\to0}\dfrac{(\sqrt{1-x}-1)(\sqrt{1-x}+1)}{\sin 4x(\sqrt{1-x}+1)}=\lim\limits_{x\to0}\dfrac{-x}{4x(\sqrt{1-x}+1)}=-\dfrac{1}{8}$.

（2）$\lim\limits_{x\to0}\left(1-\dfrac{x}{4}\right)^{\frac{1}{x}}=\lim\limits_{x\to0}\left[\left(1+\dfrac{x}{-4}\right)^{-\frac{4}{x}}\right]^{-\frac{1}{4}}=e^{-\frac{1}{4}}$.

（3）$\lim\limits_{x\to\infty}\left(1-\dfrac{1}{2x}\right)^{x-2}=\lim\limits_{x\to\infty}\left[\left[\left(1+\dfrac{1}{-2x}\right)^{-2x}\right]^{-\frac{1}{2}}\left(1-\dfrac{1}{2x}\right)^{-2}\right]=e^{-\frac{1}{2}}$.

（4）$\lim\limits_{x\to0}\dfrac{e^x-1}{x^2-x}=\lim\limits_{x\to0}\dfrac{x}{x(x-1)}=-1$.

（5）$\lim\limits_{x\to\infty}\left(\dfrac{x}{x+1}\right)^x=\dfrac{1}{\lim\limits_{x\to\infty}\left(1+\dfrac{1}{x}\right)^x}=e^{-1}$.

（6）$\lim\limits_{x\to1}\dfrac{x^2-1}{\ln x}\overset{令x-1=t}{=\!=\!=}\lim\limits_{t\to0}\dfrac{t(t+2)}{\ln(1+t)}=\lim\limits_{t\to0}\dfrac{t(t+2)}{t}=2$.

2. 因为 $\lim\limits_{x\to2}(x^2-x-2)=0$，

$\lim\limits_{x\to2}\dfrac{f(x)}{x^2-x-2}=1$，

所以当 $x\to2$ 时，$f(x)$ 与 x^2-x-2 是等价无穷小量，

所以 $\lim\limits_{x\to2}f(x)=0$.

习题 2.5 答案解析

1.（1）因为 $\lim\limits_{x\to0}f(x)=\lim\limits_{x\to0}x^2\sin\dfrac{1}{x}=0=f(0)$，所以函数在 $x=0$ 点处连续.

（2）因为 $\lim\limits_{x\to0}f(x)=\lim\limits_{x\to0}(1+x)^{\frac{1}{x}}=e\neq f(0)=1$，所以函数在 $x=0$ 点处间断，是第一类可去间断点.

（3）因为 $f(0-0)=\lim\limits_{x\to0^-}f(x)=\lim\limits_{x\to0^-}\dfrac{\sin x}{-x}=-1$，$f(0+0)=\lim\limits_{x\to0^+}f(x)=\lim\limits_{x\to0^+}\dfrac{\sin x}{x}=1$，

所以函数在 $x=0$ 点处间断，是第一类跳跃间断点.

（4）因为 $f(0-0)=\lim\limits_{x\to 0^-}f(x)=\lim\limits_{x\to 0^-}\left(e^{\frac{1}{x}}+1\right)=1$， $f(0+0)=\lim\limits_{x\to 0^+}f(x)=\lim\limits_{x\to 0^+}(1+x)=1$

有 $\lim\limits_{x\to 0}f(x)=1=f(0+0)=f(0-0)$，所以函数在 $x=0$ 点处连续.

2. 当 $x>0$ 时， $f(x)=e^{\frac{1}{x-1}}$，是初等函数， $x=1$ 是间断点，

由于 $f(1-0)=\lim\limits_{x\to 1^-}f(x)=\lim\limits_{x\to 1^-}e^{\frac{1}{x-1}}=0$， $f(1+0)=\lim\limits_{x\to 1^+}f(x)=\lim\limits_{x\to 1^+}e^{\frac{1}{x-1}}=\infty$，

$x=1$ 是第二类无穷间断点；

$f(0+0)=\lim\limits_{x\to 0^+}f(x)=\lim\limits_{x\to 0^+}e^{\frac{1}{x-1}}=e^{-1}$， $f(0-0)=\lim\limits_{x\to 0^-}f(x)=\lim\limits_{x\to 0^-}\ln(1+x)=0$，

所以函数在 $x=0$ 点处间断，是第一类跳跃间断点.

3. $\lim\limits_{x\to 2}f(x)=\lim\limits_{x\to 2}\dfrac{x^2-3x+2}{x-2}=\lim\limits_{x\to 2}\dfrac{(x-2)(x-1)}{x-2}=1$，

因为 $f(x)$ 在点 $x=2$ 处连续，所以 $\lim\limits_{x\to 2}f(x)=f(2)=a$，所以 $a=1$.

习题二答案

1.（1）C；（2）C；（3）A；（4）D；（5）D；（6）C；（7）B；（8）A；（9）C；（10）B；（11）A；（12）C.

2.（1）0；（2）0；（3）∞；（4）高；（5）同阶；（6）2；（7）∞；（8）1；（9）2；（10）0；（11）1；（12）e^{-2}；（13）1；（14）2；（15）是；（16）$x-1$.

3.（1）√；（2）√；（3）×；（4）×；（5）√.

4.（1）0；（2）$-\dfrac{1}{9}$；（3）$-\dfrac{1}{2}$；（4）2；（5）e^{-1}.

5. $a=4$， $b=-5$.

6. $a=1$.

习题 3.1 答案解析

1.（1） $y'=(x^4)'=4x^3$.

（2） $y'=(\sqrt[3]{x^2})'=\left(x^{\frac{2}{3}}\right)'=\dfrac{2}{3}x^{-\frac{1}{3}}$.

（3） $y'=(x^3\sqrt[5]{x})'=\left(x^{\frac{16}{5}}\right)'=\dfrac{16}{5}x^{\frac{11}{5}}$.

（4） $y'=\left(\dfrac{1}{\sqrt[3]{x}}\right)'=\left(x^{-\frac{1}{3}}\right)'=-\dfrac{1}{3}x^{-\frac{4}{3}}$.

2.（1） $\lim\limits_{\Delta x\to 0}\dfrac{f(x_0-\Delta x)-f(x_0)}{\Delta x}=-\lim\limits_{\Delta x\to 0}\dfrac{f(x_0-\Delta x)-f(x_0)}{-\Delta x}=-f'(x_0)$.

（2）$\lim\limits_{h\to 0}\dfrac{f(x_0+h)-f(x_0-h)}{2h}=\lim\limits_{h\to 0}\dfrac{f(x_0+h)-f(x_0)+f(x_0)-f(x_0-h)}{2h}$

$=\lim\limits_{h\to 0}\left[\dfrac{1}{2}\dfrac{f(x_0+h)-f(x_0)}{h}+\dfrac{1}{2}\dfrac{f(x_0-h)-f(x_0)}{(-h)}\right]=f'(x_0)$.

3. $f_-'(1)=\lim\limits_{x\to 1^-}\dfrac{f(x)-f(1)}{x-1}=\lim\limits_{x\to 1^-}\dfrac{x^2+1-2}{x-1}=\lim\limits_{x\to 1^-}(x+1)=2$；

$f_+'(1)=\lim\limits_{x\to 1^+}\dfrac{f(x)-f(1)}{x-1}=\lim\limits_{x\to 1^+}\dfrac{3x-1-2}{x-1}=\lim\limits_{x\to 1^+}3=3$.

因为 $f_-'(1)\neq f_+'(1)$，

所以函数在 $x=1$ 点处不可导.

4. $f_-'(1)=\lim\limits_{x\to 1^-}\dfrac{f(x)-f(1)}{x-1}=\lim\limits_{x\to 1^-}\dfrac{x^2+1-2}{x-1}=\lim\limits_{x\to 1^-}(x+1)=2$，

$f_+'(1)=\lim\limits_{x\to 1^+}\dfrac{f(x)-f(1)}{x-1}=\lim\limits_{x\to 1^+}\dfrac{2x-1-2}{x-1}=\lim\limits_{x\to 1^+}2=2$.

因为 $f_-'(1)=f_+'(1)$，所以 $f'(1)=2$，所以函数在 $x=1$ 点处可导且 $f'(1)=2$.

习题 3.2 答案解析

1. $y'=1-\dfrac{1}{x^2}$，$y'|_{x=2}=\dfrac{3}{4}$，（1）点 A 处切线的斜率为 $\dfrac{3}{4}$，

（2）点 A 处的切线方程：$y-\dfrac{5}{2}=\dfrac{3}{4}(x-2)$，即 $3x-4y+4=0$.

2.（1）$y'=\left(\dfrac{4}{x^5}+\dfrac{7}{x^4}-\dfrac{2}{x}+12\right)'=-\dfrac{20}{x^6}-\dfrac{28}{x^5}+\dfrac{2}{x^2}$.

（2）$y'=(5x^3-2^x+3e^x)'=15x^2-2^x\ln 2+3e^x$.

（3）$y'=(2\tan x+\sec x-1)'=2\sec^2 x+\sec x\tan x$.

（4）$y'=(\sin x\cos x)'=\cos^2 x-\sin^2 x$.

（5）$y'=(x^2\ln x)'=2x\ln x+x$.

（6）$y'=(3e^x\cos x)'=3e^x\cos x-3e^x\sin x$.

（7）$y'=\left(\dfrac{\ln x}{x}\right)'=\dfrac{1-\ln x}{x^2}$.

（8）$y'=\left(\dfrac{e^x}{x^2}+\ln 3\right)'=\dfrac{e^x\cdot x^2-e^x\cdot 2x}{x^4}=\dfrac{e^x(x-2)}{x^3}$.

（9）$y=(x^2\ln x\cos x)'=2x\ln x\cos x+x\cos x-x^2\ln x\sin x$.

（10） $y=\left(\dfrac{1+\sin x}{1+\cos x}\right)'=\dfrac{\cos x\,(1+\cos x)-(1+\sin x)(-\sin x)}{(1+\cos x)^2}=\dfrac{1+\cos x+\sin x}{(1+\cos x)^2}$.

3.（1） $y'=(\sin x-\cos x)'=\cos x+\sin x$， $y'\Big|_{x=\frac{\pi}{6}}=\dfrac{\sqrt{3}+1}{2}$， $y'\Big|_{x=\frac{\pi}{4}}=\sqrt{2}$.

（2） $y'=\left(x\sin x+\dfrac{1}{2}\cos x\right)'=\sin x+x\cos x-\dfrac{1}{2}\sin x=\dfrac{1}{2}\sin x+x\cos x$，

$\dfrac{\mathrm{d}y}{\mathrm{d}x}\Big|_{x=\frac{\pi}{4}}=\dfrac{(2+\pi)\sqrt{2}}{8}$.

（3） $f'(x)=\left(\dfrac{3}{5-x}+\dfrac{x^2}{5}\right)'=\dfrac{3}{(5-x)^2}+\dfrac{2}{5}x$， $f'(0)=\dfrac{3}{25}$， $f'(2)=\dfrac{17}{15}$.

习题 3.3 答案解析

1.（1） $y'=[(1+x^2)^5]'=5\,(1+x^2)^4\cdot 2x=10x\,(1+x^2)^4$；

（2） $y'=(\sin nx)'=n\cos nx$；

（3） $y'=(\sqrt{x^2-a^2})'=\dfrac{1}{2\sqrt{x^2-a^2}}\cdot 2x=\dfrac{x}{\sqrt{x^2-a^2}}$；

（4） $y'=\left(\arcsin\dfrac{x}{2}\right)'=\dfrac{1}{\sqrt{1-\left(\dfrac{x}{2}\right)^2}}\cdot\dfrac{1}{2}=\dfrac{1}{\sqrt{4-x^2}}$；

（5） $y'=[\log_a(1+x^2)]'=\dfrac{1}{(1+x^2)\ln a}\cdot 2x=\dfrac{2x}{(1+x^2)\ln a}$；

（6） $y'=(\ln\sqrt{a^2-x^2})'=\dfrac{1}{2}\cdot\dfrac{(-2x)}{a^2-x^2}=-\dfrac{x}{a^2-x^2}$；

（7） $y'=(\sin x^n)'=nx^{n-1}\cos x^n$；

（8） $y'=(\sin^n x)'=n\sin^{n-1}x\cdot\cos x$；

（9） $y'=\left[\left(\arctan\dfrac{x}{2}\right)^2\right]'=2\arctan\dfrac{x}{2}\cdot\dfrac{1}{1+\left(\dfrac{x}{2}\right)^2}\cdot\dfrac{1}{2}=\dfrac{4\arctan\dfrac{x}{2}}{4+x^2}$；

（10） $y'=[\tan^2(1+2x^2)]'=2\tan\,(1+2x^2)\cdot\sec^2(1+2x^2)\cdot 4x$

$=8x\tan(1+2x^2)\sec^2(1+2x^2)$；

（11） $y'=\left(\ln\tan\dfrac{x}{2}\right)'=\dfrac{1}{\tan\dfrac{x}{2}}\cdot\sec^2\dfrac{x}{2}\cdot\dfrac{1}{2}=\dfrac{\sec^2\dfrac{x}{2}}{2\tan\dfrac{x}{2}}$；

（12） $y' = \left(x^2 \sin\frac{1}{x}\right)' = 2x\sin\frac{1}{x} + x^2\cos\frac{1}{x}\cdot\left(-\frac{1}{x^2}\right) = 2x\sin\frac{1}{x} - \cos\frac{1}{x}$；

（13） $y' = [\lg(x - \sqrt{x^2 - a^2})]' = \frac{1}{x - \sqrt{x^2 - a^2}}\ln 10\cdot\left(1 - \frac{2x}{2\sqrt{x^2 - a^2}}\right) = -\frac{\ln 10}{\sqrt{x^2 - a^2}}$；

（14） $y' = \left(\frac{1}{\cos^n x}\right)' = (\cos^{-n} x)' = (-n)\cdot\frac{1}{\cos^{n+1} x}\cdot(-\sin x) = \frac{n\sin x}{\cos^{n+1} x}$.

2.（1） $y' = \{[\ln f(x)]^2\}' = 2[\ln f(x)]\cdot\frac{1}{f(x)}\cdot f'(x) = \frac{2[\ln f(x)]f'(x)}{f(x)}$；

（2） $y' = \{\sin[xf^2(x^2)]\}' = \cos[xf^2(x^2)]\cdot[f^2(x^2) + x\cdot 2f(x^2)\cdot f'(x^2)\cdot 2x]$

$= \cos[xf^2(x^2)]\cdot[f^2(x^2) + 4x^2 f(x^2) f'(x^2)]$.

3. $F'(x) = f'(x^2 - 1)\cdot 2x + f'(1 - x^2)\cdot(-2x)$，

$F'(1) = 2f'(0) - 2f'(0) = 0$，

$F'(-1) = -2f'(0) + 2f'(0) = 0$.

习题 3.4 答案解析

1.（1）等式两边求导 $2yy' + 2(y + xy') = 0$，解得 $y' = -\frac{y}{x + y}$.

（2）等式两边求导 $1 = \cos xy^2\cdot(y^2 + 2xyy')$，解得 $y' = \frac{1}{2xy\cos xy^2} - \frac{y}{2x}$.

（3）等式两边求导 $2xy + x^2 y' = \mathrm{e}^{x+y}(1 + y')$，解得 $y' = \frac{2xy - \mathrm{e}^{x+y}}{\mathrm{e}^{x+y} - x^2}$.

（4）等式两边求导 $y' = e^{xy} + xe^{xy}(y + xy')$，解得 $y' = \frac{xye^{xy} + e^{xy}}{1 - x^2 e^{xy}}$.

（5）等式两边求导 $2^x\ln 2 + 2^y\ln 2\cdot y' = 2^{x+y}\ln 2\cdot(1 + y')$，解得 $y' = \frac{2^{x+y} - 2^x}{2^y - 2^{x+y}} =$

$\frac{(2^y - 1)2^x}{2^y(1 - 2^x)}$.

（6）等式两边求导 $y' = \sec(x + y)\cdot\tan(x + y)\cdot(1 + y')$，解得 $y' = \frac{\sec(x + y)\tan(x + y)}{1 - \sec(x + y)\tan(x + y)}$.

2.（1）取对数 $\ln y = \sin x\ln\frac{x - 1}{x + 1} = \sin x\,[\ln(x - 1) - \ln(x + 1)]$,

等式两边求导 $\frac{1}{y}y' = \cos x\,[\ln(x - 1) - \ln(x + 1)] + \sin x\cdot\left(\frac{1}{x - 1} - \frac{1}{x + 1}\right)$；

解得 $y' = y = \left(\frac{x - 1}{x + 1}\right)^{\sin x}\left\{\cos x\,[\ln(x - 1) - \ln(x + 1)] + \sin x\cdot\left(\frac{1}{x - 1} - \frac{1}{x + 1}\right)\right\}$.

（2）取对数 $\ln y = 2x\ln x$，

等式两边求导 $\frac{1}{y}y'=2\ln x+2$，解得 $y'=x^{2x}(2\ln x+2)$.

（3）取对数 $\ln y=\frac{1}{2}\left[\ln x+\ln\sin x+\frac{1}{2}\ln(1-\mathrm{e}^x)\right]$，

等式两边求导 $\frac{1}{y}y'=\frac{1}{2}\left[\frac{1}{x}+\frac{\cos x}{\sin x}+\frac{1}{2}\cdot\frac{(-\mathrm{e}^x)}{1-\mathrm{e}^x}\right]$，

解得 $y'=\frac{1}{2}\sqrt{x\sin x\sqrt{1-\mathrm{e}^x}}\left[\frac{1}{x}+\frac{\cos x}{\sin x}+\frac{1}{2}\cdot\frac{(-\mathrm{e}^x)}{1-\mathrm{e}^x}\right]$.

（4）取对数 $\ln y=2\ln(x-1)+\ln(4-3x)-3\ln(x+1)$，

等式两边求导 $\frac{1}{y}y'=\frac{2}{x-1}+\frac{(-3)}{4-3x}-\frac{3}{x+1}$，

解得 $y'=\frac{(x-1)^2(4-3x)}{(x+1)^3}\left(\frac{2}{x-1}-\frac{3}{4-3x}-\frac{3}{x+1}\right)$.

3.（1）$y'=5x^4+12x^2+2$，$y''=20x^3+24x$.

（2）$y'=\mathrm{e}^{3x-2}\cdot 3$，$y''=9\mathrm{e}^{3x-2}$.

（3）$y'=\sin x+x\cos x$，$y''=2\cos x-x\sin x$.

（4）$y'=-\mathrm{e}^{-t}\sin t+\mathrm{e}^{-t}\cos t$，

$y''=\mathrm{e}^{-t}\sin t-\mathrm{e}^{-t}\cos t-\mathrm{e}^{-t}\cos t-\mathrm{e}^{-t}\sin t=-2\mathrm{e}^{-t}\cos t$；

（5）$y'=\frac{-2x}{2\sqrt{1-x^2}}=\frac{-x}{\sqrt{1-x^2}}$，$y''=\frac{-\sqrt{1-x^2}+x\cdot\frac{(-2x)}{2\sqrt{1-x^2}}}{1-x^2}=-\frac{1}{(1-x^2)\sqrt{1-x^2}}$.

（6）$y'=\frac{-2x}{1-x^2}$，$y''=\frac{-2(1-x^2)+2x\cdot(-2x)}{(1-x^2)^2}=\frac{-2-2x^2}{(1-x^2)^2}$.

（7）$y'=\sec^2 x$，$y''=2\sec x\cdot\sec x\cdot\tan x=2\sec^2 x\tan x$.

（8）$y'=\frac{-2x}{(x^2+1)^2}$，$y''=\frac{-2(1+x^2)^2+2x\cdot 2(1+x^2)2x}{(x^2+1)^4}=\frac{-2+6x^2}{(x^2+1)^3}$.

（9）$y'=\mathrm{e}^{x^2}+x\mathrm{e}^{x^2}2x=\mathrm{e}^{x^2}+2x^2\mathrm{e}^{x^2}$，$y''=2x\mathrm{e}^{x^2}+4x\mathrm{e}^{x^2}+4x^3\mathrm{e}^{x^2}=6x\mathrm{e}^{x^2}+4x^3\mathrm{e}^{x^2}$.

4. $f'(x)=10\cdot(3x+1)^9\cdot 3=30(3x+1)^9$，$f''(x)=30\cdot 9(3x+1)^8\cdot 3=810(3x+1)^8$，

$f'''(x)=810\cdot 8(3x+1)^7\cdot 3=19\ 440\,(3x+1)^7$，$f'''(0)=19\ 440$.

5. $f'(x)=2(x-a)g(x)+(x-a)^2g'(x)$，

$$f''(a)=\lim_{x\to a}\frac{f'(x)-f'(a)}{x-a}=\lim_{x\to a}\frac{2(x-a)g(x)+(x-a)^2g'(x)}{x-a}$$

$$=\lim_{x\to a}[2g(x)+(x-a)g'(x)]=2g(a).$$

习题 3.5 答案解析

1.（1）$d\left(\frac{5}{2}x^2+C\right)=5xdx$；

（2）$d(\tan x+C)=\sec^2 xdx$；

（3）$d(\arctan x+C)=\frac{1}{1+x^2}dx$；

（4）$d\left(-\frac{1}{x}+C\right)=\frac{1}{x^2}dx$；

（5）$d(2\sqrt{x}+C)=\frac{1}{\sqrt{x}}dx$

（6）$d\left(-\frac{1}{\omega}\cos\omega x+C\right)=\sin\omega xdx$；

（7）$d\left(-\frac{1}{2}e^{-2x}+C\right)=e^{-2x}dx$；

（8）$d\left(\frac{1}{2}\ln|x|+C\right)=\frac{1}{2x}dx$.

2.（1）$dy=d(\ln x+2\sqrt{x})=\left(\frac{1}{x}+\frac{1}{\sqrt{x}}\right)dx$；

（2）$dy=d(x\sin 2x)=\sin 2xdx+2x\cos 2xdx=(\sin 2x+2x\cos 2x)dx$；

（3）$dy=d\left(\frac{x^2}{e^{2x}}\right)=\frac{2xe^{2x}-2x^2e^{2x}}{e^{4x}}dx$；

（4）$dy=d\left(\ln\sqrt{1-x^3}\right)=\frac{1}{2}\cdot\frac{(-3x^2)}{1-x^3}dx$；

（5）$dy=d(e^x+e^{-x})^3=3(e^x+e^{-x})^2(e^x-e^{-x})dx$；

（6）$dy=d\sqrt{x-\sqrt{x}}=\frac{1}{2\sqrt{x-\sqrt{x}}}\left(1-\frac{1}{2\sqrt{x}}\right)dx$；

（7）$dy=d\left(\arctan\frac{1-x^2}{1+x^2}\right)=\frac{1}{1+\left(\frac{1-x^2}{1+x^2}\right)^2}\cdot\frac{-2x(1+x^2)-(1-x^2)2x}{(1+x^2)^2}dx=\frac{-2x}{1+x^4}dx$；

（8）$dy=d[e^x+\sqrt{1-e^{2x}}\arccos(e^x)]$

$$=\left[e^x+\frac{1}{2\sqrt{1-e^{2x}}}(-2e^{2x})\arccos(e^x)+\sqrt{1-e^{2x}}\frac{(-1)}{\sqrt{1-e^{2x}}}e^x\right]dx$$

$$=\frac{-e^{2x}}{\sqrt{1-e^{2x}}}\arccos(e^x)\,dx.$$

3. $\Delta y|_{x=2}=f(2+\Delta x)-f(2)=(2+\Delta x)^3-1-(2^3-1)=12\Delta x+6(\Delta x)^2+(\Delta x)^3$，

$\Delta y\Big|_{\substack{x=2\\ \Delta x=1}}=12+6+1=19$，$\Delta y\Big|_{\substack{x=2\\ \Delta x=0.1}}=12\cdot 0.1+6\cdot 0.01+1\cdot 0.001=1.261$，

$\Delta y\Big|_{\substack{x=2\\ \Delta x=0.01}}=12\cdot 0.01+6\cdot 0.000\,1+1\cdot 0.000\,001=0.120\,601$，

$\mathrm{d}y=3x^2\mathrm{d}x$，$\mathrm{d}y\Big|_{\substack{x=2\\ \Delta x=1}}=3\cdot 2^2\cdot 1=12$，$\mathrm{d}y\Big|_{\substack{x=2\\ \Delta x=0.1}}=3\cdot 2^2\cdot 0.1=1.2$，

$\mathrm{d}y\Big|_{\substack{x=2\\ \Delta x=0.01}}=3\cdot 2^2\cdot 0.01=0.12$.

4. 对方程两边求微分，$y\mathrm{d}x+x\mathrm{d}y=\mathrm{e}^{x+y}(\mathrm{d}x+\mathrm{d}y)$，$\mathrm{d}y=\dfrac{y-\mathrm{e}^{x+y}}{\mathrm{e}^{x+y}-x}\mathrm{d}x$.

5. 对方程两边求微分，$\dfrac{1}{2\sqrt{x^2+y^2}}(2x\mathrm{d}x+2y\mathrm{d}y)=\mathrm{e}^{\arctan\frac{y}{x}}\cdot\dfrac{1}{1+\left(\dfrac{y}{x}\right)^2}\cdot\dfrac{x\mathrm{d}y-y\mathrm{d}x}{x^2}$，

将 $\mathrm{e}^{\arctan\frac{y}{x}}=\sqrt{x^2+y^2}$ 代入，得 $\mathrm{d}y=\dfrac{x+y}{x-y}\mathrm{d}x$.

习题三答案

1.（1）A；（2）A；（3）D；（4）D；（5）C；（6）B；（7）D；（8）B；（9）B；（10）A；（11）D；（12）B；（13）B；（14）D；（15）A；（16）C；（17）B；（18）C；（19）A；（20）A.

2.（1）$f'(x_0)$；（2）$a=2,b=-1$；（3）0；（4）$5A$；（5）$y=3(x+1)$；（6）$y=2x+1$；

（7）$x\cdot 2^{x+1}+x^2 2^x\ln 2$；（8）$\mathrm{e}x^{\mathrm{e}-1}+\mathrm{e}^x+\dfrac{1}{x}$；（9）$-3$；

（10）$\sin 2x\cos 3x+2x\cos 2x\cos 3x-3x\sin 2x\sin 3x$；

（11）$\dfrac{1}{2\sqrt{\cos\left(2x-\dfrac{\pi}{3}\right)}}\left[-\sin\left(2x-\dfrac{\pi}{3}\right)\right]\cdot 2=\dfrac{-\sin\left(2x-\dfrac{\pi}{3}\right)}{\sqrt{\cos\left(2x-\dfrac{\pi}{3}\right)}}$；

（12）$3\cos^2\dfrac{1}{x}\left(-\sin\dfrac{1}{x}\right)\left(-\dfrac{1}{x^2}\right)$；

（13）0.

3.（1）×；（2）√；（3）√；（4）×；（5）×；（6）×；（7）×.

4.（1）$y'=\dfrac{1}{(1-x)\sqrt{x}}$；

（2）$y'=-\dfrac{2}{1+x^2}$；

（3）$y'=\dfrac{1+x^2}{(1-x^2)\sqrt{1-x^2}}$；

（4） $y' = 2\sqrt{1-x^2}$；

（5） $y' = \dfrac{\cos\sqrt{x}}{2\sqrt{x}} - \dfrac{\sin x}{2\sqrt{\cos x}} - \sin x\cos(\cos x)$；

（6） $y' = 6x\sqrt{1+5x^2} + \dfrac{5x(2+3x^2)}{\sqrt{1+5x^2}}$；

（7） $y' = -\dfrac{e^{x+2y} + 2xy^2\sin x^2y^2}{2e^{x+2y} + 2x^2y\sin x^2y^2}$；

（8） $y' = \dfrac{(x-1)^5}{(x+1)^2}\sqrt[3]{\dfrac{3-2x}{(2+x)^4}}\left[\dfrac{5}{x-1} - \dfrac{2}{x+1} - \dfrac{2}{3}\cdot\dfrac{1}{3-2x} - \dfrac{4}{3}\cdot\dfrac{1}{2+x}\right]$.

5.（1） $dy = e^{f(\sin x)}f'(\sin x)\cos x dx$；

（2） $dy = \sec^2[f^3(\sqrt{x})]3f^2(\sqrt{x})f'(\sqrt{x})\dfrac{1}{2\sqrt{x}}dx$.

6.（1） $y'' = 2\operatorname{arccot} x - \dfrac{2x}{1+x^2}$；

（2） $y'' = 2e^{x^3} + 18x^3e^{x^3} + 9x^6e^{x^3}$.

7. $f'(x) = \begin{cases} 2x\sin\dfrac{1}{x} - \cos\dfrac{1}{x}, & x \neq 0, \\ 0, & x = 0. \end{cases}$

习题 4.1 答案解析

1. $f(x) = x^2 + 2$ 在区间 $[-1,1]$ 上连续，在 $(-1,1)$ 上可导，$f'(x) = 2x$，$f(-1) = f(1) = 3$，满足罗尔定理的条件，则至少存在点 $\xi \in (-1,1)$，有 $f'(\xi) = 0$，显然 $\xi = 0$.

2. $f(x) = x^2 + 3x - 2$ 在区间 $[0,2]$ 上连续，在 $(0,2)$ 上可导，$f'(x) = 2x + 3$，满足拉格朗日中值定理的条件，则至少存在点 $\xi \in (0,2)$，有 $f'(\xi) = \dfrac{f(2)-f(0)}{2-0} = 5$，即 $2\xi + 3 = 5$，解得 $\xi = 1$.

3.（1）先证存在性：

令 $f(x) = x^3 + 12x - 3$，则 $f(x)$ 在 $[0,1]$ 上连续，在 $(0,1)$ 内可导，

且 $f(0) = -3, f(1) = 10$，

所以在 $(0,1)$ 内至少存在一点 ξ，使 $f(\xi) = 0$，

即方程 $x^3 + 12x - 3 = 0$ 至少有一个正根介于 0 与 1 之间.

（2）再证唯一性：

假设：存在两个不等的正根 x_1, x_2，且 $x_1 < x_2$，即 $f(x_1) = f(x_2) = 0$，

在 $[x_1, x_2]$ 上应用罗尔定理，有 $f'(\xi) = 0$，$\xi \in (x_1, x_2)$，

即 $3\xi^2 + 12 = 0$，这是不可能的，因此假设不成立，

所以方程 $x^3+12x-3=0$ 仅有一个正根.

4. 设 $f(x)=\arctan x+\operatorname{arccot} x$，则在 $(-\infty,+\infty)$ 上，

$f'(x)=\frac{1}{1+x^2}-\frac{1}{1+x^2}=0$，则有 $f(x)=\arctan x+\operatorname{arccot} x=C$，

令 $x=0$，解得 $C=\frac{\pi}{2}$，所以 $\arctan x+\operatorname{arccot} x=\frac{\pi}{2}, x\in(-\infty,+\infty)$.

习题 4.2 答案解析

1. $\lim\limits_{x\to 2}\frac{x-2}{x^4-2^4}=\lim\limits_{x\to 2}\frac{1}{4x^3}=\frac{1}{4\cdot 2^3}=\frac{1}{32}$.

2. $\lim\limits_{x\to 0}\frac{3^x-1}{4^x-1}=\lim\limits_{x\to 0}\frac{3^x\ln 3}{4^x\ln 4}=\frac{\ln 3}{\ln 4}$.

3. $\lim\limits_{x\to 1}\frac{\ln x}{x^2+x-2}=\lim\limits_{x\to 1}\frac{\frac{1}{x}}{2x+1}=\frac{1}{3}$.

4. $\lim\limits_{x\to 0}\frac{\sin x-x}{x^2-x}=\lim\limits_{x\to 0}\frac{\cos x-1}{2x-1}=0$.

5. $\lim\limits_{x\to 0^+}x\ln x=\lim\limits_{x\to 0^+}\frac{\ln x}{\frac{1}{x}}=\lim\limits_{x\to 0^+}\frac{\frac{1}{x}}{-\frac{1}{x^2}}=\lim\limits_{x\to 0^+}(-x)=0$.

6. $\lim\limits_{x\to +\infty}\frac{\ln(x^2+x)}{e^{2x}}=\lim\limits_{x\to +\infty}\frac{2x+1}{(x^2+x)e^{2x}\cdot 2}=\lim\limits_{x\to +\infty}\frac{2x+1}{x^2+x}\cdot\lim\limits_{x\to +\infty}\frac{1}{e^{2x}\cdot 2}=0$.

7. $\lim\limits_{x\to 0}\frac{\ln\cos 2x}{\ln\cos 3x}=\lim\limits_{x\to 0}\frac{\frac{1}{\cos 2x}\cdot(-\sin 2x)\cdot 2}{\frac{1}{\cos 3x}\cdot(-\sin 3x)\cdot 3}=\lim\limits_{x\to 0}\frac{4x}{9x}=\frac{4}{9}$.

8. $\lim\limits_{x\to 0}\frac{x-\sin x}{\tan^3 x}=\lim\limits_{x\to 0}\frac{x-\sin x}{x^3}=\lim\limits_{x\to 0}\frac{1-\cos x}{3x^2}=\lim\limits_{x\to 0}\frac{\frac{1}{2}x^2}{3x^2}=\frac{1}{6}$.

9. $\lim\limits_{x\to 0}\left(\frac{1}{x}-\frac{1}{\sin x}\right)=\lim\limits_{x\to 0}\frac{\sin x-x}{x\sin x}=\lim\limits_{x\to 0}\frac{\sin x-x}{x^2}=\lim\limits_{x\to 0}\frac{\cos x-1}{2x}=\lim\limits_{x\to 0}\frac{-\frac{1}{2}x^2}{2x}=0$.

10. $\lim\limits_{x\to 0}\left(\frac{1}{e^x-1}-\frac{1}{x}\right)=\lim\limits_{x\to 0}\frac{x-e^x+1}{x(e^x-1)}=\lim\limits_{x\to 0}\frac{x-e^x+1}{x^2}=\lim\limits_{x\to 0}\frac{1-e^x}{2x}=\lim\limits_{x\to 0}\frac{-e^x}{2}=-\frac{1}{2}$.

11. $\lim\limits_{x\to 0}\left(\frac{1}{\ln(1+x)}-\frac{1}{x}\right)=\lim\limits_{x\to 0}\frac{x-\ln(1+x)}{x\ln(1+x)}=\lim\limits_{x\to 0}\frac{x-\ln(1+x)}{x^2}$

$=\lim\limits_{x\to 0}\frac{1-\frac{1}{1+x}}{2x}=\lim\limits_{x\to 0}\frac{x}{2x(1+x)}=\frac{1}{2}$.

12. $\lim\limits_{x\to\frac{\pi}{2}}\dfrac{\ln\sin x}{(\pi-2x)^2}=\lim\limits_{x\to\frac{\pi}{2}}\dfrac{\frac{\cos x}{\sin x}}{-4(\pi-2x)}=\lim\limits_{x\to\frac{\pi}{2}}\dfrac{\cos x}{-4(\pi-2x)}=\lim\limits_{x\to\frac{\pi}{2}}\dfrac{-\sin x}{8}=-\dfrac{1}{8}$.

13. $\lim\limits_{x\to1}x^{\frac{1}{1-\sin x}}=\lim\limits_{x\to1}\mathrm{e}^{\frac{1}{1-\sin x}\ln x}=\mathrm{e}^{\lim\limits_{x\to1}\frac{\ln x}{1-\sin x}}=\mathrm{e}^{\lim\limits_{x\to1}\frac{\frac{1}{x}}{-\cos x}}=\mathrm{e}^{-1}=\dfrac{1}{\mathrm{e}}$.

14. $\lim\limits_{x\to0^+}x^{\tan x}=\lim\limits_{x\to0^+}\mathrm{e}^{\tan x\ln x}=\mathrm{e}^{\lim\limits_{x\to0^+}\frac{\ln x}{\cot x}}=\mathrm{e}^{\lim\limits_{x\to0^+}\frac{\frac{1}{x}}{-\csc^2 x}}=\mathrm{e}^{\lim\limits_{x\to0^+}\frac{-\sin^2 x}{x}}=\mathrm{e}^{\lim\limits_{x\to0^+}(-x)}=1$.

15. $\lim\limits_{x\to0^+}\left(\dfrac{1}{x}\right)^{\tan x}=\lim\limits_{x\to0^+}\mathrm{e}^{\tan x\ln\frac{1}{x}}=\mathrm{e}^{\lim\limits_{x\to0^+}\frac{\ln1-\ln x}{\tan x}}=\mathrm{e}^{\lim\limits_{x\to0^+}\frac{-\frac{1}{x}}{\sec^2 x}}=\mathrm{e}^{\lim\limits_{x\to0^+}\frac{\cos^2 x}{(-x)}}=0$.

习题 4.3 答案解析

1.（1）定义域 $(-\infty,+\infty)$，

令 $f'(x)=6x^2-18x+12=6(x-1)(x-2)=0$，求得驻点 $x_1=1,x_2=2$，没有导数不存在的点，

列表讨论.

x	$(-\infty,1)$	1	$(1,2)$	2	$(2,+\infty)$
$f'(x)$	+	0	−	0	+
$f(x)$	单调递增	极大值 $f(1)=2$	单调递减	极小值 $f(2)=1$	单调递增

单调递增区间：$(-\infty,1]$，$[2,+\infty)$，

单调递减区间：$[1,2]$，

在 $x=2$ 点取得极小值 $f(2)=1$，在 $x=1$ 点取得极大值 $f(1)=2$.

（2）定义域 $(-\infty,+\infty)$，

令 $f'(x)=-\dfrac{2}{3}(x^2-1)^{-\frac{1}{3}}\cdot2x=-\dfrac{4}{3}\cdot\dfrac{x}{\sqrt[3]{x^2-1}}=0$，求得驻点 $x=0$，$x_1=-1,x_2=1$ 两点是导数不存在的点，列表讨论，

x	$(-\infty,-1)$	−1	$(-1,0)$	0	$(0,1)$	1	$(1,+\infty)$
$f'(x)$	+	不存在	−	0	+	不存在	−
$f(x)$	单调递增	极大值 $f(-1)=2$	单调递减	极小值 $f(0)=1$	单调递增	极大值 $f(1)=2$	单调递减

单调递增区间：$(-\infty,-1]$，$[0,1]$，

单调递减区间：$[-1,0]$，$[1,+\infty)$，

在 $x=0$ 处取得极小值 $f(0)=1$，在 $x=-1$，$x=1$ 点取得极大值 $f(-1)=2$，$f(1)=2$.

（3）定义域 $(-\infty,+\infty)$，

令 $f'(x)=x^{\frac{2}{3}}+(x-1)\cdot\frac{2}{3}x^{-\frac{1}{3}}=\frac{5}{3}\cdot\frac{x-\frac{2}{5}}{\sqrt[3]{x}}=0$，求得驻点 $x=\frac{2}{5}$，$x=0$ 是导数不存在的点，列表讨论.

x	$(-\infty,0)$	0	$\left(0,\frac{2}{5}\right)$	$\frac{2}{5}$	$\left(\frac{2}{5},+\infty\right)$
$f'(x)$	+	不存在	−	不存在	+
$f(x)$	单调递增	极大值 $f(0)=0$	单调递减	极小值 $f\left(\frac{2}{5}\right)=-\frac{3}{5}\sqrt[3]{\frac{4}{25}}$	单调递增

单调递增区间：$(-\infty,0]$，$\left[\frac{2}{5},+\infty\right)$，

单调递减区间：$\left[0,\frac{2}{5}\right]$，

在 $x=0$ 处取得极大值 $f(0)=0$，在 $x=\frac{2}{5}$ 处取得极小值 $f\left(\frac{2}{5}\right)=-\frac{3}{5}\sqrt[3]{\frac{4}{25}}$.

（4）定义域 $(-\infty,-1)\cup(-1,+\infty)$，$x=-1$ 为间断点，

令 $y'=\frac{x^2(x+3)}{(x+1)^3}=0$，得驻点 $x_1=0,x_2=-3$，列表讨论.

x	$(-\infty,-3)$	-3	$(-3,-1)$	$(-1,0)$	0	$(0,+\infty)$
$f'(x)$	+	0	−	+	0	+
$f(x)$	单调递增	极大值 $f(-3)=-\frac{27}{4}$	单调递减	单调递增		单调递增

单调递增区间：$(-\infty,-3]$，$(-1,+\infty)$，
单调递减区间：$[-3,-1)$，

在 $x=-3$ 处取得极大值 $f(-3)=-\frac{27}{4}$.

2. 令 $f'(x)=8x^3-12x^2=4x^2(2x-3)=0$，得驻点 $x_1=0,x_2=\frac{3}{2}$，

计算 $f(0)=2,f\left(\frac{3}{2}\right)=-\frac{11}{8},f(-1)=8,f(2)=2$，

比较得最大值 $f(-1)=8$，最小值 $f\left(\frac{3}{2}\right)=-\frac{11}{8}$.

3. 令 $f(x)=\frac{x^2}{x-1\ 000}$，$x\in(0,+\infty)$，

$f'(x)=\frac{2x(x-1\ 000)-x^2}{(x-1\ 000)^2}=\frac{x(2x-2\ 000-x)}{(x-1\ 000)^2}=\frac{x(x-2\ 000)}{(x-1\ 000)^2}$，

令 $f'(x)=0$，解得 $x=2\ 000$，

$0 < x < 2\ 000$时，$f'(x) < 0$，当$x > 2\ 000$时，$f'(x) > 0$，

$f(x)$在$x = 2\ 000$时取得最小值，为$f(2\ 000) = 4\ 000$，

数列$f(x) = \dfrac{x^2}{x - 1\ 000}$的最小项是4 000，是在第2 000项取得的.

4.（1）$y' = 4x^3, y'' = 12x^2 \geqslant 0$，曲线在$(-\infty, +\infty)$上是向上凹的，曲线无拐点.

（2）$y' = \dfrac{1}{3}x^{-\frac{2}{3}}, y'' = -\dfrac{2}{9}x^{-\frac{5}{3}} = -\dfrac{2}{9\sqrt[3]{x^5}}$，在$x = 0$处二阶导数不存在，列表.

x	$(-\infty, 0)$	0	$(0, +\infty)$
$f''(x)$	$+$	不存在	$-$
$f(x)$	凹	拐点$(0,0)$	凸

上凸区间：$[0, +\infty)$，

上凹区间：$(-\infty, 0]$，$\left[-\dfrac{1}{5}, +\infty\right)$，

拐点：$(0,0)$.

（3）$y' = 12x^3 - 12x^2$，令$y'' = 36x^2 - 24x = 36x\left(x - \dfrac{2}{3}\right) = 0$，解得$x_1 = 0, x_2 = \dfrac{2}{3}$，

列表讨论.

x	$(-\infty, 0)$	0	$\left(0, \frac{2}{3}\right)$	$\frac{2}{3}$	$\left(\frac{2}{3}, +\infty\right)$
$f''(x)$	$+$	0	$-$	0	$+$
$f(x)$	凹	拐点$(0,1)$	凸	拐点$\left(\frac{2}{3}, \frac{11}{27}\right)$	凹

上凸区间：$\left[0, \dfrac{2}{3}\right]$，

上凹区间：$(-\infty, 0]$，$\left[\dfrac{2}{3}, +\infty\right)$，

拐点：$(0，1)$，$\left(\dfrac{2}{3}, \dfrac{11}{27}\right)$.

（4）$y' = x^2 + 2x - 3$，令$y'' = 2x + 2 = 2(x+1) = 0$，在$x = -1$处二阶导数为零，列表

x	$(-\infty, -1)$	-1	$(-1, +\infty)$
$f''(x)$	$-$	0	$+$
$f(x)$	凸	拐点$\left(-1, \frac{23}{3}\right)$	凹

上凸区间：$(-\infty, -1]$，

上凹区间：$[-1,+\infty)$，

拐点：$\left(-1,\dfrac{23}{3}\right)$.

5.（1）定义域 $(-\infty,0)\cup(0,+\infty)$，

（2）令 $f'(x)=-\dfrac{4(x+2)}{x^3}=0$，得驻点 $x=-2$，

令 $f''(x)=\dfrac{8(x+3)}{x^4}=0$，得 $x=-3$，

（3）列表讨论，

x	$(-\infty,-3)$	-3	$(-3,-2)$	-2	$(-2,0)$	$(0,+\infty)$
$f'(x)$	$-$	$-$	$-$	0	+	$-$
$f''(x)$	$-$	0	+	+	+	+
$f(x)$	单减 凸	拐点 $\left(-3,-\dfrac{26}{9}\right)$	单减 凹	极小值 -3	单增 凹	单减 凹

单调递增区间：$[-2,0)$，

单调递减区间：$(-\infty,-2]$，$(0,+\infty)$，

在 $x=-2$ 点取得极小值 $f(-2)=-3$，

上凸区间：$(-\infty,-3]$，

上凹区间：$[-3,0)$，$(0,+\infty)$，

拐点：$\left(-3,-\dfrac{26}{9}\right)$.

习题四答案

1.（1）√；（2）√；（3）√；（4）×；（5）×；（6）√；（7）×.

2.（1）-4；（2）2.

3. 设 $f(x)=1+\tan^2 x-\sec^2 x$，

$f'(x)=2\tan x\cdot\sec^2 x-2\sec x\cdot\sec x\tan x=0$，有 $f(x)=1+\tan^2 x-\sec^2 x=C$，

令 $x=0$，得 $C=0$，有 $1+\tan^2 x-\sec^2 x=0$，所以 $\sec^2 x=1+\tan^2 x$.

4.（1）$\dfrac{1}{2}$；（2）2；（3）1；（4）$-\dfrac{1}{6}$；（5）$\dfrac{1}{2}$；（6）$\dfrac{1}{2}$；（7）1；（8）1；（9）1；（10）e.

5. $f(x)=x-\ln(1+x)$，则有 $f'(x)=1-\dfrac{1}{1+x}=\dfrac{x}{1+x}$，当 $x>0$ 时，有 $f'(x)>0$，所以 $f(x)=x-\ln(1+x)$ 单调递增，因 $f(x)=x-\ln(1+x)$ 在 $[0,+\infty)$ 上连续，有 $f(x)>f(0)=0$，即 $x-\ln(1+x)>0$，所以当 $x>0$ 时，$x>\ln(1+x)$.

6. 单调递增区间：$[-\infty,0],[1,+\infty)$，单调递减区间：$\left[0,\dfrac{1}{2}\right),\left(\dfrac{1}{2},1\right]$，在 $x=0$ 处取得极

大值 $f(0)=0$，在 $x=1$ 处取得极小值 $f(1)=1$，上凸区间：$\left(-\infty,\frac{1}{2}\right)$，上凹区间：$\left(\frac{1}{2},+\infty\right)$，无拐点.

7. 单调递增区间：$(-\infty,-1],[-2,+\infty)$，单调递减区间：$[-1.0),(0,-2]$，在 $x=-1$ 处取得极大值 $f(-1)=\mathrm{e}^{-1}$，在 $x=2$ 处取得极小值 $f(2)=4\mathrm{e}^{\frac{1}{2}}$，上凸区间：$\left(-\infty,-\frac{2}{5}\right]$，上凹区间：$\left[-\frac{2}{5},0\right),(0,+\infty)$，拐点：$\left(-\frac{2}{5},\frac{8}{5}\mathrm{e}^{-\frac{5}{2}}\right)$.

8. 最大值 $f(-2)=\ln 9$，最小值 $f\left(\frac{1}{2}\right)=\ln 7-\ln 8$.

9. 最小项是 $\frac{32^3}{11}$，是在第 3032 项取得的.

习题 5.1 答案解析

1. $f(x)=(3)'=0$，$f(x)$的全体原函数的表达式是 C.

2. $f(2x)=(x^2)'=2x$， $f(x)=x$.

3. $f(x)=(\mathrm{e}^{x^2})'=2x\mathrm{e}^{x^2}$， $f'(x)=(2+4x^2)\mathrm{e}^{x^2}$.

4. （1）$\frac{\mathrm{d}}{\mathrm{d}x}\left[\int \mathrm{e}^{x^2}\mathrm{d}x\right]=\mathrm{e}^{x^2}$.

（2）$\frac{\mathrm{d}}{\mathrm{d}x}\left[\int \mathrm{e}^{x^2}\mathrm{d}x^2\right]=\frac{\mathrm{d}}{\mathrm{d}x}\left[\int \mathrm{e}^{x^2}2x\mathrm{d}x\right]=2x\mathrm{e}^{x^2}$.

（3）$\mathrm{d}\int f(2x)\mathrm{d}x=f(2x)\mathrm{d}x$.

（4）$\int \mathrm{d}f(2x)=f(2x)+C$.

（5）$\int 2f'(2x)\,\mathrm{d}x=\int f'(2x)\,\mathrm{d}2x=f(2x)+C$.

5. （1）$\int(3^x+x^3+2\mathrm{e}^x)\,\mathrm{d}x=\frac{3^x}{\ln 3}+\frac{x^4}{4}+2\mathrm{e}^x+C$.

（2）$\int\left(\frac{3}{1+x^2}-\frac{2}{\sqrt{1-x^2}}\right)\mathrm{d}x=3\int\frac{1}{1+x^2}\mathrm{d}x-2\int\frac{1}{\sqrt{1-x^2}}\mathrm{d}x=3\arctan x-2\arcsin x+C$.

（3）$\int\sqrt{x}(x-3)\,\mathrm{d}x=\int x^{\frac{3}{2}}\mathrm{d}x-3\int x^{\frac{1}{2}}\mathrm{d}x=\frac{2}{5}x^{\frac{5}{2}}-2x^{\frac{3}{2}}+C$·

（4）$\int\frac{1-x^2}{x\sqrt{x}}\,\mathrm{d}x=\int\left(x^{-\frac{3}{2}}-x^{\frac{1}{2}}\right)\mathrm{d}x=-2x^{-\frac{1}{2}}-\frac{2}{3}x^{\frac{3}{2}}+C$.

（5）$\int \mathrm{e}^{x-4}\mathrm{d}x=\int \mathrm{e}^x\mathrm{e}^{-4}\mathrm{d}x=\mathrm{e}^{-4}\int \mathrm{e}^x\mathrm{d}x=\mathrm{e}^{-4}\mathrm{e}^x+C=\mathrm{e}^{x-4}+C$.

（6）由于 $\frac{3x^4+3x^2+1}{x^2+1}=3x^2+\frac{1}{x^2+1}$，从而

$$\int \frac{3x^4+3x^2+1}{x^2+1}\mathrm{d}x=\int 3x^2\mathrm{d}x+\int \frac{1}{1+x^2}\mathrm{d}x=x^3+\arctan x+C$$

（7）$\int \frac{1+x+x^2}{x(1+x^2)}\mathrm{d}x=\int\left(\frac{1}{1+x^2}+\frac{1}{x}\right)\mathrm{d}x=\arctan x+\ln|x|+C$.

（8）$\int \sqrt{x\sqrt{x\sqrt{x}}}\mathrm{d}x=\int x^{\frac{7}{8}}\mathrm{d}x=\frac{8}{15}x^{\frac{15}{8}}+C$.

（9）$\int \cos^2\frac{x}{2}\mathrm{d}=\int\frac{1+\cos x}{2}\mathrm{d}x=\frac{1}{2}x+\frac{1}{2}\sin x+C$.

（10）$\int \frac{\mathrm{e}^{2x}-1}{\mathrm{e}^x-1}\mathrm{d}x=\int\frac{(\mathrm{e}^x)^2-1}{\mathrm{e}^x-1}\mathrm{d}x=\int\frac{(\mathrm{e}^x-1)(\mathrm{e}^x+1)}{\mathrm{e}^x-1}\mathrm{d}x=\int(\mathrm{e}^x+1)\,\mathrm{d}x=\mathrm{e}^x+x+C$.

习题 5.2 答案解析

1. $\int\frac{1}{3+2x}\mathrm{d}x=\frac{1}{2}\int\frac{1}{3+2x}\mathrm{d}(3+2x)=\frac{1}{2}\ln|3+2x|+C$.

2. $\int\frac{1}{\sqrt[3]{5-3x}}\mathrm{d}x=-\frac{1}{3}\int\frac{1}{\sqrt[3]{5-3x}}\mathrm{d}(5-3x)=-\frac{1}{3}\int(5-3x)^{-\frac{1}{3}}\mathrm{d}(5-3x)=-\frac{1}{2}(5-3x)^{\frac{2}{3}}+C$.

3. $\int\frac{\cos\sqrt{t}}{\sqrt{t}}\mathrm{d}t=2\int\cos\sqrt{t}\mathrm{d}(\sqrt{t})=2\sin\sqrt{t}+C$.

4. $\int\frac{x\mathrm{d}x}{\sqrt{2-3x^2}}=-\frac{1}{6}\int\frac{\mathrm{d}(2-3x^2)}{\sqrt{2-3x^2}}=-\frac{1}{6}\int(2-3x^2)^{-\frac{1}{2}}\mathrm{d}(2-3x^2)=-\frac{1}{3}\sqrt{2-3x^2}+C$.

5. $\int\frac{3x^3}{1-x^4}\mathrm{d}x=\frac{3}{4}\int\frac{4x^3}{1-x^4}\mathrm{d}x=\frac{3}{4}\int\frac{1}{1-x^4}\mathrm{d}x^4=-\frac{3}{4}\int\frac{1}{1-x^4}\mathrm{d}(1-x^4)=-\frac{3}{4}\ln|1-x^4|+C$.

6. $\int\frac{\mathrm{d}x}{x(1+2\ln x)}=\int\frac{\mathrm{d}\ln x}{1+2\ln x}=\frac{1}{2}\int\frac{\mathrm{d}(1+2\ln x)}{1+2\ln x}=\frac{1}{2}\ln|1+2\ln x|+C$.

7. $\int\frac{\mathrm{e}^{3\sqrt{x}}}{\sqrt{x}}\mathrm{d}x=2\int\mathrm{e}^{3\sqrt{x}}\mathrm{d}\sqrt{x}=\frac{2}{3}\int\mathrm{e}^{3\sqrt{x}}\mathrm{d}(3\sqrt{x})=\frac{2}{3}\mathrm{e}^{3\sqrt{x}}+C$.

8. $\int\frac{\sin x}{1+\cos^2x}\mathrm{d}x=-\int\frac{1}{1+\cos^2x}\mathrm{d}\cos x=-\arctan\cos x+C$.

9. $\int\left(1-\frac{1}{x^2}\right)\mathrm{e}^{x+\frac{1}{x}}\mathrm{d}x=\int\mathrm{e}^{x+\frac{1}{x}}\mathrm{d}\left(x+\frac{1}{x}\right)=\mathrm{e}^{x+\frac{1}{x}}+C$.

10. $\int x^2\sqrt{1+x^3}\mathrm{d}x=\frac{1}{3}\int\sqrt{1+x^3}\mathrm{d}x^3=\frac{1}{3}\int\sqrt{1+x^3}\mathrm{d}(x^3+1)=\frac{2(1+x^3)^{\frac{3}{2}}}{9}+C$.

11. $\int\frac{\mathrm{d}x}{(4-5x)^2}=-\frac{1}{5}\int\frac{\mathrm{d}(4-5x)}{(4-5x)^2}=\frac{1}{5(4-5x)}+C$.

12. $\int\frac{\sin x\cos x}{1+\sin^4x}\mathrm{d}x=\int\frac{\sin x}{1+\sin^4x}\mathrm{d}\sin x=\frac{1}{2}\int\frac{\mathrm{d}(\sin^2x)}{1+\sin^4x}=\frac{1}{2}\arctan(\sin^2x)+C$.

13. $\int f'(3x+4)\,\mathrm{d}x=\frac{1}{3}\int f'(3x+4)\,\mathrm{d}(3x+4)=\frac{1}{3}f(3x+4)+C$.

14. $\int \mathrm{e}^{f(x)}f'(x)\,\mathrm{d}x=\int \mathrm{e}^{f(x)}\,\mathrm{d}f(x)=\mathrm{e}^{f(x)}+C$.

15. $\int \frac{f'(x)}{\sqrt{f(x)}}\,\mathrm{d}x=\int \frac{1}{\sqrt{f(x)}}\,\mathrm{d}f(x)=2\sqrt{f(x)}+C$.

16. $\int \tan^2\frac{x}{2}\mathrm{d}x=\int\left(\sec^2\frac{x}{2}-1\right)\mathrm{d}x=2\int\sec^2\frac{x}{2}\mathrm{d}\frac{x}{2}-x=2\tan\frac{x}{2}-x+C$.

17. $\int \frac{1-x}{\sqrt{9-4x^2}}\,\mathrm{d}x=\int\frac{1}{\sqrt{9-4x^2}}\,\mathrm{d}x-\int\frac{x}{\sqrt{9-4x^2}}\,\mathrm{d}x$

$=\frac{1}{2}\int\frac{1}{\sqrt{3^2-(2x)^2}}\mathrm{d}2x+\frac{1}{8}\int\frac{1}{\sqrt{9-4x^2}}\,\mathrm{d}(9-4x^2)=\frac{1}{2}\arcsin\left(\frac{2x}{3}\right)+\frac{1}{4}\sqrt{9-4x^2}+C$.

18. $\int\frac{\mathrm{d}x}{\sqrt{x+1}+\sqrt{x-1}}=\int\frac{(\sqrt{x+1}-\sqrt{x-1})}{x+1-(x-1)}\,\mathrm{d}x=\frac{1}{2}\int(\sqrt{x+1}-\sqrt{x-1})\,\mathrm{d}x$

$=\frac{1}{3}(x+1)^{\frac{3}{2}}-\frac{1}{3}(x-1)^{\frac{3}{2}}+C$.

19. $\int\frac{\mathrm{d}x}{1+\sqrt{2x}}\ \underline{\underline{令t=\sqrt{2x}}}\ \int\frac{t\mathrm{d}t}{1+t}=\int\frac{t+1-1}{1+t}\,\mathrm{d}t=\int\left(1-\frac{1}{1+t}\right)\mathrm{d}t$

$=t-\ln|t+1|+C=\sqrt{2x}-\ln(1+\sqrt{2x})+C$.

20. $\int\frac{\mathrm{d}x}{1+\sqrt[3]{x+2}}\ \underline{\underline{令u=\sqrt[3]{x+2}}}\ \int\frac{3u^2}{1+u}\,\mathrm{d}u=3\int\frac{(u^2-1)+1}{1+u}\mathrm{d}u=3\int\left(u-1+\frac{1}{1+u}\right)\mathrm{d}u$

$=3\left[\frac{1}{2}u^2-u+\ln|1+u|\right]+C=\frac{3}{2}\sqrt[3]{(x+2)^2}-3\sqrt[3]{x+2}+3\ln\left|1+\sqrt[3]{x+2}\right|+C$.

21. $\int\frac{1}{\sqrt{1+\mathrm{e}^x}}\,\mathrm{d}x\ \underline{\underline{令t=\sqrt{1+\mathrm{e}^x}}}\ \int\frac{1}{t}\cdot\frac{2t}{t^2-1}\mathrm{d}t=\int\frac{2}{t^2-1}\,\mathrm{d}t=\int\left(\frac{1}{t-1}-\frac{1}{t+1}\right)\mathrm{d}t=\ln\left|\frac{t-1}{t+1}\right|+C=$

$\ln\left|\frac{\sqrt{1+\mathrm{e}^x}-1}{\sqrt{1+\mathrm{e}^x}+1}\right|+C=\ln\frac{(\sqrt{1+\mathrm{e}^x}-1)^2}{\mathrm{e}^x}+C=2\ln(\sqrt{1+\mathrm{e}^x}-1)-x+C$.

习题 5.3 答案解析

1. $\int x\cos x\mathrm{d}x=\int x\mathrm{d}\sin x=x\sin x-\int\sin x\mathrm{d}x=x\sin x+\cos x+C$.

2. $\int x^2\cos x\mathrm{d}x=\int x^2\mathrm{d}\sin x=x^2\sin x-\int\sin x\cdot 2x\mathrm{d}x=x^2\sin x+\int 2x\mathrm{d}\cos x$

$=x^2\sin x+2x\cos x-2\int\cos x\mathrm{d}x=x^2\sin x+2x\cos x-2\sin x+C$.

3. $\int\arcsin x\mathrm{d}x=x\arcsin x-\int x\frac{1}{\sqrt{1-x^2}}\,\mathrm{d}x=x\arcsin x+\frac{1}{2}\int\frac{1}{\sqrt{1-x^2}}\,\mathrm{d}(1-x^2)$

$=x\arcsin x+\sqrt{1-x^2}+C$.

4. $\int \operatorname{arccot} x\mathrm{d}x = x\operatorname{arccot} x + \int x\frac{\mathrm{d}x}{1+x^2} = x\operatorname{arccot} x + \frac{1}{2}\int\frac{\mathrm{d}(1+x^2)}{1+x^2}$

$= x\operatorname{arccot} x + \frac{1}{2}\ln(1+x^2) + C$.

5. $\int x^2\ln x\mathrm{d}x = \int \ln x\mathrm{d}\frac{1}{3}x^3 = \frac{1}{3}x^3\ln x - \frac{1}{3}\int x^3 \cdot \frac{1}{x}\mathrm{d}x = \frac{1}{3}x^3\ln x - \frac{1}{9}x^3 + C$.

6. $\int \ln(1+x^2)\mathrm{d}x = x\ln(1+x^2) - \int x\frac{2x}{1+x^2}\mathrm{d}x = x\ln(1+x^2) - \int\frac{2x^2}{1+x^2}\mathrm{d}x$

$= x\ln(1+x^2) - \int\frac{2(x^2+1)-2}{1+x^2}\mathrm{d}x = x\ln(1+x^2) - \int 2\mathrm{d}x + 2\int\frac{\mathrm{d}x}{1+x^2}$

$= x\ln(1+x^2) - 2x + 2\arctan x + C$.

7. $\int x\tan^2 x\mathrm{d}x = \int x(\sec^2 x - 1)\mathrm{d}x = \int(x\sec^2 x - x)\mathrm{d}x = \int x\sec^2 x\mathrm{d}x - \int x\mathrm{d}x$

$= \int x\mathrm{d}(\tan x) - \int x\mathrm{d}x = x\tan x - \int\tan x\mathrm{d}x - \frac{1}{2}x^2 = x\tan x + \ln|\cos x| - \frac{1}{2}x^2 + C$.

8. $\int \ln^2 x\mathrm{d}x = x\ln^2 x - \int x \cdot 2\ln x \cdot \frac{1}{x}\mathrm{d}x = x\ln^2 x - 2\int\ln x\mathrm{d}x = x\ln^2 x - 2x\ln x + 2\int x \cdot \frac{1}{x}\mathrm{d}x$

$= x\ln^2 x - 2x\ln x + 2\int\mathrm{d}x = x\ln^2 x - 2x\ln x + 2x + C$.

9. $\int x\ln(x-1)\mathrm{d}x = \int\ln(x-1)\mathrm{d}\frac{x^2}{2} = \frac{1}{2}x^2\ln(x-1) - \frac{1}{2}\int\frac{x^2}{x-1}\mathrm{d}x$

$= \frac{1}{2}x^2\ln(x-1) - \frac{1}{2}\int\frac{x^2-1+1}{x-1}\mathrm{d}x = \frac{1}{2}x^2\ln(x-1) - \frac{1}{2}\int\left(x+1+\frac{1}{x-1}\right)\mathrm{d}x$

$= \frac{1}{2}x^2\ln(x-1) - \frac{1}{4}x^2 - \frac{1}{2}x - \frac{1}{2}\ln(x-1) + C$.

10. $\int x\mathrm{e}^{2x}\mathrm{d}x = \frac{1}{2}\int x\mathrm{d}\mathrm{e}^{2x} = \frac{1}{2}x\mathrm{e}^{2x} - \frac{1}{2}\int\mathrm{e}^{2x}\mathrm{d}x = \frac{1}{2}x\mathrm{e}^{2x} - \frac{1}{4}\mathrm{e}^{2x} + C$.

11. $\int\frac{x+1}{\sqrt{1-x^2}}\mathrm{d}x = -\frac{1}{2}\int\frac{\mathrm{d}(1-x^2)}{\sqrt{1-x^2}} + \int\frac{\mathrm{d}x}{\sqrt{1-x^2}} = -\sqrt{1-x^2} + \arcsin x + C$.

12. $\int\frac{\sqrt{a^2-x^2}}{x^2}\mathrm{d}x = -\int\sqrt{a^2-x^2}\mathrm{d}\frac{1}{x} = -\frac{1}{x}\sqrt{a^2-x^2} + \int\frac{1}{x}\cdot\frac{(-2x)}{2\sqrt{a^2-x^2}}\mathrm{d}x$

$= -\frac{\sqrt{a^2-x^2}}{x} - \int\frac{1}{\sqrt{a^2-x^2}}\mathrm{d}x = -\frac{\sqrt{a^2-x^2}}{x} - \arcsin\frac{x}{a} + C$.

13. $\int\frac{\ln\cos x}{\cos^2 x}\mathrm{d}x = \int\ln\cos x \cdot \sec^2 x\mathrm{d}x = \int\ln\cos x\mathrm{d}\tan x = \tan x\ln\cos x + \int\tan x\frac{\sin x}{\cos x}\mathrm{d}x$

$= \tan x\ln\cos x + \int(\sec^2 x - 1)\mathrm{d}x = \tan x\ln\cos x + \tan x - x + C$.

14. $\int x\sqrt{x+2}\,\mathrm{d}x = \frac{2}{3}\int x\mathrm{d}(x+2)^{\frac{3}{2}} = \frac{2}{3}x(x+2)^{\frac{3}{2}} - \frac{2}{3}\int(x+2)^{\frac{3}{2}}\mathrm{d}x$

$$=\frac{2}{3}x(x+2)^{\frac{3}{2}}-\frac{4}{15}(x+2)^{\frac{5}{2}}+C.$$

15. $\int x\cot^2 x\mathrm{d}x=\int x(\csc^2 x-1)\,\mathrm{d}x=-\int x\mathrm{d}\cot x-\frac{1}{2}x^2$

$$=-x\cot x+\int \cot x\mathrm{d}x-\frac{1}{2}x^2=-x\cot x+\ln|\sin x|-\frac{1}{2}x^2+C.$$

16. $\int\frac{\sin^3 t}{\cos^5 t}\mathrm{d}t=-\int\frac{1-\cos^2 t}{\cos^5 t}\mathrm{d}\cos t=-\int\frac{1}{\cos^5 t}\mathrm{d}\cos t+\int\frac{1}{\cos^3 t}\mathrm{d}\cos t$

$$=\frac{1}{4}\cos^{-4}t-\frac{1}{2}\cos^{-2}t+C.$$

17. $\int\frac{\cos 2\theta}{\sin^4\theta}\mathrm{d}\theta=\int\frac{\cos^2\theta-\sin^2\theta}{\sin^4\theta}\mathrm{d}\theta=\int\cot^2\theta\csc^2\theta\mathrm{d}\theta-\int\csc^2\theta\mathrm{d}\theta$

$$=-\int\cot^2\theta\mathrm{d}\cot\theta-\int\csc^2\theta\mathrm{d}\theta=-\frac{1}{3}\cot^3\theta+\cot\theta+C.$$

18. 令 $\sqrt[3]{x}=t,x=t^3$，则 $\mathrm{d}x=3t^2\mathrm{d}t$，

$$\int\frac{\cos\sqrt[3]{x}}{\sqrt[3]{x}}\mathrm{d}x=\int\frac{\cos t}{t}3t^2\mathrm{d}t=\int 3t\cos t\mathrm{d}t=3\int t\mathrm{d}\sin t=3t\sin t-3\int\sin t\mathrm{d}t$$

$$=3t\sin t+3\cos t+C=3\sqrt[3]{x}\sin\sqrt[3]{x}+3\cos\sqrt[3]{x}+C.$$

19. $\int\frac{x\cos x}{\sin^3 x}\mathrm{d}x=\int\frac{x}{\sin^3 x}\mathrm{d}\sin x=-\frac{1}{2}\int x\mathrm{d}\frac{1}{\sin^2 x}=-\frac{1}{2}x\sin^{-2}x+\frac{1}{2}\int\frac{1}{\sin^2 x}\mathrm{d}x$

$$=-\frac{1}{2}x\sin^{-2}x+\frac{1}{2}\int\csc^2 x\mathrm{d}x=-\frac{x}{2\sin^2 x}-\frac{1}{2}\cot x+C.$$

习题五答案

1.（1）√；（2）×；（3）×；（4）√；（5）×；（6）×；（7）×.

2.（1）$\ln|x+1|+C$；

（2）$\mathrm{e}^x-\sin x$；

（3）$\ln|\ln x|+C$；

（4）$\frac{1}{6}x^6+C$；

（5）$\frac{1}{x}$；

（6）$3x^2$；

（7）$x^2-\frac{x^4}{2}+C$.

3.（1）C；（2）B；（3）D；（4）A；（5）B；（6）D.

4.（1）$-\frac{\ln x}{x}-\frac{1}{x}+C$；

（2）$\frac{1}{2}\ln^2 x + C$；

（3）$\frac{1}{2}x^2 e^{x^2} - \frac{1}{2}e^{x^2} + C$；

（4）$2\ln|x-1| - \frac{1}{x-1} + C$；

（5）$\ln\left|\frac{x}{x+1}\right| + \frac{1}{x+1} + C$；

（6）$-\frac{1}{1-x} + \frac{1}{2(1-x)^2} + C$；

（7）$\ln x \cdot \ln\ln x - \ln x + C$；

（8）$\frac{1}{4}\ln|x| - \frac{1}{24}\ln(x^6+4) + C$；

（9）$\frac{1}{4}x^2 + \frac{1}{4}x\sin 2x + \frac{1}{8}\cos 2x + C$；

（10）$x\arctan\sqrt{x} - \sqrt{x} + \arctan\sqrt{x} + C$；

（11）$\frac{1}{6}f(3x^2+2) + C$；

（12）$\frac{1}{2}xf'(2x) - \frac{1}{4}f(2x) + C$.

习题 6.1 答案解析

1.（1）$\int_0^1 \sqrt{1-x^2}\,dx = \frac{\pi}{4}$.

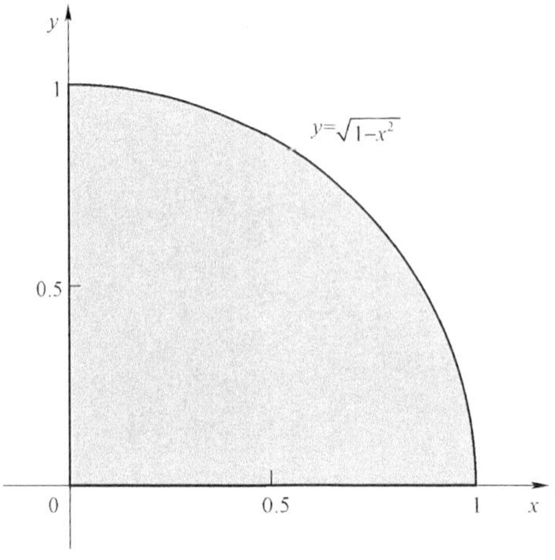

（2）$\int_{-1}^{1} x\,dx = \int_{-1}^{0} x\,dx + \int_{0}^{1} x\,dx = \int_{-1}^{0} x\,dx + \int_{0}^{1} x\,dx = -\frac{1}{2} + \frac{1}{2} = 0$.

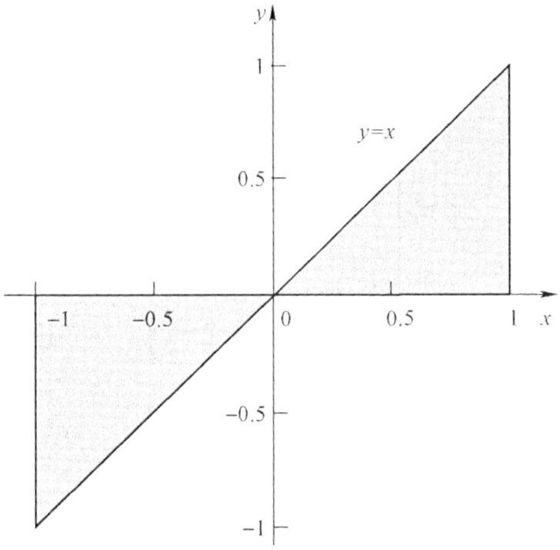

（3）$\int_{-1}^{1} f(x)\,dx=\int_{-1}^{0} f(x)\,dx+\int_{0}^{1} f(x)\,dx=\int_{-1}^{0} x\,dx+\int_{0}^{1} 2x\,dx=-\frac{1}{2}+1=\frac{1}{2}$.

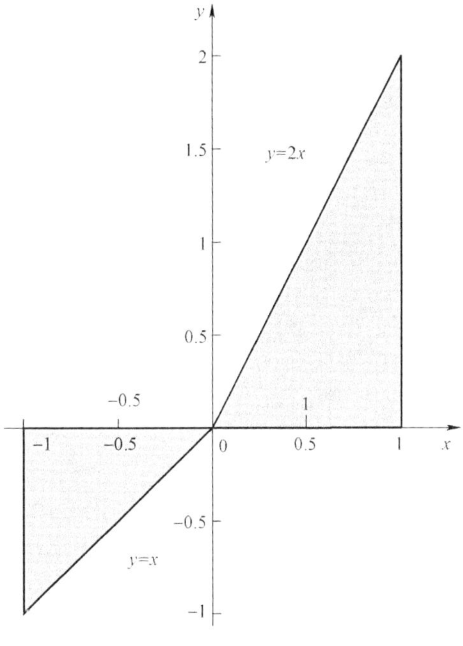

2. 由于在区间[0,3]上，由 $2^x < e^x$，所以 $\int_0^3 2^x dx < \int_0^3 e^x dx$.

3. $f(x)=\ln x$，

$\forall x \in [1, e],\ 0 \leqslant \ln x \leqslant 1,$

$0 \leqslant \int_1^e \ln x dx \leqslant e-1$.

4. $\lim\limits_{x \to +\infty} \int_x^{x+2} t \sin \frac{3}{t} f(t)\,dt = \lim\limits_{\xi \to +\infty} \xi \sin \frac{3}{\xi} f(\xi) = \lim\limits_{\xi \to +\infty} \xi \cdot \frac{3}{\xi} f(\xi) = 3$.

习题 6.2 答案解析

1.（1）$\frac{d}{dx}\int_a^x t\cdot f(t)dt = xf(x)$.

（2）$\frac{d}{dx}\int_a^b t\cdot f(t)dt = 0$.

（3）$\frac{d}{dx}\int_a^b x^2 f(t)dt = \frac{d}{dx}\left[x^2\cdot\int_a^b f(t)dt\right] = 2x\cdot\int_a^b f(t)dt$.

（4）$\frac{d}{dx}\int_a^x x^2 f(t)dt = \frac{d}{dx}\left[x^2\cdot\int_a^x f(t)dt\right] = 2x\cdot\int_a^x f(t)dt + x^2\cdot f(x)$.

（5）$\frac{d\int_0^x f(t)(x-t)dt}{dx} = \frac{d\left[x\int_0^x f(t)dt - \int_0^x tf(t)dt\right]}{dx} = \int_0^x f(t)dt + xf(x) - xf(x) = \int_0^x f(t)dt$.

（6）$\frac{d\int_0^{x^2} f(t)(x-t)dt}{dx} = \frac{d\left[x\int_0^{x^2} f(t)dt - \int_0^{x^2} tf(t)dt\right]}{dx} = \int_0^{x^2} f(t)dt + xf(x^2)\cdot 2x - x^2 f(x^2)\cdot 2x$.

（7）$\frac{d}{dx}\int_{\sin x}^1 e^{-t^2}dt = -\frac{d}{dx}\int_1^{\sin x} e^{-t^2}dt = -e^{-\sin^2 x}\cdot\frac{d\sin x}{dx} = -\cos x\cdot e^{-\sin^2 x}$.

（8）$\frac{d}{dx}\int_{\sin x}^{\cos x}\ln(1+t^2)\,dt = -\ln(1+\cos^2 x)\cdot\sin x - \ln(1+\sin^2 x)\cdot\cos x$.

2. $\lim\limits_{x\to 0^+}\frac{\int_0^{x^2}\tan\sqrt{t}\,dt}{\int_0^{\sqrt{x}}\sin t^3\,dt} = \lim\limits_{x\to 0^+}\frac{\tan x\cdot 2x}{\sin x^{\frac{3}{2}}\cdot\frac{1}{2\sqrt{x}}} = \lim\limits_{x\to 0^+}\frac{x\cdot 2x}{x^{\frac{3}{2}}\cdot\frac{1}{2\sqrt{x}}} = 0$.

3.（1）$\int_0^1\frac{x^2}{1+x^2}dx = \int_0^1\frac{x^2+1-1}{1+x^2}dx = \int_0^1\left(1-\frac{1}{1+x^2}\right)dx = 1-\arctan x\Big|_0^1 - 1 = 1-\frac{\pi}{4}$.

（2）$\int_1^2\frac{1+2x^2}{x(1+x^2)}dx = \int_1^2\frac{1+x^2+x^2}{x(1+x^2)}dx = \int_1^2\left(\frac{1}{x}+\frac{x}{1+x^2}\right)dx$

$= \ln x\Big|_1^2 + \frac{1}{2}\ln(1+x^2)\Big|_1^2 = \frac{1}{2}(\ln 2+\ln 5) = \frac{1}{2}\ln 10$.

（3）$\int_0^1\frac{x^4+1}{1+x^2}dx = \int_0^1\frac{x^4-1+2}{1+x^2}dx = \int_0^1\frac{(x^2+1)(x^2-1)+2}{1+x^2}dx$

$= \int_0^1\left(x^2-1+\frac{2}{x^2+1}\right)dx = \frac{1}{3}x^3\Big|_0^1 - x\Big|_0^1 + 2\arctan x\Big|_0^1 = \frac{\pi}{2}-\frac{2}{3}$.

（4）$\int_0^2|x^2-1|\,dx = \int_0^1(1-x^2)\,dx + \int_1^2(x^2-1)\,dx = 1-\frac{x^3}{3}\Big|_0^1 + \frac{x^3}{3}\Big|_1^2 - 1 = 2$.

4. $\int_{-1}^1 f(x)\,dx = \int_{-1}^0(x+x^2)\,dx + \int_0^1(2+e^x)\,dx = \int_{-1}^0 x\,dx + \int_{-1}^0 x^2dx + 2 + \int_0^1 e^x dx$

$= \frac{x^2}{2}\Big|_{-1}^0 + \frac{x^3}{3}\Big|_{-1}^0 + 2 + e^x\Big|_0^1 = \frac{5}{6}+e$.

5. 令$\int_0^1 f(x)\,\mathrm{d}x = A$，则$f(x)=\mathrm{e}^x+2A$，两端求从 0 到 1 的定积分，

得$\int_0^1 f(x)\,\mathrm{d}x = A = \int_0^1 (\mathrm{e}^x+2A)\,\mathrm{d}x = \mathrm{e}^x\Big|_0^1 + 2A = \mathrm{e}-1+2A$，

解方程得$A=1-\mathrm{e}$，所以$f(x)=\mathrm{e}^x+2-2\mathrm{e}$.

6. 因为$0 \leqslant \int_0^{\frac{\pi}{4}} \frac{x^n}{1+\sin x}\,\mathrm{d}x \leqslant \int_0^{\frac{\pi}{4}} \frac{x^n}{1+0}\,\mathrm{d}x = \frac{1}{n+1}x^{n+1}\Big|_0^{\frac{1}{4}} = \frac{1}{n+1}\left(\frac{\pi}{4}\right)^{n+1}$，

且$\lim\limits_{n\to\infty}\frac{1}{n+1}\left(\frac{\pi}{4}\right)^{n+1}=0$，由夹逼准则得$\lim\limits_{n\to\infty}\int_0^{\frac{\pi}{4}}\frac{x^n}{1+\sin x}\,\mathrm{d}x=0$.

习题 6.3 答案解析

1.（1）$\int_0^1 x\mathrm{e}^{x^2}\,\mathrm{d}x = \frac{1}{2}\int_0^1 \mathrm{e}^{x^2}\,\mathrm{d}x^2 = \frac{1}{2}\mathrm{e}^{x^2}\Big|_0^1 = \frac{1}{2}(\mathrm{e}-1)$.

（2）$\int_0^{\frac{2}{3}} \frac{\mathrm{d}x}{4+9x^2} = \frac{1}{3}\int_0^{\frac{2}{3}} \frac{\mathrm{d}\,(3x)}{4+(3x)^2} = \frac{1}{6}\arctan\frac{3x}{2}\Big|_0^{\frac{2}{3}} = \frac{\pi}{24}$.

（3）$\int_0^{\ln 2} \frac{\mathrm{e}^x\mathrm{d}x}{1+2\mathrm{e}^x} = \frac{1}{2}\int_0^{\ln 2} \frac{\mathrm{d}\,(2\mathrm{e}^x+1)}{1+2\mathrm{e}^x} = \frac{1}{2}\ln(1+2\mathrm{e}^x)\Big|_0^{\ln 2} = \frac{1}{2}(\ln 5-\ln 3)$.

（4）$\int_{\mathrm{e}}^{2\mathrm{e}} \frac{1}{x\ln x}\mathrm{d}x = \int_{\mathrm{e}}^{2\mathrm{e}} \frac{1}{\ln x}\,\mathrm{d}\,(\ln x) = \ln|\ln x|\big|_{\mathrm{e}}^{2\mathrm{e}} = \ln(\ln 2+1)$.

（5）$\int_0^2 \frac{1}{(2+3x)^2}\,\mathrm{d}x = \frac{1}{3}\int_0^2 \frac{1}{(2+3x)^2}\,\mathrm{d}(3x+2) = -\frac{1}{3}\bullet\frac{1}{2+3x}\Big|_0^2 = \frac{1}{8}$.

（6）$\int_0^{\frac{\pi}{2}} (1-\cos^3 x)\,\mathrm{d}x = \frac{\pi}{2} - \int_0^{\frac{\pi}{2}} \cos^2 x\mathrm{d}\sin x = \frac{\pi}{2} - \int_0^{\frac{\pi}{2}} (1-\sin^2 x)\,\mathrm{d}\sin x$

$= \frac{\pi}{2} - \sin x\Big|_0^{\frac{\pi}{2}} + \frac{1}{3}\sin^3 x\Big|_0^{\frac{\pi}{2}} = \frac{\pi}{2} - \frac{2}{3}$.

（7）$\int_0^{\frac{\pi}{2}} \cos^2 2x\mathrm{d}x = \int_0^{\frac{\pi}{2}} \frac{1+\cos 4x}{2}\,\mathrm{d}x = \frac{1}{2}\bullet\frac{\pi}{2} + \frac{1}{8}\int_0^{\frac{\pi}{2}} \cos 4x\mathrm{d}\,(4x) = \frac{\pi}{4} + \frac{1}{8}\sin 4x\big|_0^{\frac{\pi}{2}} = \frac{\pi}{4}$.

（8）$\int_0^1 \frac{\mathrm{d}x}{1+\sqrt{1-x}} \xlongequal{\text{令 } t=\sqrt{1-x}} -2\int_1^0 \frac{t}{1+t}\,\mathrm{d}t = 2\int_0^1\left(1-\frac{1}{1+t}\right)\mathrm{d}t$

$= 2(t-\ln|1+t|)\Big|_0^1 = 2(1-\ln 2)$.

（9）$\int_0^4 \frac{x}{1+\sqrt{2x+1}}\mathrm{d}x \xlongequal{\text{令} t=\sqrt{2x+1}} \int_1^3 \frac{\frac{t^2-1}{2}}{1+t}t\,\mathrm{d}t = \frac{1}{2}\int_1^3 t(t-1)\,\mathrm{d}t = \frac{1}{2}\left(\frac{1}{3}t^3-\frac{1}{2}t^2\right)\Bigg|_1^3 = \frac{7}{3}$.

2. $\int_1^4 f(x-2)\,\mathrm{d}x \xlongequal{\text{令} x-2=t} \int_{-1}^2 f(t)\,\mathrm{d}t = \int_{-1}^0 \frac{1}{1-t}\,\mathrm{d}t + \int_0^2 t^2\mathrm{e}^{-t^3}\mathrm{d}t$

$= -\int_{-1}^0 \frac{1}{1-t}\,\mathrm{d}\,(1-t) - \frac{1}{3}\int_0^2 \mathrm{e}^{-t^3}\mathrm{d}\,(-t^3) = -\ln(1-t)\Big|_{-1}^0 - \frac{1}{3}\mathrm{e}^{-t^3}\Big|_0^2 = \ln 2 - \frac{1}{3}\mathrm{e}^{-8} + \frac{1}{3}$.

习题 6.4 答案解析

1. $\int_0^{\frac{\pi}{2}} x\cos x\mathrm{d}x=\int_0^{\frac{\pi}{2}} x\mathrm{d}\sin x=x\sin x\Big|_0^{\frac{\pi}{2}}-\int_0^{\frac{\pi}{2}}\sin x\mathrm{d}x=\frac{\pi}{2}+\cos x\Big|_0^{\frac{\pi}{2}}=\frac{\pi}{2}-1$.

2. $\int_1^{\mathrm{e}} x^2\ln x\mathrm{d}x=\int_1^{\mathrm{e}}\ln x\mathrm{d}\left(\frac{1}{3}x^3\right)=\frac{1}{3}x^3\ln x\Big|_1^{\mathrm{e}}-\frac{1}{3}\int_1^{\mathrm{e}} x^3\cdot\frac{1}{x}\mathrm{d}x=\frac{1}{3}\mathrm{e}^3-\frac{1}{9}x^3\Big|_1^{\mathrm{e}}=\frac{2}{9}\mathrm{e}^3+\frac{1}{9}$.

3. $\int_0^{\frac{\pi}{2}} x^2\cos x\mathrm{d}x=\int_0^{\frac{\pi}{2}} x^2\mathrm{d}\sin x=x^2\sin x\Big|_0^{\frac{\pi}{2}}-\int_0^{\frac{\pi}{2}}2x\sin x\mathrm{d}x=\frac{\pi^2}{4}+\int_0^{\frac{\pi}{2}}2x\mathrm{d}\cos x$

$=\frac{\pi^2}{4}+2x\cos x\Big|_0^{\frac{\pi}{2}}-\int_0^{\frac{\pi}{2}}2\cos x\mathrm{d}x=\frac{\pi^2}{4}-2\sin x\Big|_0^{\frac{\pi}{2}}=\frac{\pi^2}{4}-2$.

4. $\int_0^{\frac{\pi}{4}} x\sec^2 x\mathrm{d}x=\int_0^{\frac{\pi}{4}} x\mathrm{d}\tan x=x\tan x\Big|_0^{\frac{\pi}{4}}-\int_0^{\frac{\pi}{4}}\tan x\mathrm{d}x=\frac{\pi}{4}+\ln\cos x\Big|_0^{\frac{\pi}{4}}=\frac{\pi}{4}-\frac{1}{2}\ln 2$.

5. $\int_0^{\frac{\pi}{4}} x\tan^2 x\mathrm{d}x=\int_0^{\frac{\pi}{4}} x(\sec^2 x-1)\mathrm{d}x=\int_0^{\frac{\pi}{4}} x\mathrm{d}\tan x-\frac{1}{2}x^2\Big|_0^{\frac{\pi}{4}}$

$=x\tan x\Big|_0^{\frac{\pi}{4}}-\int_0^{\frac{\pi}{4}}\tan x\mathrm{d}x-\frac{\pi^2}{32}=\frac{\pi}{4}+\ln\cos x\Big|_0^{\frac{\pi}{4}}-\frac{\pi^2}{32}=\frac{\pi}{4}-\frac{1}{2}\ln 2-\frac{\pi^2}{32}$.

6. $\int_0^1 x\arcsin x\mathrm{d}x=\int_0^1\arcsin x\mathrm{d}\left(\frac{1}{2}x^2\right)=\frac{1}{2}x^2\arcsin x\Big|_0^1-\frac{1}{2}\int_0^1 x^2\cdot\frac{1}{\sqrt{1-x^2}}\mathrm{d}x$

$=\frac{\pi}{4}+\frac{1}{2}\int_0^1\left(\sqrt{1-x^2}-\frac{1}{\sqrt{1-x^2}}\right)\mathrm{d}x=\frac{\pi}{4}+\frac{\pi}{8}-\frac{1}{2}\arcsin x\Big|_0^1=\frac{\pi}{8}$.

7. $\int_1^{e} x^2\ln^2 x\mathrm{d}x=\int_1^{e}\ln^2 x\mathrm{d}\left(\frac{1}{3}x^3\right)=\frac{1}{3}x^3\ln^2 x\Big|_1^{\mathrm{e}}-\frac{1}{3}\int_1^{\mathrm{e}} x^3\cdot 2\ln x\cdot\frac{1}{x}\mathrm{d}x$

$=\frac{1}{3}\mathrm{e}^3-\frac{2}{9}\int_1^{\mathrm{e}}\ln x\mathrm{d}x^3=\frac{1}{3}\mathrm{e}^3-\frac{2}{9}x^3\ln x\Big|_1^{\mathrm{e}}+\frac{2}{9}\int_1^{\mathrm{e}} x^3\cdot\frac{1}{x}\mathrm{d}x=\frac{1}{9}\mathrm{e}^3+\frac{2}{27}x^3\Big|_1^{\mathrm{e}}=\frac{5}{27}\mathrm{e}^3-\frac{2}{27}$.

8. $\int_0^1 x\mathrm{e}^{2x}\mathrm{d}x=\frac{1}{2}\int_0^1 x\mathrm{d}\mathrm{e}^{2x}=\frac{1}{2}x\mathrm{e}^{2x}\Big|_0^1-\frac{1}{2}\int_0^1\mathrm{e}^{2x}\mathrm{d}x=\frac{1}{2}\mathrm{e}^2-\frac{1}{4}\mathrm{e}^{2x}\Big|_0^1=\frac{1}{4}\mathrm{e}^2+\frac{1}{4}$.

9. $\int_0^1\ln(1+x)\mathrm{d}x=x\ln(1+x)\Big|_0^1-\int_0^1\frac{x}{1+x}\mathrm{d}x=\ln 2-\int_0^1\frac{x+1-1}{1+x}\mathrm{d}x$

$=\ln 2-1+\ln(1+x)\Big|_0^1=2\ln 2-1$.

10. $\int_0^1 x\ln(1+x)\mathrm{d}x=\frac{1}{2}\int_0^1\ln(1+x)\mathrm{d}x^2=\frac{1}{2}x^2\ln(1+x)\Big|_0^1-\frac{1}{2}\int_0^1\frac{x^2}{1+x}\mathrm{d}x$

$=\frac{1}{2}\ln 2-\frac{1}{2}\int_0^1\left(x-1+\frac{1}{1+x}\right)\mathrm{d}x=\frac{1}{2}\ln 2-\frac{1}{4}x^2\Big|_0^1+\frac{1}{2}-\frac{1}{2}\ln(1+x)\Big|_0^1=\frac{1}{4}$.

习题 6.5 答案解析

1. $\int_2^{+\infty}\mathrm{e}^{-3t}\mathrm{d}t=-\frac{1}{3}\int_2^{+\infty}\mathrm{e}^{-3t}\mathrm{d}(-3t)=-\frac{1}{3}\mathrm{e}^{-3t}\Big|_2^{+\infty}=\lim\limits_{t\to+\infty}-\frac{1}{3}\mathrm{e}^{-3t}+\frac{1}{3}\mathrm{e}^{-6}=\frac{1}{3}\mathrm{e}^{-6}$，收敛.

2. $\int_0^{+\infty} e^{-t}dt = -\int_0^{+\infty} e^{-t}d(-t) = -e^{-t}\Big|_0^{+\infty} = \lim_{t\to+\infty} - e^{-t} + e^{-0} = 1$，收敛，

$\int_{-\infty}^{0} e^{-t}dt = -\int_{-\infty}^{0} e^{-t}d(-t) = -e^{-t}\Big|_{-\infty}^{0} = -1 + \lim_{t\to-\infty} e^{-t} = +\infty$，$\int_{-\infty}^{0} e^{-t}dt$ 发散，

所以 $\int_{-\infty}^{+\infty} e^{-t}dt$ 发散.

3. $\int_0^{+\infty} te^{-t}dt = \int_0^{+\infty} td(-e^{-t}) = \lim_{b\to+\infty}\left(-te^{-t}\Big|_0^b + \int_0^b e^{-t}dt\right) = \lim_{b\to+\infty}\left(\frac{-b}{e^b} - e^{-t}\Big|_0^b\right) = e^{-0} = 1$，收敛.

4. $\int_0^{+\infty} \frac{1}{4+x^2}dx = \frac{1}{2}\arctan\frac{x}{2}\Big|_0^{+\infty} = \lim_{b\to+\infty}\frac{1}{2}\arctan\frac{b}{2} = \frac{\pi}{4}$，

$\int_{-\infty}^{0} \frac{1}{4+x^2}dx = \frac{1}{2}\arctan\frac{x}{2}\Big|_{-\infty}^{0} = -\lim_{a\to-\infty}\frac{1}{2}\arctan\frac{a}{2} = -\frac{1}{2}\left(-\frac{\pi}{2}\right) = \frac{\pi}{4}$，

$\int_{-\infty}^{+\infty} \frac{1}{4+x^2}dx = \int_{-\infty}^{0} \frac{1}{4+x^2}dx + \int_0^{+\infty} \frac{1}{4+x^2}dx = \frac{\pi}{2}$，收敛.

5. $\int_0^1 \ln x dx = \lim_{\varepsilon\to0^+}\int_\varepsilon^1 \ln x dx = \lim_{\varepsilon\to0^+}\left(x\ln x\Big|_\varepsilon^1 - \int_\varepsilon^1 dx\right) = -1$，收敛，

因为 $\lim_{x\to+\infty}\ln x = \infty \neq 0$，$\int_1^{+\infty}\ln x dx$ 发散，所以 $\int_0^{+\infty}\ln x dx$ 发散.

6. $\int_1^e \frac{1}{x\ln x}dx = \int_1^e \frac{1}{\ln x}d\ln x = [\ln|\ln x|]_1^e = -\lim_{x\to1^+}\ln|\ln x| = +\infty$，发散.

7. $\int_0^2 \frac{1}{\sqrt{2-x}}dx = -\int_0^2 (2-x)^{-\frac{1}{2}}d(2-x) = -2\sqrt{2-x}\Big|_0^2 = 2\sqrt{2}$，收敛.

8. $\int_0^1 \frac{1}{(x-1)^2}dx = \int_0^2 (x-1)^{-2}d(x-1) = -\frac{1}{x-1}\Big|_0^1 = \infty$，发散.

9. $\int_0^1 \frac{1}{\sqrt{1-x^2}}dx = \arcsin x\Big|_0^1 = \frac{\pi}{2}$，收敛，$\int_{-1}^0 \frac{1}{\sqrt{1-x^2}}dx = \arcsin x\Big|_{-1}^0 = \frac{\pi}{2}$，收敛，

所以 $\int_{-1}^1 \frac{1}{\sqrt{1-x^2}}dx = \int_{-1}^0 \frac{1}{\sqrt{1-x^2}}dx + \int_0^1 \frac{1}{\sqrt{1-x^2}}dx = \pi$，收敛.

10. $\int_0^1 \frac{1}{x^2}e^{-\frac{1}{x}}dx = \int_0^1 e^{-\frac{1}{x}}d\left(-\frac{1}{x}\right) = e^{-\frac{1}{x}}\Big|_0^1 = e^{-1} - \lim_{x\to0^+}e^{-\frac{1}{x}} = e^{-1}$，收敛，

$\int_{-1}^0 \frac{1}{x^2}e^{-\frac{1}{x}}dx = \int_{-1}^0 e^{-\frac{1}{x}}d\left(-\frac{1}{x}\right) = e^{-\frac{1}{x}}\Big|_{-1}^0 = \lim_{x\to0^-}e^{-\frac{1}{x}} - e^1 = \infty$，发散，

所以 $\int_{-1}^1 \frac{1}{x^2}e^{-\frac{1}{x}}dx$ 发散.

习题 6.6 答案解析

1. $S = \int_1^e \ln x dx = x\ln x\Big|_1^e - \int_1^e x\cdot\frac{1}{x}dx = e - (e-1) = 1$.

2. $S=\int_0^2(2x-x^2)\,\mathrm{d}x=\dfrac{4}{3}$.

3. $S=\int_1^6\left[(7-x)-\left(\dfrac{6}{x}\right)\right]\mathrm{d}x=\dfrac{35}{2}-6\ln 6$.

4. $S=\int_{-2}^3(y+6-y^2)\,\mathrm{d}y=\left.\dfrac{y^2}{2}\right|_{-2}^{3}+6[3-(-2)]-\left.\dfrac{y^3}{3}\right|_{-2}^{3}=\dfrac{125}{6}$.

5. $V_x=\int_0^1\pi\,(\mathrm{e}^x)^2\mathrm{d}x=\pi\int_0^1\mathrm{e}^{2x}\mathrm{d}x=\pi\cdot\dfrac{1}{2}\mathrm{e}^{2x}\Big|_0^1=\dfrac{\pi}{2}(\mathrm{e}^2-1)$.

6. $V_x=2\pi\int_0^2(\sqrt{8-x^2})^2\mathrm{d}x-\pi\int_0^2\left(\dfrac{1}{2}x^2\right)^2\mathrm{d}x=2\pi\left(8\cdot 2-\dfrac{1}{3}x^3\Big|_0^2-\left.\dfrac{x^5}{20}\right|_0^2\right)=\dfrac{352\pi}{15}$.

7. $V_y=\int_0^1\pi(y^2)^2\mathrm{d}y=\dfrac{\pi}{5}$.

8. $V_x=\pi\cdot 8^2\cdot 2-\int_0^2\pi(x^3)^2\mathrm{d}x=128\pi-\pi\cdot\dfrac{1}{7}x^7\Big|_0^2=\dfrac{768\pi}{7}$.

习题六答案

1.（1）√；（2）√；（3）×；（4）√；（5）×；（6）√；（7）×；（8）×；（9）√.

2.（1）0；（2）$-f(f(x))f'(x)$；（3）0；（4）e^2；（5）6.

3.（1）$2-\dfrac{\pi}{2}$；

（2）$\dfrac{\pi}{4}$；

（3）$-2\mathrm{e}^{-1}+1$；

（4）$\dfrac{8}{3}$；

（5）$2\ln 2$；

（6）$\dfrac{1}{3}$；

（7）1；

（8）收敛于$\dfrac{1}{2}\ln 3$；

（9）收敛于 2；

（10）面积为$\dfrac{3}{2}-\ln 2$；

（11）体积 4π.